高等职业教育“互联网+”土建系列教材

工程造价专业

# 工程造价基础

主　编　赵勤贤　蒋月定

副主编　岳　廉　陈宗丽　杨建林

参　编　严红霞　王洪良　徐秀维

主　审　沈艳峰　赵　俭

南京大学出版社

**图书在版编目(CIP)数据**

工程造价基础 / 赵勤贤，蒋月定主编. —南京：
南京大学出版社，2020.8(2023.1 重印)
ISBN 978-7-305-23000-4

Ⅰ.①工… Ⅱ.①赵… ②蒋… Ⅲ.①工程造价一高
等职业教育一教材 Ⅳ.①TU723.3

中国版本图书馆 CIP 数据核字(2020)第 036660 号

出版发行 南京大学出版社
社　　址 南京市汉口路 22 号　　　邮编 210093
出 版 人 金鑫荣

**书　　名 工程造价基础**
主　　编 赵勤贤　蒋月定
责任编辑 朱彦霖　　　编辑热线 025-83597482

照　　排 南京开卷文化传媒有限公司
印　　刷 常州市武进第三印刷有限公司
开　　本 787×1 092　1/16　印张 14　字数 351 千
版　　次 2023 年 1 月第 1 版第 2 次印刷
ISBN 978-7-305-23000-4
定　　价 38.00 元

网　　址：http://www.njupco.com
官方微博：http://weibo.com/njupco
微信服务号：njuyuexue
销售咨询热线：(025)83594756

---

高等职业教育"互联网+"工程造价专业系列教材

# 编委会

# 前言

工程造价基础是高等职业教育土木建筑类专业的专业基础平台课程，该课程对培养学生的工程造价理论基础知识和技能具有重要作用。

本书依据专业人才培养方案编写，立足于工程量清单计价规范，以土木建筑类专业学生应具备的造价基础知识、能力为主线依次介绍了施工定额、预算定额、概算定额、概算指标和估算指标、建设工程费用定额、建设工程工程量清单计价规范、全过程计价管理、建筑面积计算规范。并紧密结合最新的工程造价政策文件如江苏省住房和城乡建设厅关于建筑业实施营改增后江苏省建设工程计价依据调整的通知(苏建价〔2016〕154 号)，江苏省住房和城乡建设厅关于调整建设工程按质论价等费用计取方法的公告(〔2018〕第 24 号)江苏省住房城乡建设厅关于建筑工人实名制费用计取方法的公告(〔2019〕第 19 号)来展开，结合实际项目，与施工现场工程造价计算紧密对接。全书列举了较多的典型例题和单元测试题，以帮助读者巩固各部分内容。本书编写层次分明，条理清楚，内容新颖，图文并茂，适用性强。

本书由赵勤贤、蒋月定主编，岳廉、陈宗丽、杨建林任副主编。严红霞、王洪良、徐秀维参编。单元一～三、七由常州工程职业技术学院赵勤贤、严红霞、江苏通达建设集团有限公司王洪良编写，单元四、五由常州工程职业技术学院蒋月定、徐秀维编写，单元六由西京学院岳廉、常州工程职业技术学院陈宗丽编写，单元八由江苏城乡职业学院杨建林编写。全书由赵勤贤统稿，常州投资集团有限公司沈艳峰、常州造价管理处赵俭主审。本书在编写过程参考了全国二级造价师职业资格考试、造价员培训资料及省市有关造价文件，并得到了许多企业专家及同行的支持与帮助，在此一并致谢！

由于时间仓促，加之作者水平有限，书中错漏难免，恳请各位同仁和读者批评指正。

**编者**

**2020 年 3 月**

# 目 录

# 单元一　绪　论

## 第一节　工程造价概述

### 一、工程造价及计价特征

#### （一）工程造价含义

工程造价通常是指工程项目在建设期（预计或实际）支出的建设费用。由于所处的角度不同，工程造价有不同的含义。

含义一：从投资者（业主）角度分析，工程造价是指建设一项工程预期开支或实际开支的全部固定资产投资费用。投资者为了获得投资项目的预期效益，需要对项目进行策划决策、建设实施（设计、施工）直至竣工验收等一系列活动。在上述活动中所花费的全部费用，即构成工程造价，从这个意义上讲，工程造价就是建设工程固定资产总投资。

含义二：从市场交易角度分析，工程造价是指在工程发承包交易活动中形成的建筑安装工程费用或建设工程总费用。显然，工程造价的这种含义是指以建设工程这种特定的商品形式作为交易对象，通过招标投标或其他交易方式，在多次预估的基础上，最终由市场形成的价格。这里的工程既可以是整个建设工程项目，也可以是其中一个或几个单项工程或单位工程，还可以是其中一个或几个分部工程，如建筑安装工程、装饰装修工程等，随着经济发展、技术进步、分工细化和市场的不断完善，工程建设中的中间产品也会越来越多，商品交换会更加频繁，工程价格的种类和形式也会更为丰富。

工程发承包价格是一种重要且较为典型的工程造价形式，是在建筑市场通过发承包交易（多数为招标投标），由需求主体（投资者或建设单位）和供给主体（承包商）共同认可的价格。

工程造价的两种含义实质上就是从不同角度把握同一事物的本质。对投资者而言，工程造价就是项目投资，是“购买”工程项目需支付的费用；同时，工程造价也是投资者作为市场供给主体“出售”工程项目时确定价格和衡量投资效益的尺度。

#### （二）工程计价特征

由工程项目的特点决定，工程计价具有以下特征。

**1. 计价的单件性**

建筑产品的单件性特点决定了每项工程都必须单独计算造价。

2. 计价的多次性

工程项目需要按程序进行策划决策和建设实施，工程计价也需要在不同阶段多次进行，以保证工程造价计算的准确性和控制的有效性。多次计价是一个逐步深入和细化，不断接近实际造价的过程。工程多次计价过程如图 1－1 所示。

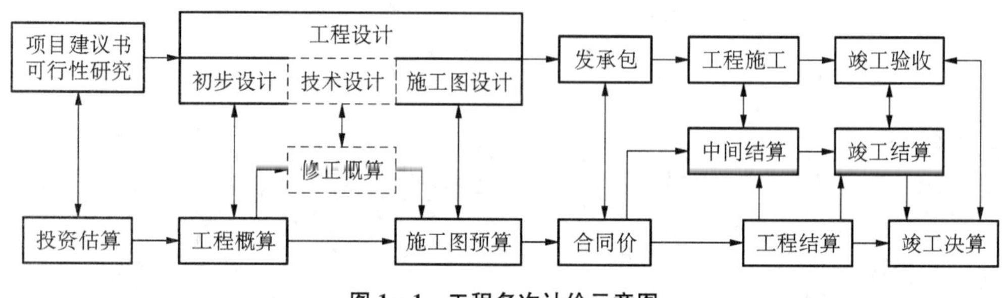


**图 1－1　工程多次计价示意图**

注：竖向箭头表示对应关系，横向箭头表示多次计价流程及逐步深化过程

（1）投资估算：是指在项目建议书和可行性研究阶段通过编制估算文件预先测算的工程造价。投资估算是进行项目决策、筹集资金和合理控制造价的主要依据。

（2）工程概算：是指在初步设计阶段，根据设计意图，通过编制工程概算文件，预先测算的工程造价。与投资估算相比，工程概算的准确性有所提高，但受投资估算的控制，工程概算一般又可分为：建设项目总概算、各单项工程综合概算、各单位工程概算。

（3）修正概算：是指在技术设计阶段，根据技术设计要求，通过编制修正概算文件预先测算的工程造价。修正概算是对初步设计概算的修正和调整，比工程概算准确，但受工程概算控制。

（4）施工图预算：是指在施工图设计阶段，根据施工图纸，通过编制预算文件预先测算的工程造价。施工图预算比工程概算或修正概算更为详尽和准确，但同样要受前一阶段工程造价的控制。目前，有些工程项目在招标时需要确定招标控制价，以限制最高投标报价。

（5）合同价：是指在工程发承包阶段通过签订合同所确定的价格。合同价属于市场价格，它是由发承包双方根据市场行情通过招投标等方式达成一致、共同认可的成交价格。

但应注意：合同价并不等同于最终结算的实际工程造价。由于计价方式不同，合同价内涵也会有所不同。

（6）工程结算：工程结算包括施工过程中的中间结算和竣工验收阶段的竣工结算。工程结算需要按实际完成的合同范围内合格工程量考虑，同时按合同调价范围和调价方法，对实际发生的工程量增减、设备和材料价差等进行调整后确定结算价格。工程结算反映的是工程项目实际造价。工程结算文件一般由承包单位编制，由发包单位审查，也可委托工程造价咨询机构进行审查。

（7）竣工决算：是指工程竣工决算阶段，以实物数量和货币指标为计量单位，综合反映竣工项目从筹建开始到项目竣工交付使用为止的全部建设费用。竣工决算文件一般是由建设单位编制，上报相关主管部门审查。

3. 计价的组合性

工程造价的计算与建设项目的组合性有关。一个建设项目是一个工程综合体，可按单项工程、单位工程、分部工程、分项工程等不同层次分解为许多有内在联系的独立和不能独立的工程，如图 1－2 所示。

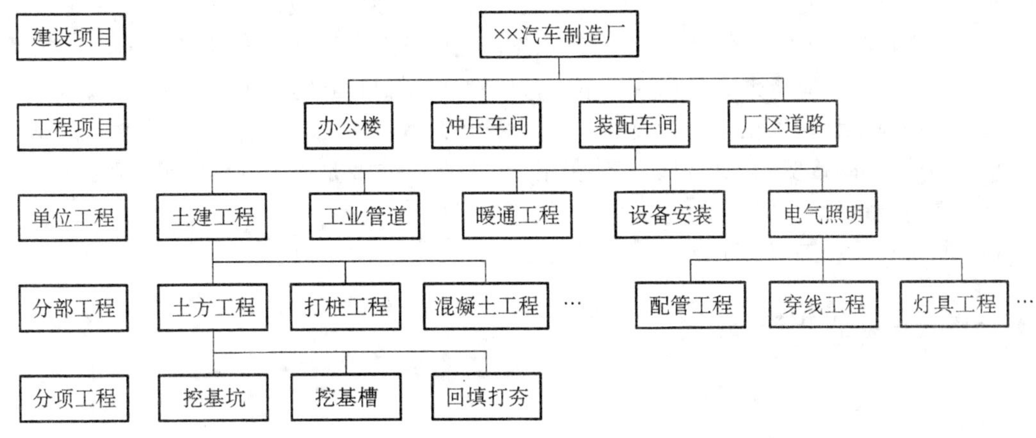


**图 1－2　工程造价的组合过程**

凡是按一个总体设计组织施工，建成后具有完整的系统，可以独立地形成生产能力或使用价值的建设工程，称一个建设项目，如一个钢铁厂、一所学校。一般由分项工程—分部工程—单位工程—单项工程组成。

(1) 单项工程(工程项目)。凡是具有独立的设计文件，竣工后可以独立发挥生产能力或效益的工程，称为单项工程。如学校中的教学楼，工厂中的生产车间。

(2) 单位工程。凡是具有单独设计可以独立施工，但完工后不能独立发挥生产能力或效益的工程，称为单位工程。如工业建筑的土建工程是一个单位工程，而安装工程又是一个单位工程。

(3) 分部工程。考虑到组成单位工程的各部分是由不同工人用不同工具和材料完成的，可以进一步把单位工程分解成若干分部工程。土建工程的分部工程是按建筑工程的主要部位划分的，例如土石方工程、地基与防护工程、砌筑工程、屋面工程、门窗及木结构工程等。安装工程的分部是按工程的种类划分的，例如管道工程、电气工程、通风工程以及设备安装工程等。

(4) 分项工程。组成分部工程的若干施工过程称为分项工程。分项工程是能通过较为简单的施工过程生产出来的、可以用适当的计量单位计算并便于测定或计算其消耗的工程基本构成要素。在工程造价管理中，将分项工程作为一种“假想的”建筑安装工程产品。土建工程的分项工程按建筑工程的主要工种划分，例如土方工程、钢筋工程等；安装工程的分项工程按用途或输送不同介质，物料以及设备组别分，例如给水工程中铸铁管、钢管、阀门等。

从计价和工程管理的角度，分部分项工程还可以分解。建设项目的这种组合性决定了计价的过程是一个逐步组合的过程。工程造价的组合过程是：分部分项工程造价→单位工程造价→单项工程造价→建设项目总造价。

**4. 计价方法的多样性**

工程项目的多次计价有其各不相同的计价依据，每次计价的精确度要求也各不相同，由此决定了计价方法的多样性。例如，投资估算方法有设备系数法、生产能力指数估算法等，概预算方法有单价法和实物法等。不同方法有不同的适用条件，计价时应根据具体情况加以选择。

5. **计价依据的复杂性**

工程造价的影响因素较多,决定了工程计价依据的复杂性。计价依据主要可分为以下七类:

(1) 设备和工程量计算依据。包括项目建议书、可行性研究报告、设计文件等。

(2) 人工、材料、机械等实物消耗量计算依据。包括投资估算指标、概算定额、预算定额等。

(3) 工程单价计算依据。包括人工单价、材料价格、材料运杂费、机械台班费等。

(4) 设备单价计算依据。包括设备原价、设备运杂费、进口设备关税等。

(5) 措施费、间接费和工程建设其他费用计算依据。主要是相关的费用定额和指标。

(6) 政府规定的税、费。

(7) 物价指数和工程造价指数。

## 二、工程造价相关概念

### (一) 静态投资与动态投资

静态投资是指不考虑物价上涨、建设期贷款利息等影响因素的建设投资。静态投资包括:建筑安装工程费、设备和工器具购置费、工程建设其他费、基本预备费,以及因工程量误差而引起的工程造价增减值等。

动态投资是指考虑物价上涨、建设期贷款利息等影响因素的建设投资。动态投资除包括静态投资外,还包括建设期货款利息、涨价预备费等。相比之下,动态投资更符合市场价格运行机制,使投资估算和控制更加符合实际。

静态投资与动态投资密切相关。动态投资包含静态投资,静态投资是动态投资最主要的组成部分,也是动态投资的计算基础。

### (二) 建设项目总投资与固定资产投资

建设项目总投资是指为完成工程项目建设,在建设期(预计或实际)投入的全部费用总和。建设项目按用途可分为生产性建设项目和非生产性建设项目。生产性建设项目总投资包括固定资产投资和流动资产投资两部分;非生产性建设项目总投资只包括固定资产投资,不含流动资产投资。建设项目总造价是指项目总投资中的固定资产投资总额。

固定资产投资是投资主体为达到预期收益的资金垫付行为。建设项目固定资产投资也就是建设项目工程造价,二者在量上是等同的。其中,建筑安装工程投资也就是建筑安装工程造价,二者在量上也是等同的。从这里也可以看出工程造价两种含义的同一性。

### (三) 建筑安装工程造价

建筑安装工程造价亦称建筑安装产品价格。从投资角度看,它是建设项目投资中的建筑安装工程投资,也是工程造价的组成部分。从市场交易角度看,建筑安装工程实际造价是投资者和承包商双方共同认可的、由市场形成的价格。

## 三、工程造价计价的方式

由于建筑产品价格的特殊性,与一般工业产品价格的计价方法相比,工程造价采取了特殊的计价模式及其方法,即按定额计价模式和按工程量清单计价模式。

(一) 按定额计价模式

按定额计价模式,是在我国计划经济时期及计划经济向市场经济转型时期,所采用的行之有效的计价模式。

按定额计价的基本方法是"单位估价法",即根据国家或地方颁布的统一预算定额规定的消耗量及其单价,以及配套的取费标准和材料预算价格,计算出相应的工程数量,套用相应的定额单价计算出定额直接费,再在直接费的基础上计算各种相关费用及利润和税金,最后汇总形成建筑产品的造价。其基本数学模型是:

$$\text{建筑装饰工程造价} = \left[\sum(\text{工程量} \times \text{定额单价})\right] \times (1 + \text{各种费用的费率} + \text{利润率}) \times (1 + \text{税率})$$

$$\text{安装工程造价} = \left[\sum(\text{工程量} \times \text{定额单价}) + \sum(\text{工程量} \times \text{定额人工费单价}) \times (\text{各种费用的费率} + \text{利润率})\right] \times (1 + \text{税率})$$

预算定额是国家或地方统一颁布的,视为地方经济法规,必须严格按照执行。一般概念上讲,不管谁来计算,由于计算依据相同,只要不出现计算错误,其计算结果是相同的。

按定额计价模式确定建筑工程造价,由于有预算定额规范消耗量、有各种文件规定人工、材料、机械单价及各种取费标准,在一定程度上防止了高估冒算和压级压价,体现了工程造价的规范性、统一性和合理性。但对市场的竞争起到了抑制作用,不利于促进施工企业改进技术、加强管理、提高劳动效率和市场竞争力,因此提出了另一种计价模式——工程量清单计价模式。

(二) 按工程量清单计价模式

按工程量清单计价这种模式,是我国提出的一种工程造价确定模式。这种计价模式是国家仅统一项目编码、项目名称、计量单位和工程量计算规则,由各施工企业在投标报价时根据企业自身情况自主报价,在招投标过程中形成建筑产品价格。

工程量清单计价模式的实施,实质上是建立了一种强有力而行之有效的竞争机制,由于施工企业在投标竞争中必须报出合理低价才能中标,所以对促进施工企业改进技术、加强管理、提高劳动效率和市场竞争力会起到积极的推动作用。

按工程量清单计价模式的造价计算方法是,招标方给出工程量清单,投标方根据工程量清单组合分部分项工程综合单价,并计算出分部分项工程的费用,再计算出税金,最后汇总成总造价。其基本数学模型是:

$$\text{建筑工程造价} = \left[\sum(\text{工程量} \times \text{综合单价}) + \text{措施项目费} + \text{其他项目费} + \text{规费}\right] \times (1 + \text{税率})$$

工程量清单计价的具体方法按照中华人民共和国建设部令 107 号《建筑工程施工发包与承包计价管理方法》的规定,有综合单价法和工料单价法两种方法。

**1. 综合单价法**

综合单价法的基本思路是:先计算出分项工程的综合单价,再用综合单价乘以工程量清单给出的工程量，得到分部分项工程费，再加措施项目费、其他项目费及规费，再用分部分项工程费、措施项目费、其他项目费、规费的合计，乘以税率得到税金，最后汇总得到单位工程费。其公式表示为：

$$单位工程造价=\left[\sum(工程量\times 综合单价)+措施项目费+其他项目费+规费\right]\times(1+税率)$$

综合单价法的重点是综合单价的计算。综合单价的内容包括：人工费、材料费、机械费、管理费及利润五个部分。措施项目费、其他项目费及规费是在单位工程费计算完成之后才计算的。

《计价规范》明确综合单价法为工程量清单的计价方法，也是目前普遍采用的方法。

综合单价法的计算程序如图 1-3 所示。

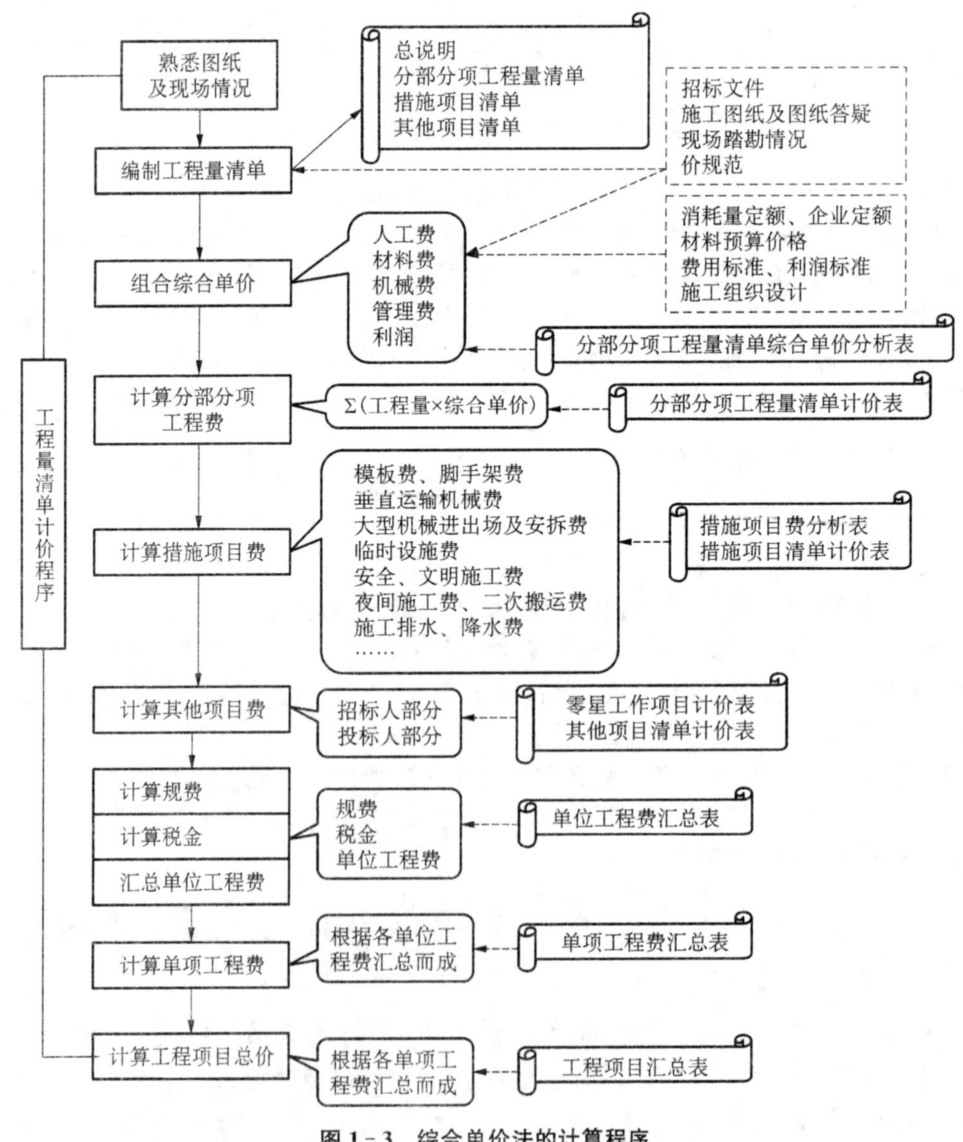


**图 1-3　综合单价法的计算程序**

2. 工料单价法

工料单价法的基本思路是：先计算出分项工程的工料单价，再用工料单价乘以工程量清单给出的工程量，得到分部分项工程的直接费，再在直接费的基础上计算管理费、利润。再加措施项目费、其他项目费及规费，再用分部分项工程费、措施项目费、其他项目费、规费的合计，乘以税率得到税金，最后汇总得到单位工程费。用公式表示为：

$$单位工程造价=\sum\Big[(工程量\times工料单价)\times(1+管理费率+利润率)+措施项目费+其他项目费+规费\Big]\times(1+税率)$$

工料单价法的重点是工料单价的计算。

工料单价的内容包括：人工费、材料费、机械费三个部分。管理费及利润在直接费计算完成后计算，这是与综合单价法不同之处。

显然，工料单价法的工料单价是不完全单价，不如综合单价直观，所以未采用此种方法。

综合单价及工料单价中消耗量均要依据工料消耗量定额来确定，招标人或其委托人编制招标标底时，依据当地建设行政主管部门编制的消耗量定额来确定；投标人编制投标标价时，依据本企业自己编制的本企业的消耗量定额来确定，在施工企业没有本企业的消耗量定额时，可参照当地建设行政主管部门编制的消耗量定额。

# 第二节　工程造价管理

## 一、工程造价管理的基本内涵

### （一）工程造价管理

工程造价管理是指综合运用管理学、经济学和工程技术等方面的知识与技能，对工程造价进行预测、计划、控制、核算、分析和评价等的过程。工程造价管理既涵盖宏观层次的工程建设投资管理，也涵盖微观层次的工程项目费用管理。

**1. 工程造价的宏观管理**

工程造价的宏观管理是指政府部门根据社会经济发展需求，利用法律、经济和行政等手段规范市场主体的价格行为、监控工程造价的系统活动。

**2. 工程造价的微观管理**

工程造价的微观管理是指工程参建主体根据工程计价依据和市场价格信息等预测、计划、控制、核算工程造价的系统活动。

### （二）建设工程全面造价管理

按照国际造价管理联合会（International Cost Engineering Council，ICEC）给出的定义，全面造价管理（Total Cost Management，TCM）是指有效地利用专业知识与技术，对资源、成本、盈利和风险进行筹划和控制。建设工程全面造价管理包括全寿命期造价管理、全过程造价管理、全要素造价管理和全方位造价管理。

1. **全寿命期造价管理**

建设工程全寿命期造价是指建设工程初始建造成本和建成后的日常使用成本之和，包括策划决策、建设实施、运行维护及拆除回收等各阶段费用。由于在建设工程全寿命期的不同阶段，工程造价存在诸多不确定性，因此，全寿命期造价管理主要是作为一种实现建设工程全寿命期造价最小化的指导思想，指导建设工程投资决策及实施方案的选择。

2. **全过程造价管理**

全过程造价管理是指覆盖建设工程策划决策及建设实施各阶段的造价管理，包括：策划决策阶段的项目策划、投资估算、项目经济评价、项目融资方案分析；设计阶段的限额设计、方案比选、概预算编制；招投标阶段的标段划分、发承包模式及合同形式的选择、招标控制价或标底编制；施工阶段的工程计量与结算、工程变更控制、索赔管理；竣工验收阶段的结算与决算等。

3. **全要素造价管理**

影响建设工程造价的因素有很多。为此，控制建设工程造价不仅仅是控制建设工程本身的建造成本，还应同时考虑工期成本、质量成本、安全与环境成本的控制，从而实现工程成本、工期、质量、安全、环保的集成管理。全要素造价管理的核心是按照优先性原则，协调和平衡工期、质量、安全、环保与成本之间的对立统一关系。

4. **全方位造价管理**

建设工程造价管理不仅仅是建设单位或承包单位的任务，而应是政府建设主管部门、行业协会、建设单位、设计单位、施工单位以及有关咨询机构的共同任务。尽管各方的地位、利益、角度等有所不同，但必须建立完善的协同工作机制，才能实现对建设工程造价的有效控制。

## 二、工程造价管理的组织系统

工程造价管理的组织系统是指履行工程造价管理职能的有机群体。为实现工程造价管理目标而开展有效的组织活动，我国设置了多部门、多层次的工程造价管理机构，并规定了各自的管理权限和职责范围。

### （一）政府行政管理系统

政府在工程造价管理中既是宏观管理主体，也是政府投资项目的微观管理主体。从宏观管理的角度，政府对工程造价管理有一个严密的组织系统，设置了多层管理机构，规定了管理权限和职责范围。

(1) 国务院建设主管部门造价管理机构。主要职责是：

① 组织制定工程造价管理有关法规、制度并组织贯彻实施。

② 组织制定全国统一经济定额和制定、修订本部门经济定额。

③ 监督指导全国统一经济定额和本部门经济定额的实施。

④ 制定和负责全国工程造价咨询企业的资质标准及其资质管理工作。

⑤ 制定全国工程造价管理专业人员职业资格准入标准，并监督执行。

(2) 国务院其他部门的工程造价管理机构。包括：水利、水电、电力、石油、石化、机械、冶金、铁路、煤炭、建材、林业、核工业、公路等行业和军队的造价管理机构。主要是修订、编制和解释相应的工程建设标准定额，有的还担负本行业大型或重点建设项目的概算审批、概算调整等职责。

(3) 省、自治区、直辖市工程造价管理部门。主要职责是修编、解释当地定额、收费标准和计价制度等。此外，还有开展工程造价审查(核)、提供造价信息、处理合同纠纷等职责。

### (二) 企事业单位管理系统

企事业单位的工程造价管理属微观管理范畴。设计单位、工程造价咨询单位等按照建设单位或委托方意图，在可行性研究和规划设计阶段合理确定和有效控制建设工程造价，通过限额设计等手段实现设定的造价管理目标；在招标投标阶段编制招标文件、标底或招标控制价，参加评标、合同谈判等工作；在施工阶段通过工程计量与支付、工程变更与索赔管理等控制工程造价。设计单位、工程造价咨询单位通过工程造价管理业绩，赢得声誉，提高市场竞争力。

工程承包单位的造价管理是企业自身管理的重要内容。工程承包单位设有专门的职能机构参与企业投标决策，并通过市场调查研究，利用过去积累的经验，研究报价策略，提出报价；在施工过程中，进行工程造价的动态管理，注意各种调价因素的发生，及时进行工程价款结算，避免收益的流失，以促进企业盈利目标的实现。

### (三) 行业协会管理系统

中国建设工程造价管理协会是经建设部和民政部批准成立、代表我国建设工程造价管理的全国性行业协会，是亚太区测量师协会(PAQS)和国际造价管理联合会(ICEC) 等相关国际组织的正式成员。

为了增强对各地工程造价咨询工作和造价工程师的行业管理，近年来，先后成立了各省、自治区、直辖市所属的地方工程造价管理协会。全国性造价管理协会与地方造价管理协会是平等、协商、相互支持的关系，地方协会接受全国性协会的业务指导，共同促进全国工程造价行业管理水平的整体提升。

## 三、工程造价管理的主要内容及原则

### (一) 工程造价管理的主要内容

在工程建设全过程各个不同阶段，工程造价管理有着不同的工作内容，其目的是在优化建设方案、设计方案、施工方案的基础上，有效控制建设工程项目的实际费用支出。

(1) 工程项目策划阶段：按照有关规定编制和审核投资估算，经有关部门批准，即可作为拟建工程项目的控制造价，基于不同的投资方案进行经济评价，作为工程项目决策的重要依据。

(2) 工程设计阶段：在限额设计、优化设计方案的基础上编制和审核工程概算、施工图预算。对于政府投资工程而言，经有关部门批准的工程概算将作为拟建工程项目造价的最高限额。

(3) 工程发承包阶段：进行招标策划，编制和审核工程量清单、招标控制价或标底，确定投标报价及其策略，直至确定承包合同价。

(4) 工程施工阶段：进行工程计量及工程款支付管理，实施工程费用动态监控，处理工程变更和索赔。

(5) 工程竣工阶段：编制和审核工程结算、编制竣工决算，处理工程保修费用等。

### （二）工程造价管理的基本原则

实施有效的工程造价管理，应遵循以下三项原则：

(1) 以设计阶段为重点的全过程造价管理。工程造价管理贯穿于工程建设全过程的同时，应注重工程设计阶段的造价管理。工程造价管理的关键在于前期决策和设计阶段，而在项目投资决策后，控制工程造价的关键就在于设计。建设工程全寿命期费用包括工程造价和工程交付使用后的日常开支(含经营费用、日常维护修理费用、使用期内大修理和局部更新费用)以及该工程使用期满后的报废拆除费用等。

长期以来，我国往往将控制工程造价的主要精力放在施工阶段审核施工图预算、结算建筑安装工程价款，对工程项目策划决策和设计阶段的造价控制重视不够。为有效地控制工程造价，应将工程造价管理的重点转到工程项目策划决策和设计阶段。

(2) 主动控制与被动控制相结合。长期以来，人们一直把控制理解为目标值与实际值的比较，以及当实际值偏离目标值时，分析其产生偏差的原因，并确定下一步对策。但这种立足于调查—分析—决策基础之上的偏离—纠偏—再偏离—再纠偏的控制是一种被动控制，这样做只能发现偏离，不能预防可能发生的偏离。为尽量减少甚至避免目标值与实际值的偏离，还必须立足于事先主动采取控制措施，实施主动控制。也就是说，工程造价控制不仅要反映投资决策，反映设计、发包和施工，被动地控制工程造价，更要能动地影响投资决策，影响工程设计、发包和施工，主动地控制工程造价。

(3) 技术与经济相结合。要有效地控制工程造价，应从组织、技术、经济等多方面采取措施。从组织上采取措施，包括明确项目组织结构，明确造价控制人员及其任务，明确管理职能分工；从技术上采取措施，包括重视设计多方案选择，严格审查初步设计、技术设计、施工图设计、施工组织设计，深入研究节约投资的可能性；从经济上采取措施，包括动态比较造价的计划值与实际值，严格审核各项费用支出，采取对节约投资的有力奖励措施等。

应该看到，技术与经济相结合是控制工程造价最有效的手段。应通过技术比较、经济分析和效果评价，正确处理技术先进与经济合理之间的对立统一关系，力求在技术先进条件下的经济合理、在经济合理基础上的技术先进，将控制工程造价观念渗透到各项设计和施工技术措施之中。

## 四、我国工程造价管理发展

新中国成立后，我国参照苏联的工程建设管理经验，逐步建立了一套与计划经济体制相适应的定额管理体系，并陆续颁布了多项规章制度和定额，在国民经济的复苏与发展中起到了十分重要的作用。改革开放以来，我国工程造价管理进入黄金发展期，工程计价依据和方法不断改革，工程造价管理体系不断完善，工程造价咨询行业得到快速发展。近年来，我国工程造价管理呈现出国际化、信息化和专业化发展趋势。

### (一) 工程造价管理国际化

随着我国经济日益融入全球资本市场,在我国的外资和跨国工程项目不断增多,这些工程项目大都需要通过国际招标、咨询等方式运作。同时,我国政府和企业在海外投资和经营的工程项目也在不断增加。国内市场国际化,国内外市场的全面融合,使得我国工程造价管理的国际化成为一种趋势。境外工程造价咨询机构在长期的市场竞争中已形成自己独特的核心竞争力,在资本、技术、管理、人才、服务等方面均占有一定优势。面对日益严峻的市场竞争,我国工程造价咨询企业应以市场为导向,转换经营模式,增强应变能力,在竞争中求生存,在拼搏中求发展,在未来激烈的市场竞争中取得主动。

### (二) 工程造价管理信息化

我国工程造价领域的信息化是从 20 世纪 80 年代末期伴随着定额管理推广应用工程造价管理软件开始的。进入 20 世纪 90 年代中期,伴随着计算机和互联网技术的普及,全国性的工程造价管理信息化已成必然趋势。近年来,尽管全国各地及各专业工程造价管理机构逐步建立了工程造价信息平台,工程造价咨询企业也大多拥有专业的计算机系统和工程造价管理软件,但仍停留在工程量计算、汇总及工程造价的初步统计分析阶段。从整个工程造价行业看,还未建立统一规划、统一编码的工程造价信息资源共享平台;从工程造价咨询企业层面看,工程造价管理的数据库、知识库尚未建立和完善。目前,发达国家和地区的工程造价管理已大量运用计算机网络和信息技术,实现工程造价管理的网络化、虚拟化。特别是建筑信息建模 (Building Information Modeling,BIM)技术的推广应用,必将推动工程造价管理的信息化发展。

### (三) 工程造价管理专业化

经过长期的市场细分和行业分化,未来工程造价咨询企业应向更加适合自身特长的专业方向发展。作为服务型的第三产业,工程造价咨询企业应避免走大而全的规模化,而应朝着集约化和专业化模式发展。企业专业化的优势在于:经验较为丰富,人员精干,服务更加专业,更有利于保证工程项目的咨询质量,防范专业风险能力较强。在企业专业化的同时,对于日益复杂、涉及专业较多的工程项目而言,势必引发和增强企业之间尤其是不同专业的企业之间的强强联手和相互配合。同时,不同企业之间的优势互补、相互合作,也将给目前的大多数实行公司制的工程造价咨询企业在经营模式方面带来转变,即企业将进一步朝着合伙制的经营模式自我完善和发展。鼓励及加速实现我国工程造价咨询企业合伙制经营,是提高企业竞争力的有效手段,也是我国未来工程造价咨询企业的主要组织模式。合伙制企业因对其组织方面具有强有力的风险约束性,能够促使其不断强化风险意识,提高咨询质量,保持较高的职业道德水平,自觉维护自身信誉。正因如此,在完善的工程保险制度下的合伙制也是目前发达国家和地区工程造价咨询企业所采用的典型经营模式。

## 五、造价工程师管理制度

造价工程师是指通过职业资格考试取得中华人民共和国造价工程师职业资格证书,并经注册后从事建设工程造价工作的专业技术人员。根据《造价工程师职业资格制度规定》,

国家设置造价工程师准入类职业资格，纳入国家职业资格目录。工程造价咨询企业应配备造价工程师，工程建设活动中有关工程造价管理岗位按需要配备造价工程师。造价工程师分为一级造价工程师和二级造价工程师。

**1. 造价工程师素质要求**

造价工程师的职责关系到国家和社会公众利益，对其专业和身体素质的要求包括以下几个方面：

(1) 造价工程师是复合型专业管理人才。作为工程造价管理者，造价工程师应是具备工程、经济和管理知识与实践经验的高素质复合型专业人才。

(2) 造价工程师应具备技术技能。技术技能是指能应用知识、方法、技术及设备来达到特定任务的能力。

(3) 造价工程师应具备人文技能。人文技能是指与人共事的能力和判断力。造价工程师应具有高度的责任心和协作精神，善于与业务工作有关的各方人员沟通、协作，共同完成工程造价管理工作。

(4) 造价工程师应具备组织管理能力。造价工程应能了解整个组织及自己在组织中的地位，并具有一定的组织管理能力，面对机遇和挑战，能够积极进取、勇于开拓。

(5) 造价工程师应具有健康体魄。健康的心理和较好的身体素质是造价工程师适应紧张、繁忙工作的基础。

**2. 造价工程师职业道德**

造价工程师的职业道德又称职业操守，通常是指在职业活动中所遵守的行为规范的总称，是专业人士必须遵从的道德标准和行业规范。

为提高造价工程师整体素质和职业道德水准，维护和提高造价咨询行业的良好信誉，促进行业健康持续发展，中国建设工程造价管理协会制定和须布了《造价工程师职业道德行为准则》，具体要求如下：

(1) 遵守国家法律、法规和政策，执行行业自律性规定，珍惜职业声誉，自觉维护国家和社会公共利益。

(2) 遵守“诚信、公正、精业、进取”的原则，以高质量的服务和优秀的业绩，赢得社会和客户对造价工程师职业的尊重。

(3) 勤奋工作，独立、客观、公正、正确地出具工程造价成果文件，使客户满意。

(4) 诚实守信，尽职尽责，不得有欺诈、伪造、作假等行为。

(5) 尊重同行，公平竞争，搞好同行之间的关系，不得采取不正当的手段侵犯同行的权益。

(6) 廉洁自律，不得索取、收受委托合同约定以外的礼金和其他财物，不得利用职务之便谋取其他不正当的利益。

(7) 造价工程师与委托方有利害关系的应当主动回避；同时，委托方也有权要求其回避。

(8) 对客户的技术和商务秘密负有保密义务。

(9) 接受国家和行业自律组织对其职业道德行为的监督检查。

**3. 造价工程师职业资格考试条件**

为了加强建设工程造价管理专业人员的执业准入管理，确保建设工程造价管理工作质量，维护国家和社会公共利益，原国家人事部、建设部在 1996 年联合发布《造价工程师执业资格制度暂行规定》，确立了造价工程师职业资格制度。凡从事工程建设活动的建设、设计、施工、工程造价咨询、工程造价管理等单位和部门，必须在计价、评估、审查(核)、控制及管理等岗位配备有造价工程师职业资格的专业技术管理人员。

《注册造价工程师管理办法》《造价工程师继续教育实施办法》《造价工程师职业道德行为准则》等文件的陆续颁布与实施，确立了我国造价工程师职业资格制度体系框架。我国造价工程师职业资格制度如图 1－4 所示。

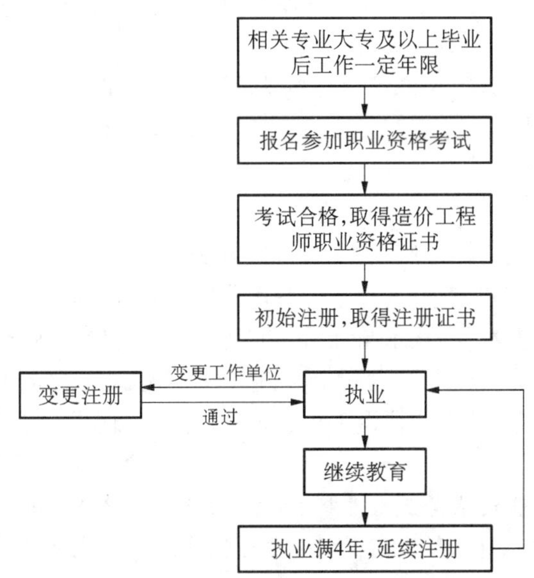


**图 1－4　造价工程师职业资格制度简图**

一级造价工程师职业资格考试全国统一大纲、统一命题、统一组织。从 1997 年试点考试至今，每年均举行一次全国造价工程师执业资格考试(除 1999 年停考外)。自 2018 年起设立二级造价工程师。二级造价工程师职业资格考试全国统一大纲，各省、自治区、直辖市自主命题并组织实施。

(1) 一级造价工程师报考条件。凡遵守中华人民共和国宪法、法律、法规，具有良好的业务素质和道德品行，具备下列条件之一者，可以申请参加一级造价工程师职业资格考试：

① 具有工程造价专业大学专科(或高等职业教育)学历，从事工程造价业务工作满 5 年；具有土木建筑、水利、装备制造、交通运输、电子信息、财经商贸大类大学专科(或高等职业教育)学历，从事工程造价业务工作满 6 年；

② 具有通过工程教育专业评估(认证)的工程管理、工程造价专业大学本科学历或学位，从事工程造价业务工作满 4 年；具有工学、管理学、经济学门类大学本科学历或学位，从事工程造价业务工作满 5 年；

③ 具有工学、管理学、经济学门类硕士学位或者第二学士学位，从事工程造价业务工作满 3 年；

④ 具有工学、管理学、经济学门类博士学位，从事工程造价业务工作满 1 年；

⑤ 具有其他专业相应学历或者学位的人员，从事工程造价业务工作年限相应增加

1年。

(2) 二级造价工程师报考条件。凡遵守中华人民共和国宪法、法律、法规，具有良好的业务素质和道德品行，具备下列条件之一者，可以申请参加二级造价工程师职业资格考试：

① 具有工程造价专业大学专科（或高等职业教育）学历，从事工程造价业务工作满2年；具有土木建筑、水利、装备制造、交通运输、电子信息、财经商贸大类大学专科（或高等职业教育）学历，从事工程造价业务工作满3年；

② 具有工程管理、工程造价专业大学本科及以上学历或学位，从事工程造价业务工作满1年；具有工学、管理学、经济学门类大学本科及以上学历或学位，从事工程造价业务工作满2年；

③ 具有其他专业相应学历或者学位的人员，从事工程造价业务工作年限相应增加1年。

**4. 造价师考试科目**

造价工程师职业资格考试设基础科目和专业科目。

一级造价工程师职业资格考试设4个科目，包括："建设工程造价管理""建设工程计价""建设价工程技术与计量"和"建设工程造价案例分析"其中，"建设工程造价管理"和"建设工程计价"为基础科目，"建设工程技术与计量"和"建设工程造价案例分析"为专业科目。

二级造价工程师职业资格考试设两个科目，包括："建设工程造价管理基础知识"和"建设工程计量与计价实务"。其中，"建设工程造价管理基础知识"为基础科目，"建设工程计量与计价实务"为专业科目。

一级造价工程师职业资格考试专业科目分为4个专业类别，即：土木建筑工程、交通运输工程、水利工程和安装工程，考生在报名时可根据实际工作需要选择其一。

**5. 造价师职业资格证书**

一级造价工程师职业资格考试合格者，由各省、自治区、直辖市人力资源社会保障行政主管部门颁发中华人民共和国一级造价工程师职业资格证书，该证书全国范围内有效。

二级造价工程师职业资格考试合格者，由各省、自治区、直辖市人力资源社会保障行政主管部门颁发中华人民共和国二级造价工程师职业资格证书，该证书原则上在所在行政区域内有效。

**6. 造价师注册**

国家对造价工程师职业资格实行执业注册管理制度。取得造价工程师职业资格证书且从事工程造价相关工作的人员，经注册方可以造价工程师名义执业。

住房城乡建设部、交通运输部、水利部分别负责一级造价工程师注册及相关工作。各省、自治区、直辖市住房城乡建设、交通运输、水利行政主管部门按专业类别分别负责二级造价工程师注册及相关工作。

经批准注册的申请人，由住房城乡建设部、交通运输部、水利部核发《中华人民共和国一级造价工程师注册证》（或电子证书）；或由各省、自治区、直辖市住房城乡建设、交通运输、水利行政主管部门核发《中华人民共和国二级造价工程师注册证》（或电子证书）。

造价工程师执业时应持注册证书和执业印章。注册证书、执业印章样式以及注册证书编号规则由住房城乡建设部会同交通运输部、水利部统一制定。执业印章由注册造价工程师按照统一规定自行制作。

7. **造价师执业**

造价工程师在工作中，必须遵纪守法，恪守职业道德和从业规范，诚信执业，主动接受有关主管部门的监督检查，加强行业自律。造价工程师不得同时受聘于两个或两个以上单位执业，不得允许他人以本人名义执业，严禁“证书挂靠”。出租出借注册证书的，依据相关法律法规进行处罚，构成犯罪的，依法追究刑事责任。

（1）一级造价工程师执业范围

包括建设项目全过程的工程造价管理与咨询等，具体工作内容有：

① 项目建议书、可行性研究投资估算与审核，项目评价造价分析；

② 建设工程设计概算、施工（图）预算的编制和审核；

③ 建设工程招标投标文件工程量和造价的编制与审核；

④ 建设工程合同价款、结算价款、竣工决算价款的编制与管理；

⑤ 建设工程审计、仲裁、诉讼、保险中的造价鉴定，工程造价纠纷调解；

⑥ 建设工程计价依据、造价指标的编制与管理；

⑦ 与工程造价管理有关的其他事项。

（2）二级造价工程师执业范围

二级造价工程师主要协助一级造价工程师开展相关工作，可独立开展以下具体工作：

① 建设工程工料分析、计划、组织与成本管理，施工图预算、设计概算的编制；

② 建设工程量清单、最高投标限价、投标报价的编制；

③ 建设工程合同价款、结算价款和竣工决算价款的编制。

造价工程师应在本人工程造价咨询成果文件上签章，并承担相应责任。工程造价咨询成果文件应由一级造价工程师审核并加盖执业印章。

## 六、工程造价咨询企业资质管理

工程造价咨询企业是指接受委托，对建设工程造价的确定与控制提供专业咨询服务的企业，工程造价咨询企业可以为政府部门、建设单位、施工单位、设计单位提供相关专业技术服务，这种以造价咨询业务为核心的服务有时是单项或分阶段的，有时覆盖工程建设全过程。

工程造价咨询企业从事工程造价咨询活动，应当遵循独立、客观、公正、诚实信用的原则，不得损害社会公共利益和他人的合法权益。同时，任何单位和个人不得非法干预依法进行的工程造价咨询活动。

### （一）资质等级标准

工程造价咨询企业资质等级分为甲级、乙级两类。

1. **甲级企业资质标准**

（1）已取得乙级工程造价咨询企业资质证书满 3 年；

（2）企业出资人中注册造价工程师人数不低于出资人总人数的 60%，且其认缴出资额不低于企业注册资本总额的 60%；

（3）技术负责人是注册造价工程师，并具有工程或工程经济类高级专业技术职称，且从事工程造价专业工作 15 年以上；

（4）专职从事工程造价专业工作的人员（以下简称专职专业人员）不少于 20 人，其中，具有工程或者工程经济类中级以上专业技术职称的人员不少于16人，注册造价工程师不少于10人，其他人员均需要具有从事工程造价专业工作的经历；

(5) 企业与专职专业人员签订劳动合同，且专职专业人员符合国家规定的职业年龄(出资人除外)；

(6) 专职专业人员人事档案关系由国家认可的人事代理机构代为管理；

(7) 企业注册资本不少于人民币100万元；

(8) 企业近3年工程造价咨询营业收入累计不低于人民币500万元；

(9) 具有固定的办公场所，人均办公建筑面积不少于10 $m^2$；

(10) 技术档案管理制度、质量控制制度、财务管理制度齐全；

(11) 企业为本单位专职专业人员办理的社会基本养老保险手续齐全；

(12) 在申请核定资质等级之日前3年内无违规行为。

**2. 乙级企业资质标准**

(1) 企业出资人中注册造价工程师人数不低于出资人总人数的60%，且其认缴出资额不低于注册资本总额的60%；

(2) 技术负责人是注册造价工程师，并具有工程或工程经济类高级专业技术职称，且从事工程造价专业工作10年以上；

(3) 专职专业人员不少于12人，其中，具有工程或者工程经济类中级以上专业技术职称的人员不少于8人，注册造价工程师不少于6人，其他人员均需要具有从事工程造价专业工作的经历；

(4) 企业与专职专业人员签订劳动合同，且专职专业人员符合国家规定的职业年龄(出资人除外)；

(5) 专职专业人员人事档案关系由国家认可的人事代理机构代为管理；

(6) 企业注册资本不少于人民币50万元；

(7) 具有固定的办公场所，人均办公建筑面积不少于10 $m^2$；

(8) 技术档案管理制度、质量控制制度、财务管理制度齐全；

(9) 企业为本单位专职专业人员办理的社会基本养老保险手续齐全；

(10) 暂定期内工程造价咨询营业收入累计不低于人民币50万元；

(11) 在申请核定资质等级之日前无违规行为。

### (二) 资质证书

准予资质许可的造价咨询企业，资质许可机关应当向申请人颁发工程造价咨询企业资质证书。工程造价咨询企业资质有效期为3年。资质有效期届满，需要继续从事工程造价咨询活动的，应当在资质有效期届满30日前向资质许可机关提出资质延续申请。准予延续的，资质有效期延续3年。

工程造价咨询企业的名称、住所、组织形式、法定代表人、技术负责人、注册资本等事项发生变更的，应当自变更确立之日起30日内，办理资质证书变更手续。

工程造价咨询企业合并的，合并后存续或者新设立的工程造价咨询企业可以承继合并前各方中较高的资质等级，但应当符合相应的资质等级条件。

工程造价咨询企业分立的，只能由分立后的一方承继原工程造价咨询企业资质，但应当符合原工程造价咨询企业资质等级条件。

(三) 资质的撤销和注销

**1. 撤销资质**

有下列情形之一的，资质许可机关或者其上级机关，根据利害关系人的请求或者依据职权，可以撤销工程造价咨询企业资质：

(1) 资质许可机关工作人员滥用职权、玩忽职守做出准予工程造价咨询企业资质许可的；

(2) 超越法定职权做出准予工程造价咨询企业资质许可的；

(3) 违反法定程序做出准予工程造价咨询企业资质许可的；

(4) 对不具备行政许可条件的申请人做出准予工程造价咨询企业资质许可的；

(5) 依法可以撤销工程造价咨询企业资质的其他情形。

同时，工程造价咨询企业以欺骗、贿赂等不正当手段取得工程造价咨询企业资质的，应当予以撤销。

此外，工程造价咨询企业取得工程造价咨询企业资质后，如不再符合相应资质条件的，资质许可机关根据利害关系人的请求或者依据职权，可以责令其限期改正；逾期不改的，可以撤回其资质。

**2. 注销资质**

有下列情形之一的，资质许可机关应当依法注销工程造价咨询企业资质：

(1) 工程造价咨询企业资质有效期满，未申请延续的；

(2) 工程造价咨询企业资质被撤销、撤回的；

(3) 工程造价咨询企业依法终止的；

(4) 法律、法规规定的应当注销工程造价咨询企业资质的其他情形。

拓展阅读

工程造价咨询管理

## 第三节　工程定额概述

### 一、工程计价依据

我国的工程造价管理体系可划分为工程造价管理的相关法律法规体系、工程造价管理标准体系、工程计价定额体系和工程计价信息体系四个主要部分。法律法规是实施工程造价管理的制度依据和重要前提；工程造价管理的标准是在法律法规要求下，规范工程造价管理的技术要求；工程计价定额是进行工程计价工作的重要基础和核心内容；工程计价信息是市场经济体制下，准确反映工程价格的重要支撑，也是政府进行公共服务的重要内容。从工程造价管理体系的总体架构看，前两项工程造价管理的相关法律法规体系、工程造价管理的标准体系属于工程造价宏观管理的范畴，后两项工程计价定额体系、工程计价信息体系主要用的是工程计价，属于工程造价微观管理的范畴。工程造价管理体系中的工程造价管理的标准体系、工程计价定额体系和工程计价信息体系是当前我国工程造价管理机构最主要的工作，也是工程计价的主要依据，一般也将这三项称为工程计价依据体系。

**1. 工程造价管理标准**

工程造价管理标准泛指除应以法律、法规进行管理和规范的内容外，应以国家标准、行业标准进行规范的工程管理和工程造价咨询行为、质量的有关技术内容。工程造价管理标准体系按照管理性质可分为：统一工程造价管理的基本术语、费用构成等的基础标准；规范工程造价管理行为、项目划分和工程量计算规则等管理性规范；规范各类工程造价成果文件编制的业务操作规程；规范工程造价咨询质量和档案的质量标准；规范工程造价指数发布及信息交换的信息标准等。

(1) 基础标准，包括《工程造价术语标准》(GB/T 50875)、《建设工程计价设备材料划分标准》(GB/T 50531)等。此外，我国目前还没有统一的建设工程造价费用构成标准，而这一标准的制定应是规范工程计价最重要的基础工作。

(2) 管理规范。包括《建设工程工程量清单计价规范》(GB 50500)、《建设工程造价咨询规范》(GB/T 51095)、《建设工程造价鉴定规范》(GB/T 51262)、《建筑工程建筑面积计规范》(GB/T 50353) 以及不同专业的建设工程工程量计算规范等。建设工程工程量计算规范由《房屋建筑与装饰工程工程量计算规范》(GB 50854)、《仿古建筑工程工程量计算规范》(GB 50855)、《通用安装工程工程量计算规范》(GB 50856)、《市政工程工程量计算规范》(GB 50857)、《园林绿化工程工程量计算规范》(GB 50858)、《矿山工程工程量计算规范》(GB 50859)、《构筑物工程工程量计算规范》(GB 50860)、《城市轨道交通工程工程量计算规范》(GB 50861)、《爆破工程工程量计算规范》(GB 50862)组成。同时也包括各专业部委发布的各类清单计价、工程量计算规范。包括《水利工程工程量清单计价规范》(GB 50501)、《水运工程工程量清单计价规范》JTS271 以及各省市发布的公路工程工程量清单计价规范等。

(3) 操作规程。主要包括中国建设工程造价管理协会陆续发布的各类成果文件编审的操作规程:《建设项目投资估算编审规程》(CECA/GC－1)、《建设项目设计概算编审规程》(CECA/GC－2)、《建设项目施工图预算编审规程》(CECA/GC－5)、《建设项目工程结算编审规程》(CECA/GC－3)、《建设项目工程竣工决算编制规程》(CECA/GC－9)、《建设工程招标控制价编审规程》(CECA/GC－6)、《建设工程造价鉴定规程》(CECA/GC－8)、《建设项目全过程造价咨询规程》(CECA/ GC－4)。其中《建设项目全过程造价咨询规程》(CECA/GC－4) 是我国最早发布的涉及建设项目全过程工程咨询的标准之一。

(4) 质量管理标准。主要包括《建设工程造价咨询成果文件质量标准》(CECA/GC－7) 该标准编制的目的是对工程造价咨询成果文件和过程文件的组成、表现形式、质量管理要素、成果质量标准等进行规范。

(5) 信息管理规范。主要包括《建设工程人工材料设备机械数据标准》(GB/T 50851)和《建设工程造价指标指数分类与测算标准》(GB/T 51290)等。

**2. 工程定额**

工程定额主要指国家、地方或行业主管部门制定的各种定额，包括工程消耗量定额和工程计价定额等。工程消耗量定额主要是指完成规定计量单位合格建筑安装产品所消耗的人工、材料、施工机具台班的数量标准。工程计价定额是指直接用于工程计价的定额或指标，包括预算定额、概算定额、概算指标和投资估算指标等。此外，部分地区和行业造价管理部门还会颁布工期定额，工期定额是指在正常的施工技术和组织条件下，完成建设项目和各类工程所需的工期标准。

根据《住房城乡建设部关于进一步推进工程造价管理改革的指导意见》（建标〔2014〕142号）的要求，工程定额的定位应为“对国有资金投资工程，作为其编制估算、概算最高投标限价的依据，对其他工程仅供参考”。同时通过购买服务等多种方式，充分发挥企业、科研单位、社团组织等社会力量在工程定额编制中的基础作用，提高工程定额编制水平，并应鼓励企业编制企业定额。

应建立工程定额全面修订和局部修订相结合的动态调整机制，及时修订不符合市场实际的内容，提高定额时效性。编制有关建筑产业现代化、建筑节能与绿色建筑等工程定额，发挥定额在新技术、新工艺、新材料、新设备推广应用中的引导约束作用，支持建筑业转型升级。

**3. 工程计价信息**

工程计价信息是指工程造价管理机构发布的建设工程人工、材料、工程设备、施工机具的价格信息，以及各类工程的造价指数、指标等。

## 二、工程定额体系

工程定额是指在正常施工条件下完成规定计量单位的合格建筑安装工程所消耗的人工、材料、施工机具台班、工期天数及相关费率等的数量标准。

### （一）工程定额的分类

工程定额是一个综合概念，是建设工程造价计价和管理中各类定额的总称，包括许多种类的定额，可以按照不同的原则和方法对它进行分类。

**1. 按定额反映的生产要素消耗内容分类**

可以把工程定额划分为劳动消耗定额、材料消耗定额和机具消耗定额三种。

（1）劳动消耗定额。简称劳动定额（也称为人工定额），是在正常的施工技术和组织条件下，完成规定计量单位合格的建筑安装产品所消耗的人工工日的数量标准。劳动定额的主要表现形式是时间定额，但同时也表现为产量定额。时间定额与产量定额互为倒数。

（2）材料消耗定额。简称材料定额，是指在正常的施工技术和组织条件下，完成规定计量单位合格的建筑安装产品所消耗的原材料、成品、半成品、构配件、燃料以及水、电等动力资源的数量标准。

（3）机具消耗定额。机具消耗定额由机械消耗定额与仪器仪表消耗定额组成。

机械消耗定额是以一台机械一个工作班为计量单位，所以又称为机械台班定额。机械消耗定额指在正常的施工技术和组织条件下，完成规定计量单位合格的建筑安装产品所消耗的机械台班的数量标准。机械消耗定额的主要表现形式是机械时间定额，同时也以产量定额表现。施工仪器仪表消耗定额的表现形式与机械消耗定额类似。

2. **按定额的编制程序和用途分类**

可以把工程定额分为施工定额、预算定额、概算定额、概算指标、投资估算指标等。

(1) 施工定额。施工定额是完成一定计量单位的某一施工过程或基本工序所需消耗的人工、材料和施工机具台班数量标准。施工定额是施工企业(建筑安装企业)组织生产和加强管理在企业内部使用的一种定额,属于企业定额的性质。施工定额是以某一施工过程或基本工序作为研究对象,表示生产产品数量与生产要素消耗综合关系编制的定额。为了适应组织生产和管理的需要,施工定额的项目划分很细,是工程定额中分项最细、定额子目最多的一种定额,也是工程定额中的基础性定额。

(2) 预算定额。预算定额是在正常的施工条件下,完成一定计量单位合格分项工程或结构构件所需消耗的人工、材料、施工机具台班数量及其费用标准。预算定额是一种计价性定额。从编制程序上看,预算定额是以施工定额为基础综合扩大编制的,同时它也是制概算定额的基础。

(3) 概算定额。概算定额是完成单位合格扩大分项工程或扩大结构构件所需消耗的人工、材料和施工机具台班的数量及其费用标准,是一种计价性定额。概算定额是编制扩大初步设计概算、确定建设项目投资额的依据。概算定额的项目划分粗细,与扩大初步设计的深度相适应,一般是在预算定额的基础上综合扩大而成的,每一扩大分项概算定额都包含了数项预算定额。

(4) 概算指标。概算指标是以单位工程为对象,反映完成一个规定计量单位建筑安装产品的经济指标,概算指标是概算定额的扩大与合并,以更为扩大的计量单位来编制的。概算指标的内容包括人工、材料、机具台班三个基本部分,同时还列出了分部工程量及单位工程的造价,是一种计价定额。

(5) 投资估算指标。投资估算指标是以建设项目、单项工程、单位工程为对象,反映建设总投资及其各项费用构成的经济指标。它是在项目建议书和可行性研究阶段编制投资估算,计算投资需要量时使用的一种定额。它的概略程度与可行性研究阶段相适应。投资估算指标往往根据历史的预、决算资料和价格变动等资料编制,但其编制基础仍然离不开预算定额、概算定额。

上述各种定额的相互联系可参见表 1-1。

**表 1-1 各种定额间关系的比较**

| | 施工定额 | 预算定额 | 概算定额 | 概算指标 | 投资估算指标 |
|---|---|---|---|---|---|
| 对象 | 施工过程或基本工序 | 分项工程或结构构件 | 扩大的分项工程或结构构件 | 单位工程 | 建设项目、单项工程、单位工程 |
| 用途 | 编制施工预算 | 编制施工图预算 | 编制扩大初步设计概算 | 编制初步设计概算 | 编制投资估算 |
| 项目划分 | 最细 | 细 | 较粗 | 粗 | 很粗 |
| 定额水平 | 平均先进 | 平均 | | | |
| 定额性质 | 生产性定额 | 计价性定额 | | | |

3. **按专业分类**

由于工程建设涉及众多的专业,不同的专业所含的内容也不同,因此就确定人工、材料和机具台班消耗数量标准的工程定额来说，也需按不同的专业分别进行编制和执行。

(1) 建筑工程定额按专业对象分为建筑及装饰工程定额、房屋修缮工程定额、市政工程定额、铁路工程定额、公路工程定额、矿山井巷工程定额、水利工程定额、水运工程定额等。

(2) 安装工程定额按专业对象分为电气设备安装工程定额、机械设备安装工程定额、热力设备安装工程定额、通信设备安装工程定额、化学工业设备安装工程定额、工业管道安装工程定额、工艺金属结构安装工程定额等。

**4. 按主编单位和管理权限分类**

工程定额可分为全国统一定额、行业统一定额、地区统一定额、企业定额、补充定额等。

(1) 全国统一定额是由国家建设行政主管部门综合全国工程建设中技术和施工组织管理的情况编制，并在全国范围内执行的定额。

(2) 行业统一定额是考虑到各行业专业工程技术特点，以及施工生产和管理水平编制的，一般是只在本行业和相同专业性质的范围内使用。

(3) 地区统一定额包括省、自治区、直辖市定额。地区统一定额主要是考虑地区性特点和全国统一定额水平做适当调整和补充编制的。

(4) 企业定额是施工单位根据本企业的施工技术、机械装备和管理水平编制的人工、材料、机具台班等的消耗标准。企业定额在企业内部使用，是企业综合实力的标志。企业定额水平一般应高于国家现行定额，才能满足生产技术发展、企业管理和市场竞争的需要。在工程量清单计价方法下，企业定额是施工企业进行投标报价的依据。

(5) 补充定额是指随着设计、施工技术的发展，现行定额不能满足需要的情况下，为了补充缺陷所编制的定额。补充定额只能在指定的范围内使用，可以作为以后修订定额的基础。

上述各种定额虽然适用于不同的情况和用途，但是它们是一个互相联系的、有机的整体，在实际工作中配合使用。

### (二) 工程定额的制定与修订

工程定额的制定与修订包括制定、全面修订、局部修订、补充等工作，应遵循以下原则：

(1) 对新型工程以及建筑产业现代化、绿色建筑、建筑节能等工程建设新要求，应及时制定新定额。

(2) 对相关技术规程和技术规范已全面更新且不能满足工程计价需要的定额，发布实施已满五年的定额，应全面修订。

(3) 对相关技术规程和技术规范发生局部调整且不能满足工程计价需要的定额，部分子目已不适应工程计价需要的定额，应及时局部修订。

(4) 对定额发布后工程建设中出现的新技术、新工艺、新材料、新设备等情况，应据工程建设需求及时编制补充定额。

# 第四节　工期定额

## 一、工期定额的含义和作用

工期定额是指在一定的经济和社会条件下，在一定时期内由建设行政主管部门制定并发布的工程项目建设消耗时间标准。

2016年7月28日颁布的《建筑安装工程工期定额》(TY01－89—2016)是在《全国统一建筑安装工程工期定额》(2000)基础上，依据国家现行产品标准、设计规范、施工及验收规范、质量评定标准和技术、安全操作规程，按照正常施工条件、常用施工方法、合理劳动组织及平均施工技术装备和管理水平，并结合当前常见结构及规模建筑安装工程的施工情况编制的。

工期定额具有一定的法规性，是国有资金投资工程在可行性研究、初步设计、招标阶段确定工期的依据，非国有资金投资工程参照执行。是签订建筑安装工程施工合同、确定合理工期及施工索赔的基础，也是施工企业编制施工组织设计、确定投标工期、安排施工进度的参考，同时，还是预算定额中计算综合脚手架、垂直运输费的重要依据。

## 二、《建筑安装工程工期定额》的有关规定

### (一) 工期定额的适用范围

(1) 由于我国各地气候条件差别较大，故将全国各省、市和自治区按其省会(首府)气候条件为基准划分为Ⅰ、Ⅱ、Ⅲ类地区，工期天数分别列项。

Ⅰ类地区：上海、江苏、浙江、安徽、福建、江西、湖北、湖南、广东、广西、四川、贵州、云南、重庆、海南。

Ⅱ类地区：北京、天津、河北、山西、山东、河南、陕西、甘肃、宁夏。

Ⅲ类地区：内蒙古、辽宁、吉林、黑龙江、西藏、青海、新疆。

(2) 江苏省关于工期定额的贯彻执行

根据江苏省建设厅(苏建价〔2016〕740号) 关于贯彻执行《建筑安装工程工期定额》的通知，江苏省工期明确如下：

① 工期定额是国有资金投资工程确定建筑安装工程工期的依据，非国有资金投资工程参照执行。工期定额是签订建筑安装施工合同、合理确定施工工期及工期索赔的基础，也是施工企业编制施工组织设计、安排施工进度计划的参考。

② 工期定额中的工程分类按照《建设工程分类标准》(GB/ T 50841—2013)执行。

③ 装配式剪力墙、装配式框架剪力墙结构按工期定额中的装配式混凝土结构工期执行；装配式框架结构按工期定额中的装配式混凝土结构工期乘以系数0.9执行。

④ 当单项工程层数超出工期定额中所列层数时，工期可按定额中对应建筑面积的最高相邻层数的工期差值增加。

⑤ 钢结构工程建筑面积和用钢量两个指标中，只要满足其中一个指标即可。在确定机

械土方工程工期时，同一单项工程内有不同挖深的，按最大挖土深度计算。

⑥ 在计算建筑工程垂直运输费时，按单项工程定额工期计算工期天数，但桩基工程、基础施工前的降水、基坑支护工期不另行增加。

⑦ 为有效保障工程质量和安全，维护建筑行业劳动者合法权益，建设单位不得任意压缩定额工期。如压缩工期，在招标文件和施工合同中应明确赶工措施费的计取方法和标准。建筑安装工程赶工措施费按《江苏省建设工程费用定额》(2014 年)规定执行，费率为 0.5%～2%。压缩工期超过定额工期 30%以上的建筑安装工程，必须经过专家认证。

### （二）工期定额的内容

(1) 工期定额包括：民用建筑工程、工业及其他建筑工程、构筑物工程、专业工程四部分内容。

(2) 民用建筑工程包括：±0.000 以下工程(无地下室工程、有地下室工程)、±0.000 以上工程(① 居住建筑；② 办公建筑；③ 酒店建筑；④ 商业建筑；⑤ 文化建筑；⑥ 教育建筑；⑦ 体育建筑；⑧ 卫生建筑；⑨ 交通建筑；⑩ 广播电影电视建筑)±0.000 以上钢结构工程、±0.000 以上超高层建筑。

(3) 工业及其他建筑工程包括：单层厂房工程、多层厂房工程、仓库、辅助附属设施、其他建筑工程。

(4) 构筑物工程包括烟囱、水塔、钢筋混凝土贮水池、钢筋混凝土污水池、滑模筒仓、冷却塔。

(5) 专业工程包括机械土方工程、桩基工程、装饰装修工程、设备安装工程、机械吊装工程、钢结构工程。

### （三）工期定额说明

(1) 定额工期是指自开工之日起到完成各章、节所包含的全部工程内容并达到国家验收标准之日止的日历天数(包括法定节假日)；不包括三通一平、打试验桩、地下障碍物处理、基础施工前的降水和基坑支护时间、竣工文件编制所需的时间。

(2) 施工工期的调整：

① 施工过程中，遇不可抗力、极端天气或政府政策性影响施工进度或暂停施工的，按照实际延误的工期顺延。

② 施工过程中发现实际地质情况与地质勘察报告出入较大的，应按照实际地质情况调整工期。

③ 施工过程中遇到障碍物或古墓、文物、化石、流沙、溶洞、暗河、淤泥、石方、地下水等需要进行特殊处理且影响关键线路时，工期相应顺延。

④ 合同履行过程中，因非承包人原因发生重大设计变更的，应调整工期。

⑤ 其他非承包人原因造成的工期延误应予以顺延。

(3) 同期施工的群体工程中，一个承包方同时承包 2 个以上(含 2 个)单项、单位工程时，工期的计算：以一个最大工期的单项、单位工程为基数，另加其他单项、单位工程工期综合乘以相应系数计算：加一个乘以系数 0.35，加 2 个乘以系数 0.2，加 3 个乘以系数 0.15，加 4 个及以上的单项、单位工程不另增加工期。

加 1 个单项(位)工程：$T=T_1+T_2\times0.35$

加 2 个单项(位)工程：$T=T_1+(T_2+T_3)\times0.2$

加 3 个及以上单项(位)工程：$T=T_1+(T_2+T_3+T_4)\times0.15$

其中 $T$ 为工程总工期：$T_1$、$T_2$、$T_3$、$T_4$为所有单项(位)工程工期最大的前四个，且$T_1\geqslant T_2\geqslant T_3\geqslant T_4$。

(4) 建筑面积按照国家标准《建筑工程建筑面积计算规范》GB/T 50353—2013 计算，层数以建筑自然层数计算，出屋面的楼(电)梯间、水箱间不计算层数。

## 单元测试

# 单元二　施工定额

## 第一节　施工定额的概念和作用

### 一、施工定额的概念

施工定额是施工企业直接用于建筑安装工程施工管理的一种定额，它是以同一性质的施工过程或工序为测定对象，确定建筑安装工人在正常的施工条件下，为完成一定计量单位的某一施工过程或工序所需人工、材料和机械台班等消耗的数量标准。它根据专业施工的作业对象和工艺制定。施工定额反映企业的施工水平。

施工定额是企业定额。但应当指出，相当多的施工企业缺乏自己的施工定额，这是施工管理的薄弱环节。施工企业应根据本企业的具体条件和可能挖掘的潜力，根据市场的需求和竞争环境，根据国家有关政策、法律和规范、制度，自己编制定额，自行决定定额的水平。同类企业和同一地区的企业之间存在施工定额水平的差距，这样在建筑市场上才能具有竞争能力。同时，施工企业应将施工定额的水平对外作为商业秘密进行保密。在市场经济条件下，国家定额和地区定额不再是强加给施工企业的约束和指令，而是对企业的施工定额管理进行引导，从而实现对工程造价的宏观调控。

### 二、施工定额的作用

**1. 施工定额是企业计划管理的依据**

施工定额在企业计划管理方面的作用，表现在它既是企业编制施工组织设计的依据，也是企业编制施工作业计划的依据。

施工组织设计是指导拟建工程进行施工准备和施工生产的技术、经济文件。其基本任务是：根据招标文件及合同协议的规定，确定出经济合理的施工方案，在人力和物力、时间和空间、技术和组织上对拟建工程做出最佳的安排。

施工作业计划则是根据企业的施工计划、拟建工程施工组织设计和现场实际情况编制的，它是一个以实现企业施工计划为目的的具体执行计划，是组织和指挥生产的技术文件，也是班组进行施工的依据。

**2. 施工定额是组织和指挥施工生产的有效工具**

企业组织和指挥施工，是按照作业计划通过下达施工任务书和限额领料单来实现的。

施工任务书，既是下达施工任务的技术文件，也是班、组经济核算的原始凭证。它表明了应完成的施工任务，也记录着班、组实际完成任务的情况，并且进行班、组工人的工资结算。施工任务书上的工程计量单位、产量定额和计件单位，均需取自劳动定额，工资结算也要根据劳动定额的完成情况计算。

限额领料单是施工队随任务书同时签发的领取材料的凭证。这一凭证是根据施工任务和施工的材料定额填写的。其中领料的数量,是班、组为完成规定的工程任务消耗材料的最高限额,这一限额也是考核班、组完成任务情况的一项重要指标。

**3. 施工定额是计算工人劳动报酬的依据**

施工定额是衡量工人劳动数量和质量,提供成果和效益的标准。所以,施工定额是计算工人工资的依据。这样,才能做到完成定额好的,工资报酬就多,达不到定额的,工资报酬就会减少。真正实现多劳多得,少劳少得的社会主义分配原则。

**4. 施工定额有利于推广先进技术**

施工定额水平中包含着某些已成熟的先进的施工技术和经验,工人要达到和超过定额,就必须掌握和运用这些先进技术;要想大幅度超过定额,就必须创造性地劳动,不断改进工具和改进技术操作方法,注意原材料的节约,避免浪费。

当施工定额明确要求采用某些较先进的施工工具和施工方法时,贯彻施工定额就意味着推广先进技术。

**5. 施工定额是编制施工预算、加强企业成本管理的基础**

施工预算是施工单位用以确定单位工程人工、机械、材料和资金需要量的计划文件。施工预算以施工定额为编制基础,既要反映设计图纸的要求,也要考虑在现有条件下可能采取的节约人工、材料和降低成本的各项具体措施。这就能有效地控制人力、物力消耗,节约成本开支。严格执行施工定额不仅可以起到控制消耗、降低成本和费用的作用,同时为贯彻经济核算制、加强班组核算和增加盈利创造良好的条件。

## 三、施工定额的水平

定额水平是规定在单位产品上消耗的劳动、机械和材料数量的多少,指按照一定施工程序和工艺条件下规定的施工生产中活劳动和物化劳动的消耗水平。

施工定额的水平直接反映劳动生产率水平,反映劳动和物质消耗水平。施工定额水平和劳动生产率水平变动方向一致,与劳动和物质消耗水平变动方向相反。

劳动生产率水平越高,施工定额水平也越高;而劳动和物资消耗数量越多,施工定额水平越低。但实际中,施工定额水平和劳动生产率水平有不一致的方面。随着技术的发展和定额对劳动生产率的促进,二者吻合的程度会逐渐变化,差距越来越大。现实中的定额水平落后社会劳动生产率水平,正是施工定额发挥作用的表现。当定额水平已经不能促进施工生产和管理,影响进一步提高劳动生产率时,就应修订已经陈旧的定额,以达到新的平衡。

确定施工定额水平,必须满足以下要求:

(1) 有利于提高劳动工效,降低人工、机械和材料的消耗;

(2) 有利于正确考核和评价工人的劳动成果;

(3) 有利于正确处理企业和个人之间的经济关系;

(4) 有利于提高企业管理水平。

平均先进水平,是在正常的施工条件下大多数施工队组和工人经过努力能够达到和超过的水平,低于先进水平,略高于平均水平。这种水平使先进者感到一定的压力,努力更上一层楼;使大多数处于中间水平的工人感到定额水平可望可及;增加达到和超过定额水平的信心；对于落后者不迁就，使他们感到企业的严格要求，必须花力气提高技术操作水平，珍惜劳动时间，节约材料消耗，尽快达到定额水平。所以，平均先进水平是一种鼓励先进、勉励中间、鞭策落后的定额水平，是施工定额的理想水平。

# 第二节　劳动定额

## 一、劳动定额的概念

劳动消耗定额也称人工定额，是指在正常的施工技术组织条件下，为完成一定数量的合格产品或完成一定量的工作所必需的劳动消耗量标准。这个标准是国家和企业对生产工人在单位时间内的劳动数量和质量的综合要求，也是建筑施工企业内部组织生产，编制施工作业计划、签发施工任务单、考核工效、计算报酬的依据。

现行的《全国建筑安装工程劳动定额》是供各地区主管部门和企业编制施工定额的参考定额，是以建筑安装工程产品为对象，以合理组织现场施工为条件，按"实"计算。因此，定额规定的劳动时间或劳动量一般不变，其劳动工资单价可根据各地工资水平进行调整。

劳动定额按其表现形式的不同，分为时间定额和产量定额。

**1. 时间定额**

时间定额亦称工时定额，是指在一定的生产技术和生产组织条件下，完成单位合格产品或完成一定工作任务所必须消耗的时间。定额包括工作时间、辅助工作时间、准备与结束时间、必须休息时间以及不可避免的中断时间。

时间定额以"工日"为单位，如：工日/m、工日/$m^2$、工日/$m^3$、工日/t 等。每一个工日工作时间按 8 个小时计算，用公式表示如下：

单位产品时间定额(工日)＝1/每工产量，或

单位产品时间定额(工日)＝小组成员工日数总和/小组台班产量

**2. 产量定额**

产量定额是指在一定的生产技术和生产组织条件下，在单位时间(工日)内所应完成合格产品的数量。

产量定额的计量单位是以产品的单位计算，如：m/工日、$m^2$/工日、$m^3$/工日、t/工日等。用公式表示如下：

每工产量＝1/单位产品时间定额(工日)，或

小组台班产量＝小组成员工日数总和/单位产品时间定额(工日)

**3. 时间定额与产量定额的关系**

时间定额与产量定额之间的关系是互为倒数关系，即时间定额＝1/产量定额

**例 2－1**　对一名工人挖土的工作进行定额测定，该工人经过 3 天的工作(其中 4 h 为损失的时间)，挖了 25 $m^3$ 的土方，计算该工人的时间定额。

**解**　消耗总工日数＝(3×8－4) h÷8 h/工日＝2.5 工日

完成产量数＝25 $m^3$

时间定额＝2.5 工日÷25 $m^3$＝0.10 工日/$m^3$

答：该工人的时间定额为 0.10 工日/m$^3$。

**例 2－2** 对一个 3 人小组进行砌墙施工过程的定额测定，3 人经过 3 天的工作，砌筑完成 8 m$^3$的合格墙体，计算该组工人的时间定额。

**解** 消耗总工日数＝3 人×3 工日/人＝9 工日

完成产量数＝8 m$^3$

时间定额＝9 工日÷8 m$^3$＝1.125 工日/m$^3$

答：该组工人的时间定额为 1.125 工日/m$^3$。

**例 2－3** 对一名工人挖土的工作进行定额测定，该工人经过 3 天的工作（其中 4 h 为损失的时间），挖了 25 m$^3$的土方，计算该工人的产量定额。

**解** 消耗总工日数＝(3×8－4) h÷8 h/工日＝2.5 工日

完成产量数＝25 m$^3$

产量定额＝25 m$^3$÷2.5 工日＝ 10 m$^3$/工日

答：该工人的产量定额为 10 m$^3$/工日。

## 二、制定劳动定额的方法

### 1. 技术测定法

这是最基本的方法，也是我们到目前一直介绍的方法，即通过测定定额的方法，可以用工作日写实法，也可以用测时法和写实记录法，形成定额时间，然后将这段时间内生产的产品进行记录，建立起时间定额或产量定额。

这种方法最直接，但问题是费时费力费钱。因此在最基本的技术测定法之外，还有一些较简便的定额测定法。

### 2. 比较类推法

对于一些类型相同的项目，可以采用比较类推法来测定定额。方法是取其中之一为基本项目，通过比较其他项目与基本项目的不同来推得其他项目的定额。但这种方法要注意基本项目一定要选择恰当，结果要进行一些微调。其计算公式为 $t=p\times t$。式中 $t$—其他项目工时消耗；$p$—耗工时比例；$t_0$—基本项目消耗。

**例 2－4** 人工挖地槽干土，已知作为基本项目的一类土在 1.5 m、3 m、4 m 和 4 m 以上四种情况的工时消耗，同时已获得几种不同土壤的耗工时比例（见表 2－1）。用比较类推法计算其余状态下的工时消耗。

**表 2－1 基础数据** 单位：工时/m$^3$

| 土壤类别 | 耗工时比例 $p$ | 挖地槽干土深度(m) | | | |
|---|---|---|---|---|---|
| | | 1.5 | 3 | 4 | 4 m 以上 |
| 一类土(基本项目) | 1.00 | 0.18 | 0.26 | 0.31 | 0.38 |
| 二类土 | 1.25 | | | | |
| 三类土 | 1.96 | | | | |
| 四类土 | 2.80 | | | | |

**解** 根据 $t=p\times t_0$、二类土 $p=1.25$、三类土 $p=1.96$ 和四类土 $p=2.80$ 进行计算。

答:计算结果如表 2-2 所示。

**表 2-2　计算结果**　　单位:工时/$m^3$

| 土壤类别 | 耗工时比例 $p$ | 挖地槽干土深度(m) | | | |
|---|---|---|---|---|---|
| | | 1.5 | 3 | 4 | 4 m 以上 |
| 一类土(基本项目) | 1.00 | 0.18 | 0.26 | 0.31 | 0.38 |
| 一类土 | 1.25 | 1.25×0.18 | 1.25×0.26 | 1.25×0.31 | 1.25×0.38 |
| 三类土 | 1.96 | 1.96×0.18 | 1.96×0.26 | 1.96×0.31 | 1.96×0.38 |
| 四类土 | 2.80 | 2.80×0.18 | 2.80×0.26 | 2.80×0.31 | 2.80×0.38 |

### 3. 统计分析法

统计分析法与技术测定法很相似,不同的是技术测定法有意识地在某一段时间内对工时消耗进行测定,一次性投入较大;而统计分析法采用的是细水长流的方法,让施工单位在其施工中建立起数据采集的制度,然后根据积累的数据获得工时消耗。

统计分析法的优点在于减少重复劳动,将定额的集中测定转化为分别测定,将专门的定额测定工作转化为施工中的一个工序。但采用这种方法的准确性不易保证,需要对施工单位和班组、原始数据的获得和统计分析做好事先控制、事后处理的工作。

### 4. 经验估计法

经验估计法在通常的定额测定中是不采用的,一般主要针对一些新技术、新工艺,新技术、新工艺在一开始出现的时候,拥有该技术的人或单位对该技术占据垄断地位,因此是不可能同意按照正常情况下的定额测定来计价的,换言之,即使你按正常情况测定了,也会处于有价无市的状况(没人做),更别谈拥有技术的人是不会让你来测定其施工技术的工时消耗了。因此,这种情况下就要用到经验估计法了。

经验估计法的特点是完全凭借个人的经验,邀请一些有丰富经验的技术专家、施工工人参加,通过对图纸的分析、现场的研究来确定工时消耗。

按照上述特点,可以看出,经验估计法准确度较低(相对于价值而言,价格偏高)。因此采用经验估计法获得的定额必须及时通过实践检验,实践检验不合理的,应及时修订。

## 三、时间定额的确定

时间定额是指某种专业、某种技术等级的工作班组或个人,在合理的劳动组织、合理的使用材料和施工机械同时配合的条件下,完成单位合格产品所必须消耗的工作时间。包括基本工作时间、辅助工作时间、不可避免中断时间、准备与结束的工作时间以及工人必需的休息时间。

(1) 拟定基本工作时间

基本工作时间是指在完成施工活动的工作过程中直接作用于施工对象使其改变外形、位置、形态的时间。在必需消耗的工作时间中占的比重最大。在确定基本工作时间时,必须一致、精确。基本工作时间消耗一般应根据计时观察资料来确定。其做法是,首先确定工作过程每一组成部分的工时消耗,然后再综合出工作过程的工时消耗。如果组成部分的产品计量单位和工作过程的产品计量单位不符,就需先求出不同计量单位的换算系数,进行产品计量单位的换算,然后再相加,求得工作过程的工时消耗。

（2）拟定辅助工作和准备与结束工作时间

辅助工作时间是指为确保基本工作能顺利进行而必须开展的辅助性工作所需时间，它不改变对象的外形、位置和形态，但是是必须发生的。如砌墙壁时的挂灰线、空车返回等。准备与结束工作时间是执行任务前或任务完成后所消耗的时间。辅助工作和准备与结束工作时间的确定方法与基本工作时间相同。但是，如果这两项工作时间在整个工作班工作时间消耗中所占比重不超过5%～6%，则可归纳为一项，以工作过程的计量单位表示，确定出工作过程的工时消耗。如果在计时观察时不能取得足够的工料，也可采用工时规范或经验数据来确定。如果有现行的工时规范，可以直接利用工时规范中规定的辅助和准备与结束工作时间的百分比来计算。例如，根据工时规范规定木作工程的各个工序的辅助工作和准备与结束工作、不可避免中断、休息等项，在工作日或作业时中各占的百分比见表2-3。

**表2-3　木作工程工时规范**

<table>
<tr><th rowspan="3">工作项目</th><th rowspan="3">疲劳程度</th><th colspan="7">规范时间占工作日</th></tr>
<tr><th colspan="2">准备与结束时间</th><th colspan="2">休息时间</th><th colspan="2">不可避免中断时间</th><th>合计</th></tr>
<tr><th>范围</th><th>%</th><th>范围</th><th>%</th><th>范围</th><th>%</th><th>%</th></tr>
<tr><td>门窗框扇安装、立木楞、吊木楞、铺地楞、钉立墙板条，及各室内木装修的安钉工程</td><td>较轻</td><td rowspan="2">准备与收拾工具、领会任务单、研究工作、穿脱衣服、转移工作地及组长指导检查等</td><td>3.89</td><td rowspan="2">大小便、吸烟、喝水、擦汗、缓解疲劳的局部休息</td><td>6.25</td><td></td><td></td><td>10.14</td></tr>
<tr><td>地板安装、钉天棚板条</td><td>中等</td><td>3.89</td><td>8.33</td><td></td><td>12.2</td><td></td></tr>
</table>

木作工程工时规范计算定额作业时间时，依照表2-4新列的辅助时间在各工序中相应增加。

**表2-4　增加辅助时间的工作项目**

| 工作项目 | 占工序作业时间（%） | 工作项目 | 占工序作业时间（%） |
|---|---|---|---|
| 磨刨刀<br>磨槽刨<br>磨凿子 | 12.3<br>5.9<br>3.4 | 磨线刨<br>锉锯 | 8.3<br>8.2 |

（3）拟定不可避免的中断时间

不可避免的中断时间是由于施工工艺特点引起的工作中断所消耗的时间。如起重机安装预制构件时安装等待的时间等。在确定不可避免中断时间的定额时，必须注意由工艺特点所引起的不可避免中断才可列入工作过程的时间定额。

不可避免中断时间也需要根据测时资料通过整理分析获得，也可以根据经验数据或工时规范，以占工作日的百分比表示此项工时消耗的时间定额。

（4）拟定休息时间

休息时间是指在施工中为恢复体力所必需的短暂休息和生理需要的时间消耗。休息时间应根据工作班作息制度、经验资料、计时观察资料，以及对工作的疲劳程度做全面分析来确定。同时,应考虑尽可能利用不可避免中断时间作为休息时间。

综上所述,确定的基本工作时间、辅助工作时间、准备与结束工作时间、不可避免中断时间和休息时间之和,就是劳动定额的时间定额。

定额时间=基本工作时间/(1-其他各项时间所占比重%)

**例 2-5**　某工程为人工挖土方,土壤是潮湿的黏性土,按土壤分类属二类土(普通土)。测时资料表明,挖 1 $m^3$ 需消耗基本工作时间 60 min,辅助工作时间占工作班延续时间 2%,准备与结束工作时间占工作延续时间 2%,不可避免中断时间占 1%,休息占 20%。试计算时间定额和产量定额。

**解**　定额时间=60/(1-2%-2%-1%-20%)=80 min=$\frac{80}{60\times80}$工日=0.167 工日

时间定额=0.167 工日/ $m^3$

根据时间定额和产量定额互为倒数的关系,可以计算出产量定额:1/0.167=5.99 $m^3$≈6 $m^3$/工日

**例 2-6**　某土方工程,挖基槽的工程量为 450 $m^3$,每天有 24 名工人负责施工,时间定额为 0.205 工日/$m^3$,试计算完成该分项工程的施工天数。

**解**　(1) 计算完成该分项工程所需的总劳动量

总劳动量=450×0.205=92.25 工日

(2) 计算施工天数

施工天数=92.25/24=3.84≈4 天

即该分项工程需 4 天完成。

## 四、劳动定额示例

下表摘自《全国建筑安装工程统一劳动定额》第四分册砖石工程的砖基础。

例如:砌 1 $m^3$ 两砖基础综合需 0.833 工日,每工日综合可砌 1.2 $m^3$ 两砖基础。

**表 2-5　砖基础砌体劳动定额**

工作内容:清理地槽、其垛、角、抹防潮层砂浆等。　　　　计量单位:$m^3$

| 项　　目 | | 砖基础深在 1.5 m 以内 | | | 序号 |
|---|---|---|---|---|---|
| | | 厚度 | | | |
| | | 1 砖 | 1.5 砖 | 2 砖及 2 砖以上 | |
| 综合 | 时间定额/产量定额 | 0.89/1.12 | 0.867/1.16 | 0.833/1.2 | 一 |
| 砌砖 | 时间定额/产量定额 | 0.37/207 | 0.366/298 | 0.309/324 | 二 |
| 运输 | 时间定额/产量定额 | 0.427/234 | 0.427/234 | 0.427/234 | 三 |
| 调制砂浆 | 时间定额/产量定额 | 0.093/10.8 | 0.097/103 | 0.097/103 | 四 |
| 编号 | 1 | 2 | 3 | 4 | |

注:(1) 垫层以上防潮层以下为基础(无防潮层按室内地坪区分),其厚度以防潮层处为准;围墙以室外地坪以下为基础。

(2) 基础深度 1.5 m 以内为准,超过部分,每 1 $m^3$ 砌体增加 0.04 工日。

(3) 基础无大放脚时,按混水墙相应定额执行。

时间定额和产量定额虽然是同一劳动定额的不同表现形式，但其用途却不同。前者是以产品的单位和工日来表示，便于计算完成某一分部分项工程所需的总工日数，核算工资，编制施工进度计划和计算工期；后者是以单位时间内完成产品的数量表示的，便于小组分配施工任务，考核工人的劳动效率和签发施工任务单。

## 第三节　材料消耗定额

### 一、材料消耗定额的概念

材料消耗定额是指在合理和节约使用材料的前提下，生产单位合格产品所必须消耗的建筑材料（半成品、配件、燃料、水、电）的数量标准。

建筑材料是建筑安装企业进行生产活动完成建筑产品的物质条件。建筑工程的原材料（包括半成品、成品等）品种繁多、耗用量大。在一般工业与民用建筑工程中，材料消耗占工程成本的60%～70%，材料消耗定额的任务，就在于利用定额这个经济杠杆，对材料消耗进行控制和监督，以达到降低物资消耗和工程成本的目的。

建筑工程材料消耗定额是企业推行经济承包、编制材料计划、进行单位工程核算不可缺少的基础，是促进企业合理使用材料，实行限额领料和材料核算，正确核定材料需要量和储备量，考核、分析材料消耗，反映建筑安装生产技术管理水平的重要依据。

根据施工生产材料消耗工艺要求，建筑安装材料分为非周转性材料和周转性材料两大类。

非周转性材料亦称直接性材料，它是指在建筑工程施工中，一次性消耗并直接构成工程实体的材料。如砖、砂、石、钢筋、水泥等。

周转性材料是指在施工过程中能多次使用、周转的工具型材料。如各种模板、活动支架、脚手架、支撑等。

直接构成建筑安装工程实体的材料称为材料净耗量。

不可避免的施工废料和施工操作损耗称为材料损耗量。

材料的消耗量由材料的净耗量和材料损耗量组成。其关系如下：

材料消耗量＝材料净耗量＋材料损耗量

材料损耗率＝材料损耗量/材料净用量×100%

材料总消耗量＝净用量＋损耗量＝净用量×（1＋损耗率）

### 二、非周转性材料消耗量的计算

确定材料净用量定额和材料损耗定额的计算数据，是通过现场技术测定、实验室试验、现场统计和理论计算等方法得到的。

#### （一）现场技术测定法

主要是编制材料损耗定额。也可以提供编制材料净用量定额的参考数据。其优点是能通过现场观察、测定、取得产品产量和材料消耗的情况，为编制材料定额提供技术根据。

（二）试验室试验法

主要是编制材料净用量定额。通过试验，能够对材料的结构、化学成分和物理性能以及按强度等级控制的混凝土、砂浆配合比做出科学的结论，给编制材料消耗定额提供出有技术根据的、比较精确的计算数据。用于施工生产时，需加以必要的调整方可作为定额数据。

（三）现场统计法

通过对现场进料、用料的大量统计资料进行分析计算，获得材料消耗的数据。这种方法由于不能分清材料消耗的性质，因而不能作为确定材料净用量定额和材料损耗定额的依据。

（四）理论计算法

对于有些建筑材料，可以根据施工图所表明的规格、尺寸及构造，运用一定的数学公式、计算材料的净用量，是定额编制中常用的一种方法。

**1. 砖的用量可以用以下公式计算**

标准黏土砖尺寸为 240 mm×115 mm×53 mm，其材料用量计算公式为

$$\text{立方米砖的净用量(块)}=\frac{1}{\text{墙厚}\times(\text{砖长}+\text{灰缝})\times(\text{砖厚}\times\text{灰缝})}\times\text{墙厚的砖数}\times 2$$

墙厚一般半砖墙取 115 mm，一砖墙取 240 mm，一砖半墙取 365 mm，灰缝一般取 10 mm。

各种厚度砖墙的每立方米净用砖数和砂浆的净用量计算如下：

半砖墙

$$\text{砖的净用量}=\frac{0.5\times 2}{0.115\times(0.24+0.01)\times(0.053+0.01)}=552(\text{块})$$

砂浆净用量＝1－552×0.001 462 8＝0.192 ($m^3$)

一砖墙

$$\text{砖的净用量}=\frac{1\times 2}{0.24\times(0.24+0.01)\times(0.053+0.01)}=529(\text{块})$$

砂浆净用量＝1－529×0.001 462 8＝0.226 ($m^3$)

一砖半墙

$$\text{砖的净用量}=\frac{1.5\times 2}{0.365\times(0.24+0.01)\times(0.053+0.01)}=522(\text{块})$$

砂浆净用量＝1－522×0.001 462 8＝0.237 ($m^3$)

**2. 砌体的用量可以用以下公式计算**

$$\text{每 m}^3\text{砌体的砌块净用量(块)}=\frac{1\ \text{m}^3\ \text{砌体}}{\text{墙厚}\times(\text{砌块长}+\text{灰缝})\times(\text{砖块厚}+\text{灰缝})}\times\text{分母体积中砌块的数量}$$

砂浆净用量＝1 $m^3$砌体－砌块净用量×砌块的单位体积

砂浆消耗量＝砂浆净用量×(1＋损耗率)

**例 2－7** 计算尺寸为 390 mm×190 mm×190 mm 的每立方米 190 厚混凝土空心砌块墙的砌块和砂浆总消耗量，灰缝 10 mm，砌块和砂浆的损耗率为 1.8%。

**解** ①空心砌块消耗量

$$\frac{1\ \text{m}^3\ \text{砌体}}{\text{墙厚}\times(\text{砌块长}+\text{灰缝})\times(\text{砌块厚}+\text{灰缝})}\times\text{分母体积中砌块的数量}$$

$$=\frac{1}{0.19\times(0.39+0.01)\times(0.19+0.01)}\times 1=65.8\ \text{块}$$

每立方米砌体空心砌块消耗量＝65.8×(1＋1.8%)＝66.98 块

② 砂浆消耗量

每立方米砌体砂浆净用量＝1－65.8×0.390×0.190×0.190＝1－0.926 4＝0.074 $m^3$

每立方米砌体砂浆消耗量＝0.074×(1＋1.8%)＝0.075 $m^3$

### 3. 面砖类材料的确定

对于有些块体类材料，可以采用数学的计算方法计算出材料的消耗量。

每 100 $m^2$ 块料用量＝100×(1＋损耗率)/（块料长＋灰缝)×(块料宽＋灰缝)

**例 2－8** 某办公室地面净面积 100 $m^2$，拟粘贴砖的 300 mm×300 mm 的地砖(灰缝 2 mm)，计算地砖用量。(地砖损耗率按 2%计算)。

**解** 地砖的净用量＝地面面积/（地砖长＋灰缝)×(地砖厚＋灰缝)

$$=\frac{100}{(0.3+0.002)\times(0.3+0.002)}=1\ 096.4(\text{块})$$

地砖消耗量＝地砖净用量×(1＋损耗率)＝1 096.4×(1＋2%)＝1 118 块

## 三、周转性材料消耗量的计算

周转性材料是指在施工过程中不是一次消耗完，而是多次使用、逐渐消耗、不断补充的周转工具性材料。对逐渐消耗的那部分应采用分次摊销的办法计入材料消耗量，进行回收。如生产预制钢筋混凝土构件、现浇混凝土及钢筋土工程用的模具，搭设脚手架用的脚手杆、跳板，挖土方用的挡土板、护桩等均属周转性材料。

周转性材料消耗定额，应当按照多次使用，分期摊销方式进行计算。即周转性材料在材料消耗定额中，以摊销量表示。

现以钢筋混凝土模板为例，介绍周转性材料摊销量计算。

### （一）现浇钢筋混凝土模板摊销量

#### 1. 材料一次使用量

是指为完成定额单位合格产品，周转性材料在不重复使用条件下的周转性材料一次性用量，通常根据选定的结构设计图纸进行计算。

一次使用量＝材料的净用量×(1＋材料损耗率)

＝混凝土模板接触面积×每平方米接触面积需模量×(1＋制作损耗率)

#### 2. 材料周转次数

是指周转性材料从第一次使用起，可以重复使用的次数。

一般采用现场观测法或统计分析法来测定材料周转次数，或查相关手册。

### 3. 材料补损量

补损量是指周转使用一次后由于损坏需补充的数量，也就是在第二次和以后各次周转中为了修补难于避免的损耗所需要的材料消耗，通常用补损率来表示。

补损率的大小主要取决于材料的拆除、运输和堆放的方法以及施工现场的条件。在一般情况下，补损率要随周转次数增多而加大，所以一般采取平均补损率来计算。

$$补损率=平均补损率/一次使用量\times\%$$

### 4. 周转使用量

是指周转性材料在周转使用和补损条件下，每周转使用一次平均所需材料数量。

一般应按材料周转次数和每次周转发生的补损量等因素，计算生产一定计算单位结构构件的材料周转使用量。

$$周转使用量=\frac{一次使用量+一次使用量\times(周转次数-1)\times损耗率}{周转次数}$$

$$=一次使用量\times\frac{1+(周转次数-1)\times损耗率}{周转次数}$$

### 5. 材料回收量

是指在一定周转次数下，每周转使用一次平均可以回收材料的数量。

$$回收量=\frac{一次使用量-(一次使用量\times损耗率)}{周转次数}$$

$$=一次使用量\times\frac{(1-损耗率)}{周转次数}$$

### 6. 材料摊销量

是周转性材料在重复使用条件下，应分摊到每一计量单位结构构件的材料消耗量。这是应纳入定额的实际周转材料消耗数量。

$$摊销量=周转使用量-回收量$$

**例 2-9**　按某施工图计算一层现浇混凝土柱接触面积为 160 $m^2$，混凝土构件体积为 20 $m^3$，采用木模板，每平方米接触面积需模量 1.1 $m^2$，模板施工制作损耗率为 5%，周转损耗率为 10%，周转次数 8 次，计算所需模板单位面积、单位体积摊销量。

**解**　一次使用量=混凝土模板的接触面积×每平方米接触面积需模量×(1+制作损耗率)

=160×1.1×(1+5%)

=184.8 $m^2$

投入使用总量=一次使用量+一次使用量×(周转次数-1)×损耗率

=184.8+184.8×(8-1)×10%

=314.16 $m^2$

周转使用量=投入使用总量÷周转次数

=314.16÷8

=39.27 $m^2$

$$周转回收量=\frac{一次使用量(1-损耗率)}{周转次数}=184.8\times\frac{1-10\%}{8}$$
$$=20.79\ m^2$$

摊销量=周转使用量−周转回收量
$=39.27-20.79$
$=18.48\ m^2$

模板单位面积摊销量=摊销量÷模板接触面积
$=18.48\div160$
$=0.116\ m^2/m^2$

模板单位体积摊销量=摊销量÷混凝土构件体积
$=18.48\div20$
$=0.924\ m^2/m^3$

答：所需模板单位面积摊销量为 $0.116\ m^2$，单位体积摊销量为 $0.924\ m^2$。

（二）预制构件模板计算公式

预制构件模板及其他定型构件模板，由于损耗很少，可以不考虑每次周转的补损率，按多次使用平均分摊的办法进行计算。同时在定额中要比木模板多计算一项回库修理、保养费。

$$摊销量=一次使用量\div周转次数$$

**例 2-10** 按某施工图计算一层现浇混凝土柱接触面积为 160 $m^2$，采用组合钢模板，每平方米接触面积需模量 1.1 $m^2$，模板施工制作损耗率为 5%，周转次数为 50 次，计算所需模板单位面积摊销量。

**解** 一次使用量=混凝土模板的接触面积×每平方米接触面积需模量×(1+制作损耗率)
$=160\times1.1\times(1+5\%)$
$=184.8\ m^2$

摊销量=一次使用量÷周转次数
$=184.8\div50$
$=3.696\ m^2$

模板单位面积摊销量 $=3.696\div160=0.0231\ m^2/m^2$

答：所需模板单位面积摊销量为 $0.0231\ m^2/m^2$。

# 第四节 机械台班定额

## 一、机械台班消耗定额的概念

机械台班消耗定额是指在正常的技术条件、合理的劳动组织下生产单位合格产品所消耗的合理的机械工作时间，或者是机械工作一定的时间所生产的合理产品数量。同样，施工机械消耗定额也有时间定额和产量定额两种形式。

## 二、机械台班消耗定额的表现形式

### （一）机械时间定额

机械时间定额是指生产单位产品所消耗的机械台班数。对于机械而言，台班代表 1 天（以 8 h 计）。

机械时间定额＝1/机械产量定额

### （二）机械产量定额

机械产量定额是指在正常的技术条件、合理的劳动组织下，每一个机械台班时间所生产的合格产品的数量。

机械台班产量定额＝1/机械时间定额

### （三）时间定额与产量定额的关系

机械时间定额与机械台班产量定额之间的关系是互为倒数关系，即机械时间定额＝1/机械产量定额。

## 三、机械台班配合人工定额

由于机械必须由工人小组配合，机械台班人工配合定额是指机械台班配合用工部分，即机械台班劳动定额。

表现形式为：机械台班配合工人小组的人工时间定额和完成合格产品数量

即：

单位产品的时间定额（工日）＝小组成员工日数总和/每台班产量

机械台班产量定额＝每台班产量/班组总工日数

## 四、机械台班定额的确定

### （一）确定正常的施工条件

拟定机械工作正常条件，主要是拟定工作地点的合理组织和合理的工人编制。

工作地点的合理组织，就是对施工地点机械和材料的放置位置、工人从事操作的场所，做出科学合理的平面布置和空间安排。它要求施工机械和操作机械的工人在最小范围内移动，但又不阻碍机械运转和工人操作；应使机械的开关和操作装置尽可能集中地装置在操作工人的近旁，以节省工作时间和减轻劳动强度；应最大限度发挥机械的效能，减少工人的手工操作。

拟定合理的工人编制，就是根据施工机械的性能和设计能力，工人的专业分工和劳动工效，合理确定操纵机械的工人和直接参加机械化施工过程的工人的编制人数。

### （二）确定机械一小时纯工作正常生产率

确定机械正常生产率时，必须首先确定出机械纯工作一小时的正常生产效率。

机械纯工作时间，就是指机械的必需消耗时间。机械一小时纯工作正常生产率，就是在正常施工组织条件下，具有必需的知识和技能的技术工人操纵机械一小时的生产率。

根据机械工作特点的不同，机械一小时纯工作正常生产率的确定方法，也有所不同，对于循环动作机械（如挖土机、起重机、搅拌机和铲运机），确定机械纯工作一小时正常生产率的计算公式如下：

机械一次循环的正常延续时间＝$\sum$（循环各组成部分正常延续时间）－交叠时间

机械纯工作一小时循环次率＝60×60 s/一次循环的正常延续时间

机械纯工作一小时正常生产数＝机械纯工作一小时正常循环次数×一次循环生产的产品数量

从以上公式中可以看到，计算循环机械纯工作一小时正常生产率的步骤是：① 根据现场观察资料和机械说明书确定各循环组成部分的延续时间；② 将各循环组成部分的延续时间相加，减去各组成部分之间的交叠时间，求出循环过程的正常延续时间；③ 计算机械纯工作一小时的正常循环次数；④ 计算循环机械纯工作一小时的正常生产率。

对于连续动作机械，确定机械纯工作一小时正常生产率要根据机械的类型和结构特征，以及工作过程的特点来进行。计算公式如下：

连续动作机械纯工作一小时正常生产率＝工作时间内的产品数量/工作时间（h）

工作时间内的产品数量和工作时间的消耗，要通过多次现场观察和机械说明来取得数据。

对于同一机械进行作业属于不同的工作过程，如挖掘机所挖土壤的类别不同，碎石机所破碎的石块硬度和粒径不同，均需分别确定其纯工作一小时的正常生产率。

### （三）确定施工机械的正常利用系数

确定施工机械的正常利用系数，是指机械在工作班内对工作时间的利用率。机械的利用系数和机械在工作班内的工作状况有着密切的关系。所以，要确定机械的正常利用系数，首先要拟定机械工作班的正常工作状况，保证合理利用工时。

确定机械正常利用系数，要计算工作班正常状况下准备与结束工作，机械启动、机械维护等工作所必需消耗的时间，以及机械有效工作的开始与结束时间。从而进一步计算出机械在工作班内的纯工作时间和机械正常利用系数。

### （四）计算施工机械台班定额

计算施工机械台班定额是编制机械定额工作的最后一步。在确定了机械工作正常条件、机械一小时纯工作正常生产率和机械正常利用系数之后，采用下列公式计算施工机械的产量定额。

施工机械台班产量定额＝机械一小时纯工作正常生产率×工作班纯工作时间　　或

施工机械台班产量定额＝机械一小时纯工作正常生产率×工作班延续时间×机械正常利用系数

施工机械时间定额＝1/机械台班产量定额

**例 2-11**　一台混凝土搅拌机搅拌一次延续时间为 120 s(包括上料、搅拌、出料时间)，一次生产混凝土 0.2 $m^3$，一个工作班的纯工作时间为 4 h，计算该搅拌机的机械正常利用系数和产量定额。

**解**　机械纯工作一小时正常循环次数＝3 600 s÷120 s/次＝30 次/h

机械一小时纯工作正常生产率＝30 次×0.2 $m^3$/次＝6 $m^3$/h

机械正常利用系数＝4 h÷8 h＝0.5

机械台班产量定额＝6 $m^3$/h×8 h/台班×0.5＝24 $m^3$/台班

答：该搅拌机的机械正常利用系数为 0.5，产量定额为 24 $m^3$/台班。

## 单元测试

# 单元三 预算定额

## 第一节 预算定额的概念、用途及编制原则

### 一、预算定额的概念与用途

（一）预算定额的概念

预算定额是指规定消耗在合格质量的单位工程基本构造要素上的人工、材料和机械台班的数量标准，是计算建筑安装产品价格的基础。

所谓基本构造要素，即通常所说的分项工程和结构构件。预算定额按工程基本构造要素规定的劳动力、材料和机械的消耗数量，以满足编制施工图预算、规划和控制工程造价的要求。

预算定额是工程建设中的一项重要的技术经济文件，它的各项指标，反映了在完成规定计量单位符合设计标准和施工及验收规范要求的分项工程消耗的活劳动和物化劳动的数量限度。这种限度最终决定着单项工程和单位工程的成本和造价。

在编制施工图预算时，需要按照施工图纸和工程量计算工程量，还需要借助于某些可靠的参数计算人工、材料、机械（台班）的耗用量，并在此基础上计算出资金的需要量，计算出建筑安装工程的价格。

在我国，现行的工程建设概、预算制度，规定了通过编制概算和预算控制造价，概算定额、概算指标、预算定额等则为计算人工、材料、机械（台班）耗用量，提供统一的可靠参数。同时，现行制度还赋予了概、预算定额相应的权威性，使之成为建设单位和施工企业之间建立经济关系的重要基础。

（二）预算定额的用途和作用

(1) 预算定额是编制施工图预算、确定建筑安装工程造价的基础。施工图设计一经确定，工程预算造价就取决于预算定额水平和人工、材料及机械台班的价格。预算定额起着控制劳动消耗、材料消耗和机械台班使用的作用，进而起着控制建筑产品价格的作用。

(2) 预算定额是编制施工组织设计的依据。施工组织设计的重要任务之一，是确定施工中所需人力、物力的供求量，并做出最佳安排。施工单位在缺乏本企业的施工定额的情况下，根据预算定额，亦能够比较精确地计算出施工中各项资源的需要量，为有计划地组织材料采购和预制件加工、劳动力和施工机械的调配，提供了可靠的计算依据。

(3) 预算定额是工程结算的依据。工程结算是建设单位和施工单位按照工程进度对已经完成的分部分项工程实现货币支付的行为。按进度支付工程款，需要根据预算定额将已完成分项工程的造价算出。单位工程验收后，再按竣工工程量、预算定额和施工合同规定进行结算，以保证建设单位建设资金的合理使用和施工单位的经济收入。

(4) 预算定额是施工单位进行经济活动分析的依据。预算定额规定的物化劳动和活劳动消耗指标，是施工单位在生产经营中允许消耗的最高标准。目前，预算定额决定着施工单位的收入，施工单位就必须以预算定额作为评价企业工作的重要标准，作为努力实现的目标。施工单位可根据预算定额对施工中的劳动、材料、机械的消耗情况进行具体的分析，以便找出并克服低功效、高消耗的薄弱环节，提高竞争能力。只有施工中尽量降低劳动消耗，采用新技术，提高劳动者素质，提高劳动生产率，才能取得较好的经济效果。

(5) 预算定额是编制概算定额的基础。概算定额是在预算定额基础上综合扩大编制的。利用预算定额作为编制依据，不但可以节省编制工作的大量人力、物力和时间，收到事半功倍的效果，还可以使概算定额在水平上与预算定额保持一致，以免造成执行中的不一致。

(6) 预算定额是编制最高投标限价(招标控制价)的基础，并对投标报价的编制具有参考作用。随着工程造价管理改革的不断深化，预算定额的指令性作用将日益削弱，但对控制招标工程的最高限价仍起一定指导作用，因此预算定额作为编制招标控制价依据的基础性作用仍然存在。同时，对于部分不具备编制企业定额能力或者企业定额体系不健全的投标人，预算定额依然可以作为投标报价的参考依据。

## 二、预算定额的种类

按专业性质，预算定额分为建筑工程定额和安装工程定额两大类。建筑工程定额按专业对象分为建筑工程预算定额、市政工程预算定额、铁路工程预算定额、公路工程预算定额、房屋修缮工程预算定额、矿山井巷预算定额等。

安装工程预算定额按专业对象分为电气设备安装工程预算定额、机械设备安装工程预算定额、通信设备安装工程预算定额、化学工业设备安装工程预算定额、工业管道安装工程预算定额、工艺金属结构安装工程预算定额、热力设备安装工程预算定额等。

从管理权限和执行范围划分，预算定额可以分为全国统一定额、行业统一定额和地区统一定额等。全国统一定额由国务院建设行政主管部门组织制定发行，行业统一定额由国务院行业主管部门制定，地区统一定额由省、自治区、直辖市建设行政主管部门制定。

预算定额按物资要素分为劳动定额、机械定额和材料消耗定额，但是它们是相互依存形成一个整体，作为编制预算定额依据，各自不具有独立性。

## 三、预算定额编制原则、依据

### (一) 预算定额的编制原则

为保证预算定额的质量，充分发挥预算定额的作用，实际使用简便，在编制工作中应该遵循以下原则：

1. **按社会平均水平确定预算定额的原则**

预算定额是确定和控制建筑工程造价的主要依据。因此它必须遵照价值规律的客观要求,即按生产过程中所消耗的社会必要劳动时间确定定额水平。即按照“在现有的社会正常的生产条件下,在社会平均的劳动熟练程度和劳动强度下制造某种使用价值所需要的劳动时间”来确定定额水平。所以预算定额的平均水平,是在正常的施工条件下,合理的施工组织和工艺条件、平均劳动熟练程度和劳动强度下,完成单位分项工程基本构成要素所需要的劳动时间。

预算定额的水平以大多数施工单位的施工定额水平为基础。但是,预算定额绝不是简单的套用施工定额的水平。首先,要考虑预算定额中包含了更多的可变因素,需要保留合理的幅度差,例如,人工幅度差、机械幅度差、材料的超运距、辅助用工及材料堆放、运输、操作损耗和由细到粗综合后的量差等。其次,预算定额应当是平均水平,而施工定额是平均先进水平,两者相比,预算定额水平要相对低一些,但是应限制在一定范围之内。

2. **简明适用的原则**

预算定额项目是在施工定额的基础上进一步综合,通常将建筑物分解为分部、分项工程。简明适用是指再编制预算定额时,对于那些主要的、常用的、价值量大的项目、分项工程划分宜细;次要的、不常用的、价值量相对较小的项目则可以放粗一些。

定额项目的多少,与定额的步距有关。步距大,定额的子目将会减少,精确度就会降低;步距小,定额的子目将会增加,精确度也会提高。所以,确定步距时,对主要工种、主要项目,定额步距要小一些;对于次要工种、次要项目、不常用项目,定额步距可以适当大一些。

预算定额要项目齐全。要注意补充那些因采用新技术、新结构、新材料而出现的新的定额项目。如果项目不全,缺项多,就会使计价工作缺少充足的可靠的依据。补充定额一般因资料所限,费时费力,可靠性较差,容易引起争执。

对预算定额的活口也要设置适当。所谓活口,即在定额中规定,当符合一定条件时,允许该定额另行调整。在编制中要尽量不留活口,对实际情况变化较大、影响定额水平幅度大的项目,确需留的,也应该从实际出发尽量少留;即使留有活口,也要注意尽量规定换算方法,避免采取按实计算。

预算定额要简明适用,还要求合理确定预算定额的计算单位,简化工程量的计算,尽可能地避免同一种材料用不同的计量单位和一量多用。尽量减少定额附注和换算系数。

### (二)预算定额编制的依据

(1) 现行施工定额。预算定额是在现行施工定额的基础上编制的。预算定额中人工、材料、机械台班消耗水平,需要依据施工定额取定;预算定额的计量单位的选择,也要以施工定额为参考,从而保证两者的协调和可比性,减少预算定额的编制工作量,缩短编制时间。

(2) 现行设计规范、施工及验收规范、质量评定标准和安全操作规程。预算定额在确定人工、材料、机械台班消耗数量时,必须考虑上述各项规范的要求和规定。

(3) 具有代表性的典型工程施工图及有关标准图。对这些图纸进行仔细分析研究,并计算出工程数量,作为编制定额时选择施工方法确定定额含量的依据。

(4) 成熟推广的新技术、新结构、新材料和先进的施工方法等。这类资料是调整定额水平和增加新的定额项目所必需的依据。

(5) 有关科学试验、技术测定的统计、经验资料。这类资料是确定定额水平的重要依据。

(6) 现行的预算定额、材料预算价格,机械台班单价及有关文件规定等。包括过去定额编制过程中积累的基础资料,也是编制预算定额的依据和参考。

# 第二节　人工、材料、施工机具台班消耗量的确定

预算定额中的人工、材料、机械台班消耗指标必须先按施工定额的分项逐项计算出来,然后再按预算定额的项目加以综合。但是,这种综合不是简单的相加和合并,而需要在综合过程中增加两种定额之间的适当的水平差。预算定额的水平,首先取决于这些消耗量的合理确定。人工、材料和机械台班消耗量指标应根据定额编制原则和要求,采用理论与实际相结合,图纸计算与施工现场测算相结合、编制人员与现场工作人员相结合等方法进行计算和确定,使定额既符合政策要求,又与客观情况一致,便于贯彻执行。

## 一、定额项目计量单位确定

定额项目计量单位确定与预算定额的准确性、简明性有密切关系。

确定定额项目计量单位的一般要求:

(1) 凡物体的长、宽、高三个度量都在发生变化时,应采用立方米为计量单位。

(2) 当物体有一固定的厚度,而长、宽二个度量都在发生变化时,应采用平方米为计量单位。

(3) 如物体截面形状大小固定,但长度不固定时,应以延长米为计量单位。

(4) 有的项目体积、面积变化不大,但重量和价格差异较大,应当以重量单位为计量单位。

(5) 有的项目可以用“个、组、座、套”等自然计量单位。

## 二、人工工日消耗指标的计算

人工的工日数可以有两种确定方法。一种是以劳动定额为基础确定;一种是以现场观察测定资料为基础计算。遇到劳动定额缺项时,采用工作日写实等测定方法确定和计算定额的人工耗用量。

预算定额中人工工日消耗量是指在正常施工条件下,生产单位合格产品所必需消耗的人工工日数量,是由分项工程所综合的各个工序劳动定额包括的基本用工、其他用工两部分组成的。

### (一) 基本用工

基本用工是指完成单位合格产品所必须消耗的技术工种用工,是按综合取定的工程量和现行全国建筑安装工程统一劳动定额的时间定额为基础编制的,基本用工包括:

(1) 按定额计量单位的主要用工。按综合取定的工程量和相应的劳动定额进行计算。

$$基本用工=\sum(综合取定的工程量\times 劳动定额)$$

如工程实际中的砖基础,有1砖厚、1砖半厚、2砖厚等之分,用工各不相同。在预算定额中由于不区分厚度,需要按照统计的比例加权平均,即公式中的综合取定,得出用工。

(2) 按劳动定额规定应增加计算的用工量。

如砖基础埋深超过1.5米,超过的部分要增加用工。预算定额中应按一定比例给予增加。

由于预算定额是以施工定额子目综合扩大的,包括的工作内容较多,施工的效果、具体部位不一样,需要另外增加用工,列入基本用工内。

### (二) 其他用工

其他用工包括超运距用工、辅助用工和人工幅度差。

超运距是指劳动定额中已包括的材料、半成品场内水平搬运距离与预算定额所考虑的现场材料半成品堆放地点到操作地点的水平距离之差。

$$超运距=预算定额取定运距-劳动定额已包括的运距$$

$$超运距用工=\sum(超运距材料数量\times 时间定额)$$

实际工程现场运距超过预算定额取定运距时,可另行计算现场二次搬运费。

辅助用工是指技术工程劳动定额内不包括而在预算定额内又必须考虑的用工。例如机械土方工程配合用工、材料加工(筛砂、洗石子、淋石灰膏)、模板整理、电焊点火工等,计算公式如下。

$$辅助用工=\sum(材料加工数量\times 相应的加工劳动定额)$$

人工幅度差即预算定额与劳动定额的差额,主要是指在劳动定额中未包括而在正常施工情况下不可避免但又很难准确计量的用工和各种工时损失。

它包括以下内容:

(1) 各工种间的工序搭接及土建工程与水电工程之间的交叉配合所需的停歇时间;

(2) 施工机械的转移及临时水电线路所造成的停工;

(3) 质量检查和隐蔽工程验收工作的影响;

(4) 班组操作地点转移用工;

(5) 工序交接时对前一工序不可避免的修整用工;

(6) 施工中不可避免的其他零星用工。

$$人工幅度差=(基本用工+辅助用工+超运距用工)\times 人工幅度差系数$$

$$综合工日=\sum(基本用工+辅助用工+超运距用工)\times(1+人工幅度差系数)$$

人工幅度差系数一般为10%~15%。在预算定额中,人工幅度差的用工量列入其他用工量中。

**例3-1** *砌砖基础10 $m^3$,其厚度比例为:一砖厚占50%(时间定额0.89工日/$m^3$),一*

砖半占30%(时间定额0.86 工日/$m^3$),二砖占20%(时间定额0.833 工日/$m^3$)。求砖基础的预算定额基本用工。

**解**　一砖基础:10 $m^3$×50%×0.89 工日/$m^3$=4.45(工日)

一砖半基础:10 $m^3$×30%×0.86 工日/$m^3$=2.58(工日)

二砖基础:10 $m^3$×20%×0.833 工日/$m^3$=1.666(工日)

基础埋深超过1.5 m 占15%,根据劳动定额附注规定,其超过部分,每1 $m^3$砌体增加0.04 工日,即10 $m^3$×15%×0.04 工日/$m^3$=0.06(工日)

基本用工=4.45+2.58+1.666+0.06=8.756(工日)

## 三、材料消耗指标的确定

预算定额材料消耗量是完成单位合格产品必须消耗的材料数量,按用途分为以下四种:

(1) 主要材料。指直接构成工程实体的材料,其中也包括成品、半成品的材料。

(2) 辅助材料。也是构成工程实体,除主要材料以外的其他材料。如垫木钉子、铅丝等。

(3) 周转性材料。指脚手架、模板等多次周转使用的不构成工程实体的摊销性材料。

(4) 其他材料。指用量较少,难以计量的零星用量。如棉纱,编号用的油漆等。

材料消耗量计算方法主要有:

凡有标准规格的材料,按规范要求计算定额计量单位的耗用量,如砖、防水卷材、块料面层等。

凡设计图纸标注了尺寸及下料要求的,按设计图纸尺寸计算材料净用量,如门窗制作用材料,方、板料等。

换算法。各种胶结、涂料等材料的配合比用料,可以根据要求条件换算,得出材料用量。

测定法。包括实验室实验法和现场观察法。指各种强度等级的混凝土及砌筑砂浆配合比的耗用原材料数量的计算,需按照规范要求试配经过试压合格以后并经过必要的调整后得出的水泥、砂子、石子、水的用量。对新材料、新结构又不能用其他方法计算定额消耗用量时,需用现场测定法来确定,根据不同条件可以采用写实记录法和观察法,得出定额的消耗量。

其他材料的确定。一般按工艺测算并在定额项目材料计算表内列出名称、数量,并依编制期价格以其他材料占主要材料的比率计算,列在定额材料栏之下,定额内可不列材料名称及耗用量。

## 四、施工机具台班消耗量确定

施工机具台班消耗量包括机械台班定额消耗量和仪器仪表台班定额消耗量,二者的确定方法大体相同,本部分主要介绍机械台班消耗量的确定。预算定额机械台班消耗量的确定有以下两种方法:

(1) 根据施工定额确定机械台班消耗量的计算。

这种方法是指按施工定额或劳动定额中机械台班产量加机械幅度差计算预算定额的机械台班消耗量。

机械台班幅度差一般包括正常施工组织条件下不可避免的机械空转时间,施工技术原因的中断及合理停滞时间，因供电供水故障及水电线路移动检修而发生的运转中断时间，因气候变化或机械本身故障影响工时利用的时间，施工机械转移及配套机械相互影响损失的时间，配合机械施工的工人因与其他工种交叉造成的间歇时间，因检查工程质量造成的机械停歇时间，工程收尾和工作量不饱满造成的机械停歇时间等。

大型机械幅度差系数为：土方机械 25%，打桩机械 33%，吊装机械 30%。砂浆、混凝土搅拌机由于按小组配用，以小组产量计算机械台班产量，不另增加机械幅度差。其他分部工程中如钢筋加工、木材、水磨石等各项专用机械的幅度差为 10%。

综上所述，预算定额的机械台班消耗量按下式计算：

预算定额机械耗用台班＝施工定额机械耗用台班×(1＋机械幅度差系数)

(2) 占比重不大的零星小型机械按劳动定额小组成员计算出机械台班使用量，以“机械费”或其他机械费表示，不再列台班数量。

(3) 以现场测定资料为基础确定机械台班消耗量。

如遇到施工定额(劳动定额)缺项者，则需要依据单位时间完成的产量测定。

## 第三节　人工、材料、机械台班单价的确定

### 一、人工日工资单价的组成和确定方法

#### 1. 人工日工资单价的概念

人工日工资单价是指施工企业平均技术熟练程度的生产工人在每工作日(国家法定工作时间内)按规定从事施工作业应得的日工资总额。合理确定人工工日单价是正确计算人工费和工程造价的前提和基础。

#### 2. 人工日工资单价组成内容

人工日工资单价由计时工资或计件工资、奖金、津贴补贴以及特殊情况下支付的工资组成。

(1) 计时工资或计件工资，是指按计时工资标准和工作时间或对已做工作按计件单价支付给个人的劳动报酬。

(2) 奖金，是指对超额劳动和增收节支支付给个人的劳动报酬，如节约奖、劳动竞赛奖等。

(3) 津贴补贴，是指为了补偿职工特殊或额外的劳动消耗和因其他原因支付给个人的津贴，以及为了保证职工工资水平不受物价影响支付给个人的物价补贴，如流动施工津贴、特殊地区施工津贴、高温(寒)作业临时津贴、高空津贴等。

(4) 特殊情况下支付的工资，是指根据国家法律、法规和政策规定，因病、工伤、产假、计划生育假、婚丧假、事假、探亲假、定期休假、停工学习、执行国家或社会义务等原因按计时工资标准或计件工资标准的一定比例支付的工资。

#### 3. 人工日工资单价确定方法

(1) 年平均每月法定工作日。由于人工日工资单价是每一个法定工作日的工资总额，

因此需要对年平均每月法定工作日进行计算。计算公式如下：

$$\text{年平均每月法定工作日}=\frac{\text{全年日历日}-\text{法定假日}}{12}$$

其中，法定假日指双休日和法定节日。

(2) 日工资单价的计算。确定了年平均每月法定工作日后，将上述工资总额进行分摊，即形成了人工日工资单价。计算公式如下：

$$\text{日工资单价}=\frac{\text{生产工人平均月工资(计时、计件)}+\text{平均月(奖金}+\text{津贴补贴}+\text{特殊情况下支付的工资)}}{\text{年平均每月法定工作日}}$$

(3) 日工资单价的管理。虽然施工企业投标报价时可以自主确定人工费，但由于人工日工资单价在我国具有一定的政策性，因此工程造价管理机构确定日工资单价应通过市场调查，根据工程项目的技术要求，参考实物工程量人工单价综合分析确定，发布的最低日工资单价不得低于工程所在地人力资源和社会保障部门所发布的最低工资标准的：普工 1.3 倍，一般技工 2 倍，高级技工 3 倍。

**4. 人工单价的影响因素**

(1) 社会平均工资水平

建筑安装工人人工日工资单价必然和社会平均工资水平趋同。社会平均工资水平取决于经济发展水平。由于经济的增长，社会平均工资也会增长，从而影响人工单价的提高。

(2) 生活消费指数

生活消费指数的提高会影响人工日工资单价的提高，以减少生活水平的下降，或维持原来的生活水平。生活消费指数的变动决定于物价的变动，尤其决定于生活消费品物价的变动。

(3) 人工日工资单价的组成内容

例如，《关于发建筑安装工程费用项目组成的通知》(建标〔2013〕44 号)将职工福利费和劳动保护费从人工日工资单价中删除，这也必然会影响人工日工资单价的变化。

(4) 劳动力市场供需变化

劳动力市场如果需求大于供给，人工日工资单价就会提高；供给大于需求，市场竞争激烈，人工日工资单价就会下降。

(5) 政府推行的社会保障和福利政策也会影响人工日工资单价的变动。

## 二、材料单价的确定方法

在建筑工程中，材料费约占总造价的 60%～70%。在金属结构工程中所占比重还要大。因此，合理确定材料价格构成，正确计算材料单价，有利于合理确定和有效控制工程造价。材料单价是指建筑材料从其来源地运到施工工地仓库，直至出库形成的综合平均单价。

**1. 材料原价(或供应价格)**

材料原价是指国内采购材料的出厂价格、国外采购材料抵达买方边境、港口或车站并交纳完各种手续费、税费(不含增值税)后形成的价格。在确定原价时，凡同一种材料因来源地、交货地、供货单位、生产厂家不同，而有几种价格(原价)时，根据不同来源地供货数量比例，采取加权平均的方法确定其综合原价。计算公式如下：

$$加权平均原价=\frac{K_1C_1+K_2C_2+\cdots+K_nC_n}{(K_1+K_2+\cdots+K_n)}$$

式中：$K_1,K_2,\cdots,K_n$——各不同供应地点的供应量或各不同使用地点的需要量；

$C_1,C_2,\cdots,C_n$——各不同供应地点的原价。

若材料供货价格为含税价格，则材料原价应以购进货物适用的税率(13%或9%)或征收率(3%)扣除增值税进项税额。

**2. 材料运杂费**

材料运杂费是指国内采购材料自来源地、国外采购材料自到岸港运至工地仓库或指定堆放地点发生的费用(不含增值税)，含外埠中转运输过程中所发生的一切费用和过境过桥费用，包括调车和驳船费、装卸费、运输费及附加工作费等。

同一品种的材料有若干个来源地，应采用加权平均的方法计算材料运杂费，计算公式如下：

$$加权平均运杂费=\frac{K_1T_1+K_2T_2+\cdots+K_nT_n}{(K_1+K_2+\cdots+K_n)}$$

式中：$K_1,K_2,\cdots,K_n$——各不同供应点的供应量或各不同使用地点的需求量；

$T_1,T_2,\cdots,T_n$——各不同运距的运费。

若运输费用为含税价格，则需要按“两票制”和“一票制”两种支付方式分别调整。

(1) “两票制”支付方式。所谓“两票制”材料，是指材料供应商就收取的货物销售款和运杂费向建筑业企业分别提供货物销售和交通运输两张发票的材料。在这种方式下，运杂费以接受交通运输与服务适用税率9%扣除增值税进项税额。

(2) “一票制”支付方式。所谓“一票制”材料，是指材料供应商就收取的货物销售价款和运杂费合计金额向建筑业企业仅提供一张货物销售发票的材料。在这种方式下，运杂费采用与材料原价相同的方式扣除增值税进项税额。

**3. 运输损耗**

在材料的运输中应考虑一定的场外运输损耗费用。这是指材料在运输装卸过程中不可避免的损耗。运输损耗的计算公式是：

运输损耗=(材料原价+运杂费)×运输损耗率(%)

**4. 采购及保管费**

采购及保管费是指为组织采购、供应和保管材料过程中所需要的各项费用，包括采购费、仓储费、工地保管费和仓储损耗。

采购及保管费一般按照材料到库价格以费率取定。材料采购及保管费计算公式如下：

采购及保管费=材料运到工地仓库价格×采购及保管费率(%)

或　采购及保管费=(材料原价+运杂费+运输损耗费)×采购及保管费率(%)

综上所述，材料单价的一般计算公式为：

材料单价＝[(供应价格＋运杂费)×(1＋运输损耗率)]×(1＋采购及保管费率)

由于我国幅员辽阔，建筑材料产地与使用地点的距离，各地差异很大，采购、保管、运输方式也不尽相同，因此材料单价原则上按地区范围编制。

**例 3－2**　某建设项目材料(适用 13%增值税率)从两个地方采购，其采购量及有关费用如表 3－1 所示，求该工地水泥的单价(表中原价、运杂费均为含税价格，且材料采用“两票制”支付方式)。

**表 3－1　材料采购信息表**

| 采购处 | 采购量(t) | 原价(元/t) | 运杂费(元/t) | 运输损耗率 | 采购及保管费率(%) |
|---|---|---|---|---|---|
| 来源一 | 300 | 340 | 20 | 0.5 | 3.5 |
| 来源二 | 200 | 350 | 15 | 0.4 | |

**解**　应将含税的原价和运杂费调整为不含税价格，具体过程如表 3－2 所示

**表 3－2　材料价格信息不含税价格处理**

| 采购处 | 采购量(t) | 原价(元/t) | 原价(不含税)(元/t) | 运杂费(元/t) | 运杂费(不含税)(元/t) | 运输损耗率(%) | 采购及保管费率(%) |
|---|---|---|---|---|---|---|---|
| 来源一 | 300 | 340 | 340/1.13＝300.88 | 20 | 20/1.09＝18.35 | 0.5 | 3.5 |
| 来源二 | 200 | 350 | 350/1.13＝309.73 | 15 | 15/1.09＝13.76 | 0.4 | |

$$\text{加权平均原价}=\frac{300\times300.88+200\times309.73}{300+200}=304.42(\text{元/t})$$

$$\text{加权平均运杂费}=\frac{300\times18.35+200\times13.76}{300+200}=16.51(\text{元/t})$$

来源一的运输损耗费＝(300.88＋18.35)×0.5%＝1.60(元/t)

来源二的运输损耗费＝(309.73＋13.76)×0.4%＝1.29(元/t)

$$\text{加权平均运输损耗费}=\frac{300\times1.6+200\times1.29}{300+200}=1.48(\text{元/t})$$

材料单价＝(304.42＋16.51＋1.48)×(1＋3.5%)＝333.69(元/t)

(二) 影响材料单价变动的因素

(1) 市场供需变化。材料原价是材料单价中最基本的组成。市场供大于求价格就会下降；反之，价格就会上升。从而也就会影响材料单价的涨落。

(2) 材料生产成本的变动直接影响材料单价的波动。

(3) 流通环节的多少和材料供应体制也会影响材料单价。

(4) 运输距离和运输方法的改变会影响材料运输费用的增减，从而也会影响材料单价。

(5) 国际市场行情会对进口材料单价产生影响。

## 三、施工机械台班单价的组成和确定方法

施工机械使用费是根据施工中耗用的机械台班数量和机械台班单价确定的。施工机械

台班耗用量按有关定额规定计算；施工机械台班单价是指一台施工机械，在正常运转条件下一个工作班中所发生的全部费用，每台班按 8 小时工作制计算。正确制定施工机械台班单价是合理确定和控制工程造价的重要方面。

根据《建设工程施工机械台班费用编制规则》(建标〔2015〕34 号)的规定，施工机械划分为十二个类别：土石方及筑路机械、柱工机械、起重机械、水平运输机械、垂直运输机械、混凝土及砂浆机械、加工机械、泵类机械、焊接机械、动力机械、地下工程机械和其他机械。

施工机械台班单价由七项费用组成，包括折旧费、检修费、维护费、安拆费及场外运费、人工费、燃料动力费和其他费用。

### (一) 折旧费的组成及确定

折旧费是指施工机械在规定的耐用总台班内，陆续收回其原值的费用。计算公式如下：

$$台班折旧费=\frac{机械预算价格\times(1-残值率)}{耐用总台班}$$

**1. 机械预算价格**

1) 国产施工机械的预算价格。国产施工机械预算价格按照机械原值，相关手续费和次运杂费以及车辆购置税之和计算。

(1) 机械原值，机械原值应按下列途径询价、采集。

① 编制期施工企业购进施工机械的成交价格；

② 编制期施工机械展销会发布的参考价格；

③ 编制期施工机械生产厂、经销商的销售价格；

④ 其他能反映编制期施工机械价格水平的市场价格。

(2) 相关手续费和一次运杂费应按实际费用综合取定，也可按其占施工机械原值的自分率确定。

(3) 车辆购置税的计算。车辆购置税应按下列公式计算：

$$车辆购置税=计取基数\times车辆购置税率$$

其中，计取基数＝机械原值＋相关手续费和一次运杂费。

车辆购置税率应按编制期间国家有关规定计算。

2) 进口施工机械的预算价格。进口施工机械的预算价格按照到岸价格、关税、消费税、相关手续费和国内一次运杂费、银行财务费、车辆购置税之和计算。

(1) 进口施工机械原值应按下列方法取定：

① 进口施工机械原值应按“到岸价格＋关税”取定，到岸价格应按编制期施工企业签订的采购合同、外贸与海关等部门的有关规定及相应的外汇汇率计算取定。

② 进口施工机械原值应按不含标准配置以外的附件及备用零配件的价格取定。

(2) 关税、消费税及银行财务费应执行编制期国家有关规定，并参照实际发生的费用计算，也可按占施工机械原值的百分率取定。

(3) 相关手续费和国内一次运杂费应按实际费用综合取定，也可按其占施工机械原值的百分率确定。

(4) 车辆购置税应按下列公式计算：

车辆购置税＝计税价格×车辆购置税率

其中，计税价格＝到岸价格＋关税＋消费税，车辆购置税率应执行编制期间国家有关规定计算。

2. **残值率**

残值率是指机械报废时回收其残余价值占施工机械预算价格的百分数。残值率应按编制期国家有关规定确定，目前各类施工机械均按5%计算。

3. **耐用总台班**

耐用总台班指施工机械从开始投入使用至报废前使用的总台班数，应按相关技术指标取定。

年工作台班指施工机械在一个年度内使用的台班数量。年工作台班应在编制期制度工作日基础上扣除检修、维护天数及考虑机械利用率等因素综合取定。

机械耐用总台班的计算公式为：

耐用总台班＝折旧年限×年工作台班＝检修间隔台班×检修周期

检修间隔台班是指机械自投入使用起至第一次检修止或自上一次检修后投入使用起至下一次检修止，应达到的使用台班数。

检修周期是指机械正常的施工作业条件下，将其寿命期(即附用总台班)按规定的检修次数划分为若干个周期。其计算公式

检修周期＝检修次数＋1

## （二）检修费的组成及确定

检修费是指施工机械在规定的耐用总台班内，按规定的检修间隔进行必要的检修，以恢复其正常功能所需的费用。检修费是机械使用期限内全部检修费之和在台班费用中的分摊额，取决于一次检修费、检修次数和耐用总台班的数量，其计算公式为：

$$台班检修费=\frac{一次检修费\times检修次数}{耐用总台班}\times除税系数$$

(1) 一次检修费，是指施工机械一次检修发生的工时费、配件费、辅料费、油燃料费等。一次检修费应按施工机械的相关技术指标和参数为基础，结合编制期市场价格综合确定可按其占预算价格的百分率确定。

(2) 检修次数，是指施工机械在其耐用总台班内的检修次数。检修次数应按施工机械的相关技术指标取定。

(3) 除税系数，是指考虑一部分检修可以考虑购买服务，从而需扣除维护费中包括的增值税进项税额，如公式所示：

除税系数＝自行检修比例＋委外检修比例/(1＋税率)

自行检修比例、委外检修比例是指施工机械自行检修、委托专业修理修配部门检修占检修费比例。具体比值应结合本地区(部门)施工机械检修实际综合取定。税率按增值税修理修配劳务适用税率计取。

### (三) 维护费的组成及确定

维护费是指施工机械在规定的耐用总台班内，按规定的维护间隔进行各级维护和临时故障排除所需的费用。保障机械正常运转所需替换与随机配备工具附具的摊销和维护费用、机械运转及日常保养维护所需润滑与擦拭的材料费用及机械停滞期间的维护费用等，各项费用分摊到台班中，即为维护费。其计算公式为：

$$台班维护费=\frac{\sum(各级维护一次费用\times除税系数\times各级维护次数)+临时故障排除费}{耐用总台班}$$

当维护费计算公式中各项数值难以确定时，也可按下列公式计算

$$台班维护费=台班检修费\times K$$

式中：$K$ 为维护费系数，指维护费占检修费的百分数。

(1) 各级维护一次费用应按施工机械的相关技术指标，结合编制期市场价格综合取定。

(2) 各级维护次数应按施工机械的相关技术指标取定。

(3) 临时故障排除费可按各级维护费用之和的百分数取定。

(4) 替换设备及工具附具台班摊销费应按施工机械的相关技术指标，结合编制期市场价格综合取定。

(5) 除税系数，如公式所示：

$$除税系数=自行维护比例+委外维护比例/(1+税率)$$

自行维护比例、委外维护比例是指施工机械自行维护、委托专业修理修配部门摊护占维护费比例。具体比值应结合本地区部(门)施工机械检修实际综合取定。税率按增值税修理修配劳务适用税率计取。

### (四) 安拆费及场外运费的组成和确定

安拆费指施工机械在现场进行安装与拆卸所需的人工、材料、机械和试运转费用以及机械辅助设施的折旧、搭设、拆除等费用；场外运费指施工机械整体或分体自停放地点运至施工现场或由一施工地点运至另一施工地点的运输、装卸、辅助材料及架线等费用。

安拆费及场外运费根据施工机械不同分为计入台班单价、单独计算和不需计算三种类型。

(1) 安拆简单、移动需要起重及运输机械的轻型施工机械，其安拆费及场外运费计入台班单价。安拆费及场外运费应按下列公式计算：

$$台班安拆费及场外运费=\frac{一次安拆费及场外运费\times年平均安拆次数}{年工作台班}$$

① 一次安拆费应包括施工现场机械安装和拆卸一次所需的人工费、材料费、机械费、安全监测部门的检测费及试运转费。

② 一次场外运费应包括运输、装卸、辅助材料、回程等费用。

③ 年平均安拆次数按施工机械的相关技术指标，结合具体情况综合确定。

④ 运输距离均按平均 30 km 计算。

(2) 单独计算的情况包括：

① 安拆复杂、移动需要起重及运输机械的重型施工机械，其安拆费及场外运费单独计算；

② 利用辅助设施移动的施工机械，其辅助设施(包括轨道和枕木)等的折旧、搭设和拆除等费用可单独计算。

(3) 不需计算的情况包括：

① 不需安拆的施工机械，不计算一次安拆费；

② 不需相关机械辅助运输的自行移动机械，不计算场外运费；

③ 固定在车间的施工机械，不计算安拆费及场外运费。

(4) 自升式塔式起重机、施工电梯安拆费的超高起点及其增加费，各地区、部门可根据具体情况确定。

### (五) 人工费的组成及确定

人工费指机上司机(司炉)和其他操作人员的人工费。按下列公式计算：

$$台班人工费=人工消耗量\times\left(1+\frac{年制度工作日-年工作台班}{年工作台班}\right)\times人工单价$$

(1) 人工消耗量指机上司机(司炉)和其他操作人员工日消耗量。

(2) 年制度工作日应执行编制期国家有关规定。

(3) 人工单价应执行编制期工程造价管理机构发布的信息价格。

**例 3-3** 某载重汽车配司机 1 人，当年制度工作日为 250 天，年工作台班为 230 台班，人工单价为 50 元，求该载重汽车人工费为多少？

**解** $人工费=1\times\left(1+\frac{250-230}{230}\right)\times50=54.35(元/台班)$

### (六) 燃料动力费的组成和确定

燃料动力费是指施工机械在运转作业中所耗用的燃料及水、电等费用。计算公式如下：

$$台班燃料动力费=\Sigma(台班燃料动力消耗量\times燃料动力单价)$$

(1) 燃料动力消耗量应根据施工机械技术指标等参数及实测资料综合确定。可采用下列公式：

$$台班燃料动力消耗量=(实测数\times4+定额平均值+调查平均值)/6$$

(2) 燃料动力单价应执行编制期工程造价管理机构发布的不含税信息价格。

### (七) 其他费用的组成和确定

其他费用是指施工机械按照国家规定应缴纳的车船税、保险费及检测费等。其计算公式为：

$$台班其他费用=\frac{年车船税+年保险费+年检测费}{年工作台班}$$

(1) 年车船税、年检测费应执行编制期国家及地方政府有关部门的规定。

(2) 年保险费应执行编制期国家及地方政府有关部门强制性保险的规定，非强制性保险不应计算在内。

## 四、施工仪器仪表台班单价的组成和确定方法

根据《建设工程施工仪器仪表台班费用编制规则》(建标〔2015〕34 号)的规定，施工仪器仪表划分为七个类别：自动化仪表及系统、电工仪器仪表、光学仪器、分析仪表、试验机、电子和通信测量仪器仪表、专用仪器仪表。

施工仪器仪表台班单价由四项费用组成，包括折旧费、维护费、校验费、动力费。施工仪器仪表台班单价中的费用组成不包括检测软件的相关费用。

1. 折旧费

施工仪器仪表台班折旧费是指施工仪器仪表在耐用总台班内，陆续收回其原值的费用。计算公式如下：

$$台班折旧费=\frac{施工仪器仪表原值\times(1-残值率)}{耐用总台班}$$

(1) 施工仪器仪表原值应按以下方法取定：

① 对从施工企业采集的成交价格，各地区、部门可结合本地区、部门实际情况，综合确定施工仪器仪表原值；

② 对从施工仪器仪表展销会采集的参考价格或从施工仪器仪表生产厂、经销商采集的销售价格，各地区、部门可结合本地区、部门实际情况，测算价格调整系数取定施工仪器仪表原值；

③ 对类别、名称、性能规格相同而生产厂家不同的施工仪器仪表，各地区、部门可根据施工企业实际购进情况，综合取定施工仪器仪表原值；

④ 对进口与国产施工仪器仪表性能规格相同的，应以国产为准取定施工仪器仪表原值；

⑤ 进口施工仪器仪表原值应按编制期国内市场价格取定；

⑥ 施工仪器仪表原值应按不含一次运杂费和采购保管费的价格取定。

(2) 残值率指施工仪器仪表报废时回收其残余价值占施工仪器仪表原值的百分比。残值率应按国家有关规定取定。

(3) 耐用总台班指施工仪器仪表从开始投入使用至报废前所积累的工作总台班数量。

耐用总台班应按相关技术指标取定。

$$耐用总台班=年工作台班\times折旧年限$$

① 年工作台班指施工仪器仪表在一个年度内使用的台班数量。

$$年工作台班=年制度工作日\times年使用率$$

年制度工作日应按国家规定制度工作日执行，年使用率应按实际使用情况综合取定。

② 折旧年限指施工仪器仪表逐年计提折旧费的年限。折旧年限应按国家有关规定取定。

2. **维护费**

施工仪器仪表台班维护费是指施工仪器仪表各级维护、临时故障排除所需的费用及为保证仪器仪表正常使用所需备件(备品)的维护费用。计算公式如下：

$$台班维护费=\frac{年维护费}{年工作台班}$$

年维护费指施工仪器仪表在一个年度内发生的维护费用。年维护费应按相关技术指标,结合市场价格综合取定。

3. **校验费**

施工仪器仪表台班校验费是指按国家与地方政府规定的标定与检验的费用。计算公式如下：

$$台班校验费=\frac{年检验费}{年工作台班}$$

年校验费指施工仪器仪表在一个年度内发生的校验费用。年校验费应按相关技术指标取定。

4. **动力费**

施工仪器仪表台班动力费是指施工仪器仪表在施工过程中所耗用的电费。计算公式如下：

$$台班动力费=台班耗电量\times电价$$

(1) 台班耗电量应根据施工仪器仪表不同类别,按相关技术指标综合取定。

(2) 电价应执行编制期工程造价管理机构发布的信息价格。

# 第四节　现行预算定额的组成及应用

## 一、预算定额的组成

预算定额一般是按工程种类不同,以分部工程分章编制的。《江苏省建筑与装饰工程计价定额》(2014 年)(以下简称计价定额)共有两册,与 2014 年《江苏省建筑与装饰工程费用计算规则》配套使用,由二十四章及九个附录组成,其中:第一章至第十八章为工程实体项目,第十九章至第二十四章为工程措施项目,另有部分难以列出定额项目的措施费用,应按照《江苏省建设工程费用定额》(2014 年)的规定进行计算。每一章又按工程内容、施工方法、使用材料等分成若干节。每一节再按工程性质、材料类别等分成若干定额项目(定额子目)。

预算定额(计价定额)手册一般由总目录、总说明及各章说明、工程量计算规则、定额项目表以及有关附录组成。

### （一）总说明、各章说明

总说明介绍了预算定额的编制原则、编制依据、适用范围、编制定额时已考虑的和没有考虑的因素。另外也指出了预算定额实际应用中应注意的事项和有关规定。

各章说明，介绍了分部工程预算定额的统一规定，包括的子目数量以及使用中的有关规定，定额的换算方法，同时也规定了各分项工程量计算规则。

### （二）定额项目表

定额项目表一般由工程内容、计算单位以及项目表组成。

工程内容是规定分项工程预算定额所包括的工作内容，以及各工序所消耗的人工、材料、机械台班消耗量亦均包括在定额内。

项目表是定额手册的主要组成部分，它反映了一定计量单位分项工程的预算价值（定额综合单价）以及其中人工费、材料费、机械使用费，人工、材料和机械台班消耗量标准。定额项目表中，各子目工程的预算价值（定额单价）、人工费、材料费、机械费与人工、材料、机械台班消耗量指标之间的关系，可用下列公式表示：

预算单价＝人工费＋材料费＋机械费＋管理费＋利润

其中，人工费＝定额合计用工量×定额日工资标准；

材料费＝$\sum$（定额材料用量×材料预算价格）＋其他材料费；

机械费＝$\sum$（定额机械台班用量×机械台班使用费）；

管理费＝（人工费＋机械费）×管理费率；

利润＝（人工费＋机械费）×利润率。

### （三）附录

附录一般在各册预算定额的后面，《江苏省建筑与装饰工程计价定额》（2014 年）包括九个附录，分别是混凝土及钢筋混凝土构件模板、钢筋含量表，机械台班单价预算取定表，混凝土、特种混凝土配合比表，砌筑砂浆、抹灰砂浆、其它砂浆配合比表，防腐耐酸砂浆配合比表，主要材料预算价格取定表，抹灰分层厚度及砂浆种类表，主要材料、半成品损耗率取定表，常用钢材理论重量及形体计算公式表等有关资料，供不同材料预算价格的预算和编制施工计划使用。

## 二、预算定额综合单价组成内容

《江苏省建筑与装饰工程计价定额》的综合单价由人工费、材料费、机械费、管理费、利润等五项费用组成。一般建筑工程、单独打桩与制作兼打桩项目的管理费与利润，已按照三类工程标准计入综合单价内；一、二类工程和单独装饰工程应根据《江苏省建筑与装饰工程费用计算规则》规定，对管理费和利润进行调整后计入综合单价内。计价表项目中带括号的材料价格供选用，不包含在综合单价内，见表 3－3。部分计价表项目在引用了其他项目综合单价时，引用的项目综合单价列入材料费一栏，但其五项费用数据在项目汇总时已作拆解分析，使用中应予注意。

**表 3-3 江苏省建筑与装饰工程计价定额示例**

**砖基础、砖柱**

工作内容:1. 砖基础:运料、调铺砂浆、清理基槽坑、砌砖等。

2. 砖柱:清理基槽、运料、调铺砂浆、砌砖。

计量单位:m³

| 定额编号 | | | | | 4-1 | | 4-2 | |
|---|---|---|---|---|---|---|---|---|
| 项目 | | | 单位 | 单价 | 砖基础 | | | |
| | | | | | 直形 | | 圆、弧形 | |
| | | | | | 数量 | 合价 | 数量 | 合价 |
| 综合单价 | | | 元 | | 406.25 | | 429.85 | |
| 其中 | 人工费 | | 元 | | 98.40 | | 115.62 | |
| | 材料费 | | 元 | | 263.38 | | 263.38 | |
| | 机械费 | | 元 | | 5.89 | | 5.89 | |
| | 管理费 | | 元 | | 26.07 | | 30.38 | |
| | 利润 | | 元 | | 12.51 | | 14.58 | |
| 二类工 | | | 工日 | 82.00 | 1.20 | 98.40 | 1.41 | 115.62 |
| 材料 | 04135500 | 标准砖(240×115×53)mm | 百块 | 42.00 | 5.22 | 219.24 | 5.22 | 219.24 |
| | 80010104 | 水泥砂浆 M5 | m³ | 180.37 | 0.242 | 43.65 | 0.242 | 43.65 |
| | 80010105 | 水泥砂浆 M7.5 | m³ | 182.23 | (0.242) | (44.10) | (0.242) | (44.10) |
| | 80010106 | 水泥砂浆 M10 | m³ | 191.53 | (0.242) | (46.35) | (0.242) | (46.35) |
| | 80050104 | 混合砂浆 M5 | m³ | 193.00 | | | | |
| | 80050105 | 混合砂浆 M7.5 | m³ | 195.20 | | | | |
| | 80050106 | 混合砂浆 M10 | m³ | 199.56 | | | | |
| | 31150101 | 水 | m³ | 4.70 | 0.104 | 0.49 | 0.104 | 0.49 |
| 机械 | 99050503 | 灰浆搅拌机拌桶容量 200L | 台班 | 122.64 | 0.048 | 5.89 | 0.048 | 5.89 |

计价定额人工工资分别按一类工 85.00 元/工日、二类工 82.00 元/工日、三类工 77.00 元/工日计算。每工日按八小时工作制计算。工日中包括基本用工、材料场内运输用工、部分项目的材料加工及人工幅度差。

## 三、预算定额的应用

预算定额是编制施工图预算。确定工程造价的主要依据,定额应用正确与否直接影响建筑工程造价。在编制施工图预算应用定额时,通常会遇到以下三种情况:定额的套用、换算和补充。

### (一) 预算定额的直接套用

在应用预算定额时,要认真地阅读掌握定额的总说明、各分部工程说明、定额的适用范围,已经考虑和没有考虑的因素以及附注说明等。当分项工程的设计要求与预算定额条件完全相符时，则可直接套用定额。

根据施工图纸、对分项工程施工方法、设计要求等了解清楚，选择套用相应的定额项目。对分项工程与预算定额项目，必须从工程内容、技术特征、施工方法以及材料规格上进行仔细核对，然后才能正式确定相应的预算定额套用项目。这是正确套用定额的关键。

**1. 施工图设计要求与定额单个子目内容完全一致的，直接套用定额对应子目。**

**例 3－4** 普通黏土砖外墙面抹灰，设计标注做法引用标准图集苏 J9501－6－5，为水泥砂浆外墙面粉刷，采用 12 厚 1∶3 水泥砂浆打底，8 厚 1∶2.5 水泥砂浆粉面。

**解** 经查计价定额，与墙面、墙裙抹水泥砂浆【砖墙/外墙】子目完全一致，可以直接套用。

**表 3－4 定额套用表**

| 序号 | 项目名称 | 定额编号 | 单位 | 单价 |
| --- | --- | --- | --- | --- |
| 1 | 外墙面抹水泥砂浆[砖墙] | 14－8 | 10 $m^2$ | 254.64 |

**2. 施工图设计要求与定额多个子目内容一致的，组合套用定额相应子目。**

**例 3－5** 施工图设计楼面细石混凝土找平层 30 厚。

**解** 经查计价定额没有直接对应的单一子目，但分别有楼面细石混凝土找平层 40 厚(13－18)和厚度每增减 5 厚(13－19)，应组合套用此两子目。套用结果见表 3－5。

**表 3－5 定额套用表**

| 序号 | 项目名称 | 定额编号 | 单位 | 单价 |
| --- | --- | --- | --- | --- |
| 1 | 细石混凝土找平层 30 厚[楼面] | 13－18－19×2 | 10 $m^2$ | 253.09 |

**3. 施工工艺在定额所设置步距之内，直接或组合套用相应子目。**

**例 3－6** 某工程天棚抹灰高度为 9 米，需搭设满堂脚手架。经查，可对应定额满堂脚手架基本层(20－21)和增加层(20－22)。先套用高度 8 m 基本层 20－21，再计算增加层是否满足定额步距要求(小数>0.6)，增加层数$=\frac{9-8}{2}=0.5$，计算结果在 0.6 m 以内，故本例无须计算增加层，应仅直接套用基本层子目。

**表 3－6 定额套用表**

| 序号 | 项目名称 | 定额编号 | 单位 | 单价 |
| --- | --- | --- | --- | --- |
| 1 | 满堂脚手架 9 m 高 | 20－21 | 10 $m^2$ | 196.8 |

## （二）预算定额的换算

定额的套用给工程预结算工作带来了极大的便利，但由于建筑产品的单一性和施工工艺的多样性，决定了定额不可能把实际所发生的各种因素都考虑进去，直接套用定额是不能满足预结算工作要求的。为了编制出符合设计要求和实际施工方法的工程预结算，除了对缺项采取编制补充定额外，最常用的方法是在定额规定的范围内对定额子目进行换算。换算的基本步骤同直接套用相同，从对象子目的栏目内找出需进行调整、增减的项目和消耗量后，按定额规定进行换算。

换算方法有许多种，大致分以下几类：

1. **品种的换算**

这类换算主要是将实际所用材料品种替代换算对象定额子目中所含材料品种，通常是指各种成品安装材料以及混凝土、砂浆标号和品种等的换算。

由于砂浆用量不变，所以人工、机械费不变，因而只换算砂浆（混凝土）强度等级和调整砂浆（混凝土）材料费。

换算公式：

换算后综合单价＝原综合单价＋定额材料用量×（换入材料单价－换出材料单价）
＝原综合单价＋换入费用－换出费用

**例 3－7**　求 M7.5 水泥砂浆砌砖基础的综合单价。

**解**　查定额项目表 4－1、附录 4(P1068)

换算后综合单价＝406.25＋0.242×(182.23－180.37)＝406.7 元/$m^3$

或＝406.25＋44.1－43.65＝406.7 元/$m^3$

换算后材料用量(每 $m^3$ 砌体)：

32.5 级水泥：0.242×223.00＝53.97(kg)

中砂：0.242×1.61＝0.39($m^3$)

**例 3－8**　施工图设计采用现浇 C20P10 防水混凝土梁式整板基础，定额仅有普通混凝土满堂基础子目，需换算。

**解**　查定额项目表 6－7

换算后综合单价＝380.48＋1.015×(240.99－239. 68)＝ 381.81 元/$m^3$

2. **断面的换算**

这类换算主要是针对木构件设计断面与定额采用断面不符的换算，常用于木门窗、屋面木基层等处。此类定额子目一般都会明确注明所用断面尺寸，规定允许按设计调整材积，并给出相应的换算公式。

**例 3－9**　某墙面木龙骨设计断面为 30×50(龙骨间距、龙骨与墙体连接固定方式均同定额相符)，求综合单价。

**分析**　查计价项目表 14－168，相应定额 14－168 的断面为 24×30，需按比例换算。

**解**　查计价表 14－168 根据断面换算公式：设计断面/定额断面×定额材积，得调整材积＝ 30×50/(24×30)×0.111＝0.231。

换算后综合单价＝439.87＋0.231×1 600.00－177.6＝631.87 元/$m^3$

3. **间距的换算**

这类换算主要是用于各种龙骨、挂瓦条及分格嵌条等处。定额规定设计间距与定额不符时，可按比例换算。间距换算近似公式为：$\frac{\text{定额间距}}{\text{设计间距}}$×定额含量。

**例 7－7**　某墙面木龙骨设计间距为 500×400(龙骨断面、龙骨和墙体连接固定方式均同定额相符)，求综合单价。

**分析**　查计价定额项目表，相应定额 14－168 的间距为 300×300，需按比例换算。

**解** 将对象子目 14－168 中普通成材含量 0.111 按公式换算为：300×300/(500×400)×0.111＝0.05，即可。

换算后综合单价＝439.87＋1 600×(0.05－0.111)＝ 342.27 元/10 m²

**4. 规格的换算**

主要是指内外墙贴面砖、瓦材等块料规格与定额取定不符，定额规定可以对消耗量进行换算，并给出了相应的换算方法。

**例 3－11** 某楼面用水泥砂浆将 400×400 地砖(单价为 12 元/块)镶贴成多色简单图案，求其综合单价。

**分析** 地砖每平方米的单价为 12/(0.4×0.4)＝75 元/m²

**解** 查计价定额项目表 13－88，换算后综合单价 $13-88_{换}$＝1 257.15＋10.2×75－510＝1 512.15 元/10 m²

**5. 配合比的换算**

当设计图纸要求的抹灰砂浆配合比或抹灰厚度与预算定额的抹灰砂浆配合比或厚度不同时，就要进行抹灰砂浆换算。

换算后综合单价＝原综合单价＋$\sum$(各层换入砂浆用量×换入砂浆综合单价－各层换出砂浆用量×换出砂浆综合单价)

**例 3－12** 求 1∶2 水泥砂浆底 12 厚，1∶2 水泥砂浆面 8 厚抹砖墙面的综合单价。

**分析** 查附录 7，可知抹灰厚度与定额一致，配合比需换算。

**解** 查计价定额项目表 14－8，换算定额号：14－8 附 4(P1122)

换算后综合单价 $14-8_{换}$＝254.64＋0.086×(275.64－265.07)＋0.142×(275.64－239.65)＝260.66 元/10 m²

换算后材料用量(每 10 m²)

32.5 级水泥：(0.086＋0.142)×557＝127(kg)

中砂：(0.086＋0.142)×1.464＝0.334(kg)

**6. 工程类别的换算**

此项换算是针对实际工程类别与定额取定工程类别不同而引起管理费率、利润率相应改变的换算。以一般建筑工程来说，定额取定类别是三类，如实际为一、二类，就需要换算。

由于材料用量不变，所以人工、材料、机械费不变，换算管理费和利润。

工程类别换算公式：

换算后综合单价＝原综合单价＋(人工费＋机械费)×(换入管理费率－换出管理费率)

或　　＝材料费＋(人工费＋机械费)×(1＋换入管理费率＋换入利润率)

**例 3－13** 求 C30 混凝土基础梁的综合单价(一类工程)

**解** 换算定额号：6－18

换算后定额基价 $6-18_{换}$＝410.09＋(62.32＋35.18)×(31%－25%)＝415.94 元/m³

或 $6-18_{换}$＝276.51＋(62.32＋35.18)×(1＋31%＋12%)＝415.94 元/m³

**例 3－14** 求某二类住宅工程的砌筑砖基础的综合单价。

**分析** 查定额项目表 4－1，定额中管理费率为 25%，应调整为 28%，其费率计算基数为该子目的人工费与机械费之和。

**解** 换算后综合单价 $4-1_{换}=406.25+(98.4+5.89)\times(28\%-25\%)=409.38$ 元/$m^3$

**7. 厚度的换算**

这类换算主要运用于墙面抹灰、楼地面找平层、屋面保温等处。对于砂浆类，换算过程要相对复杂一些。如墙柱面定额规定，墙面抹灰砂浆厚度应调整，砂浆用量按比例调整。

换算后综合单价＝材料费＋$\sum$(各层换入砂浆用量×换入砂浆综合单价－各层换出砂浆用量×换出砂浆综合单价)＋(定额人工费＋定额机械费)×(1＋25%＋12%)

各层换入砂浆用量＝(定额砂浆用量÷定额砂浆厚度)×设计厚度

各层换出砂浆用量＝定额砂浆用量

**例 3－15** 求 1∶3 水泥砂浆底 15 厚，1∶2.5 水泥砂浆面 7 厚抹砖墙面的综合单价。

**分析** 查附录 7，得砖墙面为底层 1∶3 水泥砂浆 12 厚，面层 1∶2.5 水泥砂浆 8 厚，需换算。

**解** 查计价定额项目表 14－8，换算定额号：14－8。

底层换入砂浆用量＝0.142×15/12＝0.177 5($m^3$)

面层换入砂浆用量＝0.086×7/8＝0.075 25($m^3$)

换算后定额基价 $14-8_{换}=60.43+0.177\,5\times239.65-34.03+0.075\,25\times265.07-22.8+(136.12+5.64)\times(1+25\%+12\%)=260.29$ 元/10 $m^2$

换算后材料用量(每 10 $m^2$)

32.5 Mpa 水泥：0.177 5×408＋0.075 25×490＝109.29 kg

中砂：(0.177 5＋0.075 25)×1.611＝0.41 kg

**8. 量差的换算**

这类换算是由于实际施工工艺与定额设定工艺不同，以增减或调整定额相应子目消耗量或金额的方式来进行的。定额规定多以章节说明和附注说明形式出现，分布于多个分部工程。

**例 3－16** 在现浇混凝土构件和现场预制混凝土构件时，放置了钢筋保护层的塑料卡。这种做法与定额中所采用的铅丝绑扎砂浆垫块不同。定额规定"每 10 $m^2$ 模板另加塑料卡费用每只 0.2 元，计 30 只，合计 6.00 元。"

**例 3－17** 在墙柱面夹板基层上再做一层凸面夹板时，定额规定"每 10 $m^2$ 另加夹板 10.5 $m^2$、人工 1.90 工日。"

**9. 系数的换算**

这类换算在实际工作中应用广泛，主要运用于土石方工程和措施项目等分部。

**例 3－18** 某机械土方工程中采用自卸汽车运土配合反铲挖掘机装车，运距为 3 km，而相应自卸汽车运土定额子目是按正铲挖掘机装车考虑的，施工方法不符。定额规定可以对自卸汽车运土运输台班量乘系数 1.10 进行换算。

**解** 换算定额号：1－263

换算后综合单价 $1-263_{换}=16\,577.51+11\,826.97\times0.1\times1.37=18\,197.80$ 元/10 $m^3$

**例 7－16** 求楼地面镶贴多色图案的综合单价。

**解** 根据计价定额规定，楼地面镶贴多色图案人工费以 1.20 系数。

换算定额号：13－88。

换算后综合单价＝材料费＋(人工费×1.2＋机械费)×(1＋25%＋12%)

$=592.49+(479.4\times1.2+5.75)\times(1+25\%+12\%)=1\ 388.5$(元/10 $m^2$)

其中:人工费$=479.4\times1.20=575.28$ 元/10 $m^2$

定额套用与换算的正确,是确保工程预结算结果准确的一个重要环节。前面这些套用与换算的分类介绍,仅列举了一些基本的方法和范例。实际在工程预结算工作中,这些方法往往是混合运用的,造价人员应掌握其一般规律。定额换算的实质就是按定额规定的换算范围、内容和方法,对某些分项工程预算单价的换算。通常只有当设计选用的材料品种和规格同定额有出入,并规定允许换算时,才能换算。在换算过程中,定额单位产品材料消耗量一般不变,仅调整与定额规定的品种或规格不相同的预算价格。经过换算的定额编号在下端应写上"换"字。

### (三) 预算定额的补充

当分项工程的设计要求与定额条件完全不相符时,或者由于设计采用新结构、新材料及新工艺施工,在预算定额中没有这类项目,属于定额缺项时,可编制补充预算定额。

编制补充预算定额的方法通常有两种。一种是计算人工、各种材料和机械台班消耗量指标,然后乘以人工工资标准、材料预算价格及机械台班使用费并汇总即得补充预算定额基价。另一种方法是补充项目的人工、机械台班消耗量,可以用同类型工序、同类型产品定额水平消耗的工时、机械台班标准为依据,套用相近的定额项目;而材料消耗量按施工图纸进行计算或实际测定方法来确定。

编制好的补充定额,如果是多次使用的,一般要报有关主管部门审批,或与建设单位进行协商,经同意后再列入工程预算表正式使用。

## 部分定额项目表摘录

**表 3-7 自卸汽车运土**

工作内容:运土、卸土、道路洒水。

计量单位:1 000 $m^3$

| 定额编号 | | | | | 1-262 | | 1-263 | |
|---|---|---|---|---|---|---|---|---|
| 项目 | | | 单位 | 单价 | 自卸汽车运土 运距在(km以内) | | | |
| | | | | | 1 | | 3 | |
| | | | | | 数量 | 合价 | 数量 | 合价 |
| 综合单价 | | | | 元 | 10 223.58 | | 16 577.51 | |
| 其中 | 人工费 | | | 元 | | | | |
| | 材料费 | | | 元 | 40.42 | | 40.42 | |
| | 机械费 | | | 元 | 7 432.96 | | 12 070.87 | |
| | 管理费 | | | 元 | 1 858.24 | | 3 017.72 | |
| | 利 润 | | | 元 | 891.96 | | 1 448.50 | |
| 材料 | 31150101 | 水 | $m^3$ | 4.70 | 8.60 | 40.42 | 8.60 | 40.42 |
| 机械 | 99071100 | 自卸汽车 | 台班 | 884.59 | 8.127 | 7 189.06 | 13.37 | 11 826.97 |
| | 99310103 | 洒水车 罐容量 4 000 L | 台班 | 567.21 | 0.43 | 243.90 | 0.43 | 243.90 |

### 表 3-8　基础

工作内容：混凝土搅拌、水平运输、浇捣、养护

计量单位：$m^3$

| 定额编号 | | | | | 6-6 | | 6-7 | |
|---|---|---|---|---|---|---|---|---|
| 项　目 | | | 单位 | 单价 | 满堂(板式)基础 | | | |
| | | | | | 无梁式 | | 有梁式 | |
| | | | | | 数量 | 合价 | 数量 | 合价 |
| 综合单价 | | | 元 | | 367.97 | | 380.48 | |
| 其中 | 人工费 | | 元 | | 57.40 | | 67.24 | |
| | 材料费 | | 元 | | 246.59 | | 245.62 | |
| | 机械费 | | 元 | | 31.20 | | 31.20 | |
| | 管理费 | | 元 | | 22.15 | | 24.61 | |
| | 利　润 | | 元 | | 10.63 | | 11.81 | |
| 二类工 | | | 工日 | 82.00 | 0.70 | 57.40 | 0.82 | 67.24 |
| 材料 | 80210144 | 现浇混凝土 C20 | $m^3$ | 236.14 | 1.015 | 239.68 | 1.015 | 239.68 |
| | 80210145 | 现浇混凝土 C25 | $m^3$ | 249.52 | (1.015) | (253.26) | (1.015) | (253.26) |
| | 80210148 | 现浇混凝土 C30 | $m^3$ | 251.84 | (1.015) | (255.62) | (1.015) | (255.62) |
| | 02090101 | 塑料薄膜 | $m^2$ | 0.80 | 1.87 | 1.50 | 1.38 | 1.10 |
| | 31150101 | 水 | $m^3$ | 4.70 | 1.15 | 5.41 | 1.03 | 4.84 |
| 机械 | 99050152 | 滚筒式混凝土搅拌机(电动) 出料容量 400 L | 台班 | 156.81 | 0.035 | 5.49 | 0.035 | 5.49 |
| | 99052107 | 混凝土振捣器 插入式 | 台班 | 11.87 | 0.069 | 0.82 | 0.069 | 0.82 |
| | 99071903 | 机动翻斗车 装载质量 1 t | 台班 | 190.03 | 0.131 | 24.89 | 0.131 | 24.89 |

### 表 3-9　找平层

工作内容：1. 细石混凝土搅拌、捣平、压实、养护。
　　　　　2. 清理基层、熬沥青砂浆、捣平、压实。

计量单位：10 $m^2$

| 定额编号 | | | | | 13-18 | | 13-19 | |
|---|---|---|---|---|---|---|---|---|
| 项　目 | | | 单位 | 单价 | 细石混凝土 | | | |
| | | | | | 厚 40 mm | | 厚度每增(减)5 mm | |
| | | | | | 数量 | 合价 | 数量 | 合价 |
| 综合单价 | | | 元 | | 206.97 | | 23.06 | |
| 其中 | 人工费 | | 元 | | 68.88 | | 6.56 | |
| | 材料费 | | 元 | | 106.20 | | 13.31 | |
| | 机械费 | | 元 | | 4.67 | | 0.56 | |
| | 管理费 | | 元 | | 18.39 | | 1.78 | |
| | 利　润 | | 元 | | 8.83 | | 0.85 | |
| 一类工 | | | 工日 | 82.00 | 0.84 | 68.88 | 0.08 | 6.56 |
| 材料 | 80210105 | 现浇 C20 混凝土 | $m^3$ | 258.23 | 0.404 | 104.32 | 0.051 | 13.17 |
| | 31150101 | 水 | $m^3$ | 4.70 | 0.40 | 1.88 | 0.03 | 0.14 |
| 机械 | 99050152 | 滚筒式混凝土搅拌机(电动)出料容量 400 L | 台班 | 156.81 | 0.025 | 3.92 | 0.003 | 0.47 |
| | 99052108 | 混凝土振捣器(平板式) | 台班 | 14.93 | 0.05 | 0.75 | 0.006 | 0.09 |

### 表 3－10　墙面、墙裙抹水泥砂浆

工作内容：1. 清理、修补、湿润基层表面、堵墙眼、调运砂浆、清扫落地灰。
　　　　　2. 刷浆、抹灰找平、洒水湿润、罩面压光。

计量单位：10 m²

| 定额编号 | | | | | 14－8 | | 14－10 | |
|---|---|---|---|---|---|---|---|---|
| 项　目 | | | 单位 | 单价 | 墙面、墙裙抹水泥砂浆 | | | |
| | | | | | 砖墙 | | 混凝土墙 | |
| | | | | | 外墙 | 内墙 | 外墙 | 内墙 |
| | | | | | 数量 | 合价 | 数量 | 合价 |
| 综合单价 | | | | 元 | 254.64 | | 268.38 | |
| 其中 | 人工费 | | | 元 | 136.12 | | 145.96 | |
| | 材料费 | | | 元 | 60.43 | | 60.85 | |
| | 机械费 | | | 元 | 5.64 | | 5.52 | |
| | 管理费 | | | 元 | 35.44 | | 37.87 | |
| | 利　润 | | | 元 | 17.01 | | 18.18 | |
| 二类工 | | | 工日 | 82.00 | 1.66 | 136.12 | 1.78 | 145.96 |
| 材料 | 80010142 | 水泥砂浆 1∶2.5 | $m^3$ | 265.07 | 0.086 | 22.80 | 0.086 | 22.80 |
| | 80010125 | 水泥砂浆 1∶3 | $m^3$ | 239.65 | 0.142 | 34.03 | 0.135 | 32.35 |
| | 80110313 | 901 胶素水泥浆 | $m^3$ | 525.21 | | | 0.004 | 2.10 |
| | 05030600 | 普通木成材 | $m^3$ | 1 600.00 | 0.002 | 3.20 | 0.002 | 3.20 |
| | 31150101 | 水 | $m^3$ | 4.70 | 0.086 | 0.40 | 0.085 | 0.40 |
| 机械 | 99050503 | 灰浆搅拌机拌筒容量 200 L | 台班 | 122.64 | 0.046 | 5.64 | 0.045 | 5.52 |

### 表 3－11　墙面、柱梁面木龙骨、钢龙骨骨架

工作内容：定位、下料、打眼剔洞、埋木砖、安装龙骨、刷防腐油

计量单位：10 m²

| 定额编号 | | | | 14－168 | |
|---|---|---|---|---|---|
| 项　目 | | 单位 | 单价 | 木龙骨基层 | |
| | | | | 墙面 | |
| | | | | 数量 | 合价 |
| 综合单价 | | | 元 | 439.87 | |
| 其中 | 人工费 | | 元 | 181.90 | |
| | 材料费 | | 元 | 180.95 | |
| | 机械费 | | 元 | 7.09 | |
| | 管理费 | | 元 | 47.25 | |
| | 利　润 | | 元 | 22.68 | |

**续 表**

| | | | | | | |
|---|---|---|---|---|---|---|
| 一类工 | | | 工日 | 85.00 | 2.14 | 181.90 |
| 材料 | 05030600 | 普通木成材 | $m^3$ | 1 600.00 | 0.111 | 177.60 |
| | 05092103 | 细工木板 δ18 mm | $m^2$ | 38.00 | | |
| | 03070114 | 膨胀螺栓 M8×80 | 套 | 0.60 | | |
| | 12060334 | 防腐油 | kg | 6.00 | 0.30 | 1.80 |
| | 03510705 | 铁钉 70 mm | kg | 4.20 | 0.37 | 1.55 |
| 机械 | 99192305 | 电锤功率 520 W | 台班 | 8.34 | 0.801 | 6.68 |
| | | 其他机械费 | 元 | | | 0.41 |

注：1. 墙面、墙裙木龙骨断面是按 24 * 30 mm，间距 300 * 300 mm 考虑的，设计断面，间距与定额不符时，应按比例调整。龙骨与墙面固定不用木砖改用木针时，定额中普通成材应扣除 0.04 $m^3/10\ m^2$。

2. 方形柱梁面、圆柱面、方柱包圆形木龙骨断面分别按 24 * 30 mm、40 * 45 mm、40 * 50 mm 考虑的，设计规格与定额不符时，应按比例调整(未设计规格者按定额执行)。

3. 定额中墙面、梁柱面木龙骨的损耗率为 5%。

## 表 3-12 梁

工作内容：混凝土搅拌、水平运输、浇捣、养护

计量单位：$m^3$

| 定额编号 | | | | | 6-18 | | 6-19 | | 6-20 | |
|---|---|---|---|---|---|---|---|---|---|---|
| 项目 | | | 单位 | 单价 | 基础梁、地坑支撑梁 | | 单梁、框架梁、连续梁 | | 异形梁、挑梁 | |
| | | | | | 数量 | 合价 | 数量 | 合价 | 数量 | 合价 |
| 综合单价 | | | | 元 | 410.09 | | 448.53 | | 458.00 | |
| 其中 | 人工费 | | | 元 | 62.32 | | 114.80 | | 121.36 | |
| | 材料费 | | | 元 | 276.51 | | 277.16 | | 277.64 | |
| | 机械费 | | | 元 | 35.18 | | 10.29 | | 10.29 | |
| | 管理费 | | | 元 | 24.38 | | 31.27 | | 32.91 | |
| | 利　润 | | | 元 | 11.70 | | 15.01 | | 15.80 | |
| 二类工 | | | 工日 | 82.00 | 0.76 | 62.32 | 1.40 | 114.80 | 1.48 | 121.36 |
| 材料 | 80210131 | 现浇混凝土 C20 | $m^3$ | 248.20 | (1.015) | (251.92) | (1.015) | (251.92) | (1.015) | (251.92) |
| | 80210132 | 现浇混凝土 C25 | $m^3$ | 262.07 | | (266.00) | (1.015) | (266.00) | (1.015) | (266.00) |
| | 80210135 | 现浇混凝土 C30 | $m^3$ | 264.98 | (1.015) | 268.95 | 1.015 | 268.95 | 1.015 | 268.95 |
| | 80210136 | 现浇混凝土 C35 | $m^3$ | 277.79 | 1.015 | | (1.015) | (281.96) | (1.015) | (281.96) |
| | 02090101 | 塑料薄膜 | $m^2$ | 0.80 | 1.05 | 0.84 | 1.27 | 1.02 | 1.23 | 0.98 |
| | 31150101 | 水 | $m^3$ | 4.70 | 1.43 | 6.72 | 1.53 | 7.19 | 1.64 | 7.71 |
| 机械 | 99050152 | 滚筒式混凝土搅拌机(电动)出料容量 400 L | 台班 | 156.81 | 0.057 | 8.94 | 0.057 | 8.94 | 0.057 | 8.94 |
| | 99052107 | 混凝土振捣器插入式 | 台班 | 11.87 | 0.114 | 1.35 | 0.114 | 1.35 | 0.114 | 1.35 |
| | 99071903 | 机动翻斗车装载质量 1 t | 台班 | 190.03 | 0.131 | 24.89 | | | | |

## 表 3-13 地砖

工作内容:清理基层、锯板磨细、贴镜面同质砖、擦缝、清理净面、调制水泥砂浆、刷素水泥浆、调制粘结剂。

计量单位:10 m²

| 定额编号 | | | | | 13-88 | | 13-89 | |
|---|---|---|---|---|---|---|---|---|
| 项目 | | | 单位 | 单价 | 楼地面地砖 | | | |
| | | | | | 多色简单图案镶贴 | | | |
| | | | | | 水泥砂浆 | | 干粉型粘结剂 | |
| | | | | | 数量 | 合价 | 数量 | 合价 |
| 综合单价 | | | 元 | | 1 257.15 | | 1 486.80 | |
| 其中 | 人工费 | | 元 | | 479.40 | | 514.25 | |
| | 材料费 | | 元 | | 592.49 | | 774.40 | |
| | 机械费 | | 元 | | 5.75 | | 5.75 | |
| | 管理费 | | 元 | | 121.29 | | 130.00 | |
| | 利　润 | | 元 | | 58.22 | | 62.40 | |
| 一类工 | | | 工日 | 85.00 | 5.64 | 479.40 | 6.05 | 514.25 |
| 材料 | 06650101 | 同质地砖 | $m^2$ | 50.00 | 10.20 | 510.00 | 10.20 | 510.00 |
| | 80010161 | 干硬性水泥砂浆 | $m^3$ | 223.76 | | | | |
| | 80010123 | 水泥砂浆 1∶2 | $m^3$ | 275.64 | 0.051 | 14.06 | | |
| | 80010125 | 水泥砂浆 1∶3 | $m^3$ | 239.65 | 0.202 | 48.41 | 0.202 | 48.41 |
| | 80010303 | 素水泥浆 | $m^3$ | 472.71 | 0.01 | 4.73 | | |
| | 04010701 | 白水泥 | kg | 0.70 | 2.00 | 1.40 | 3.00 | 2.10 |
| | 04010611 | 水泥 32.5 级 | kg | 0.31 | | | | |
| | 12410163 | 干粉型粘结剂 | kg | 5.00 | | | 40.00 | 200.00 |
| | 03652403 | 合金钢切割锯片 | 片 | 80.00 | 0.064 | 5.12 | 0.064 | 5.12 |
| | 05250502 | 锯(木)屑 | $m^3$ | 55.00 | 0.06 | 3.30 | 0.06 | 3.30 |
| | 31110301 | 棉纱头 | kg | 6.50 | 0.10 | 0.65 | 0.10 | 0.65 |
| | 31150101 | 水 | $m^3$ | 4.70 | 0.26 | 1.22 | 0.26 | 1.22 |
| | | 其他材料费 | 元 | | | 3.60 | | 3.60 |
| 机械 | 99050503 | 灰浆搅拌机拌筒容量 200 L | 台班 | 122.64 | 0.017 | 2.08 | 0.017 | 2.08 |
| | 99230127 | 石料切割机 | 台班 | 14.69 | 0.25 | 3.67 | 0.25 | 3.67 |

## 表 3-14 满堂脚手架、抹灰脚手架

工作内容:1. 搭拆脚手架、上料平台、安全笆、护身栏杆和铺、翻、拆脚手板。

2. 拆除后材料场内堆放和材料场内外运输。

计量单位:10 m²

| 定额编号 | | | 20-20 | | 20-21 | | 20-22 | |
|---|---|---|---|---|---|---|---|---|
| 项目 | 单位 | 单价 | 满堂脚手架 | | | | | |
| | | | 基本层 | | | | 高 8 m 以上,每增加 2 m | |
| | | | 高 5 m 以内 | | 高 8 m 以内 | | | |
| | | | 数量 | 合价 | 数量 | 合价 | 数量 | 合价 |

续　表

| 综合单价 | | | 元 | 156.85 | | | 196.80 | | 44.54 | |
|---|---|---|---|---|---|---|---|---|---|---|
| 其中 | 人工费 | | 元 | 82.00 | | | 103.32 | | 24.86 | |
| | 材料费 | | 元 | 29.60 | | | 36.61 | | 7.11 | |
| | 机械费 | | 元 | 10.88 | | | 13.61 | | 2.72 | |
| | 管理费 | | 元 | 23.22 | | | 29.23 | | 6.83 | |
| | 利　润 | | 元 | 11.15 | | | 14.03 | | 3.28 | |
| 二类工 | | | 工日 | 82.00 | 1.00 | 82.00 | 1.26 | 103.32 | 0.30 | 24.60 |
| 材料 | 32030303 | 脚手钢管 | kg | 4.29 | 1.41 | 6.05 | 1.76 | 7.55 | 0.49 | 2.10 |
| | 32030504 | 底座 | 个 | 4.80 | 0.01 | 0.05 | 0.02 | 0.10 | | |
| | 32030513 | 脚手架扣件 | 个 | 5.70 | 0.20 | 1.14 | 0.25 | 1.43 | 0.07 | 0.40 |
| | 32090101 | 周转木材 | $m^3$ | 1 850.00 | 0.005 | 9.25 | 0.006 | 11.10 | | |
| | 03570216 | 镀锌铁丝 8# | kg | 4.90 | 0.26 | 1.27 | 0.33 | 1.62 | | |
| | | 其他材料费 | 元 | | | 11.84 | | 14.81 | | 4.61 |
| 机械 | 99070906 | 载货汽车装载质量 4 t | 台班 | 453.50 | 0.024 | 10.88 | 0.03 | 13.61 | 0.006 | 2.72 |

## 单元测试

# 单元四　概算定额、概算指标和估算指标

## 第一节　概算定额

### 一、概算定额的概念

概算定额是在相应预算定额的基础上，根据有代表性的设计图纸和有关资料，经过适当综合、扩大以及合并而成的，介于预算定额和概算指标之间的一种定额。

概算定额规定了完成一定计量单位的建筑扩大结构构件、分部工程或扩大分项工程所需人工、材料、机械消耗和费用的数量标准。例如砖基础概算定额项目，就是以砖基础为主，综合了挖地槽、砌砖基础、铺设防潮层、回填土及运土等预算定额中的分项工程项目。

### 二、概算定额的作用

(1) 概算定额是编制概算的依据。工程建设程序规定，采用两阶段设计时，其初步设计必须编制概算；采用三阶段设计时，其技术设计必须编制修正概算，对拟建项目进行总估价。概算定额是编制初步设计概算和技术设计修正概算的依据。

(2) 概算定额是设计方案比较的依据。设计方案比较，目的是选择出技术先进、经济合理的方案，在满足使用功能的条件下，降低造价和资源消耗。采用扩大综合后的概算定额为设计方案的比较提供了方便条件。

(3) 概算定额是编制概算指标和投资估算指标的依据。

(4) 实行工程总承包时，概算定额也可作为投标报价参考。

### 三、概算定额的编制原则

概算定额应该贯彻社会平均水平和简明适用的原则。

概算定额也是工程计价的依据，应符合价值规律和反映现阶段生产力水平。在概算定额与综合预算定额水平之间应保留必要的幅度差，并在概算定额编制过程中严格控制。

为满足事先确定概算造价、控制投资的要求，概算定额要尽量不留活口或少留活口。

### 四、概算定额的编制依据

概算定额的适用范围不同于预算定额，其编制依据也略有区别，一般有以下几种：

(1) 现行的设计标准规范；

(2) 现行建筑和安装工程预算定额；

(3) 国务院各有关部门和各省、自治区、直辖市批准颁发的标准设计图集和有代表性的

设计图纸等；

(4) 现行的概算定额及其编制资料；

(5) 编制期人工工资标准、材料预算价格、机械台班费用等。

### 五、概算定额基准价

概算定额基准价又称为扩大单价，是概算定额单位扩大分部分项工程或结构件等所需全部人工费、材料费、施工机械使用费之和，是概算定额价格表现的具体形式。计算公式为：

概算定额基准价＝概算定额单位人工费＋概算定额单位材料费＋概算定额单位施工机械使用费＝人工概算定额消耗量×人工工资单价＋ $\sum$（材料概算定额消耗量×材料预算价格）＋ $\sum$（施工机械概算定额消耗量×机械台班费用单价）

概算定额基准价的制定依据与综合预算定额基价相同，以省会城市的工资标准、材料预算价格和机械台班单价计算基准价。在概算定额表中一般应列出基准价所依据的单价，并在附录中列出材料预算价格取定表。

## 第二节　概算指标

### 一、概算指标的概念

概算指标是比概算定额综合、扩大性更强的一种定额指标。它是以每 100 $m^2$ 建筑面积或 1 000 $m^3$ 建筑体积、构筑物以座为计算单位规定出人工、材料、机械消耗数量标准或定出每万元投资所需人工、材料、机械消耗数量及造价的数量标准。

### 二、概算指标的作用

概算指标和概算定额、预算定额一样，都是与各个设计阶段相适应的多次计价的产物，它主要用于投资估价、初步设计阶段，其作用为：

(1) 概算指标是编制投资估价和控制初步设计概算、工程概算造价的依据。

(2) 概算指标是设计单位进行设计方案的技术经济分析、衡量设计水平、考核投资效果的标准。

(3) 概算指标是建设单位编制基本建设计划、主要材料计划和申请投资贷款的依据。

### 三、概算指标的编制依据

(1) 现行的设计标准规范。

(2) 现行的概算定额及其他相关资料。

(3) 国务院各有关部门和各省、自治区、直辖市批准颁发的标准设计图集和有代表性的设计。

(4) 编制期相应地区人工工资标准、材料价格、机械台班费用等。

## 四、概算指标的内容与应用

### 1. 概算指标的内容

(1) 总说明:它主要从总体上说明概算指标的作用、编制依据、适应范围和使用方法等。

(2) 示意图:表明工程的结构形式。工业项目还表示出吊车及起重能力等。

(3) 结构特征:主要对工程的结构形式、层高、层数和建筑面积进行说明。如表 4-1。

**表 4-1 内浇外砌住宅结构特征**

| 结构类型 | 内浇外砌 | 层数 | 六层 | 层高 | 2.8 m | 檐高 | 17.7 m | 建筑面积 | 4 206 $m^2$ |
|---|---|---|---|---|---|---|---|---|---|

(4) 经济指标。说明该项目每项 100 $m^2$ 的造价指标以及其中土建、水暖和电气照明等单位工程的相应造价。如表 4-2。

**表 4-2 内浇外砌住宅经济指标**

100 $m^2$ 建筑面积

| 造价分类 \ 造价构成 | | 合计 | 其中 | | | | |
|---|---|---|---|---|---|---|---|
| | | | 直接费 | 间接费 | 利润 | 其他 | 税金 |
| 单方造价 | | 37 745 | 21 860 | 5 576 | 1 893 | 7 323 | 1 093 |
| 其中 | 土建 | 32 424 | 18 778 | 4 790 | 1 626 | 6 291 | 939 |
| | 水暖 | 3 182 | 1 843 | 470 | 160 | 617 | 92 |
| | 电照 | 2 139 | 1 239 | 316 | 107 | 415 | 62 |

(5) 构造内容及工程量指标。说明该工程项目的构造内容和相应计算单位的工程量指标及人工、材料消耗指标。如表 4-3、表 4-4。

**表 4-3 内浇外砌住宅构造内容及工程量指标**

100 $m^2$ 建筑面积

| 序号 | 构造特征 | | 工程量 | |
|---|---|---|---|---|
| | | | 单位 | 数量 |
| 一 | 土建 | 灌注桩 | $m^3$ | 14.64 |
| 1 | 基础 | 2 砖墙、清水墙勾缝、内墙抹灰刷白 | $m^3$ | 24.32 |
| 2 | 外墙 | 混凝土墙、1 砖墙、抹灰刷白 | $m^3$ | 22.70 |
| 3 | 柱 | 混凝土柱 | $m^3$ | 0.70 |
| 4 | 地面 | 碎砖垫层、水泥砂浆面层 | $m^2$ | 13.00 |
| 5 | 楼面 | 120 mm 预制空心板、水泥砂浆面层 | $m^2$ | 65.00 |
| 6 | 门窗 | 木门窗 | $m^2$ | 62.00 |
| 7 | 屋面 | 预制空心板、水泥珍珠岩保温、三毡四油卷材防水 | $m^2$ | 21.70 |

续　表

| 序号 | 构造特征 | | 工程量 | |
|---|---|---|---|---|
| | | | 单位 | 数量 |
| 8 | 脚手架 | 综合脚手架 | $m^2$ | 100.00 |
| 二 | 水暖 | | | |
| 1 | 采暖方式 | 集中采暖 | | |
| 2 | 给水性质 | 生活给水明设 | | |
| 3 | 排水性质 | 生活排水 | | |
| 4 | 通风方式 | 自然通风 | | |
| 三 | 电照 | | | |
| 1 | 配电方式 | 塑料管暗配电线 | | |
| 2 | 灯具种类 | 日光灯 | | |
| 3 | 用电量 $W/m^2$ | | | |

**表 4-4　内浇外砌住宅人工及主要材料消耗指标**

100 $m^2$建筑面积

| 序号 | 名称及规格 | 单位 | 数量 | 序号 | 名称及规格 | 单位 | 数量 |
|---|---|---|---|---|---|---|---|
| 一 | 土建 | | | 1 | 人工 | 工日 | 39.00 |
| 1 | 人工 | 工日 | 506.00 | 2 | 钢管 | t | 0.18 |
| 2 | 钢筋 | t | 3.25 | 3 | 暖气片 | $m^2$ | 20.00 |
| 3 | 型钢 | t | 0.13 | 4 | 卫生器具 | 套 | 2.35 |
| 4 | 水泥 | t | 18.10 | 5 | 水表 | 个 | 1.84 |
| 5 | 白灰 | t | 2.10 | 三 | 电照 | | |
| 6 | 沥青 | t | 0.29 | 1 | 人工 | 工日 | 20.00 |
| 7 | 红砖 | 千块 | 15.10 | 2 | 电线 | m | 283.00 |
| 8 | 木材 | $m^3$ | 4.10 | 3 | 钢(塑)管 | t | (0.04) |
| 9 | 砂 | $m^3$ | 41.00 | 4 | 灯具 | 套 | 8.43 |
| 10 | 砾(碎)石 | $m^3$ | 30.50 | 5 | 电表 | 个 | 1.84 |
| 11 | 玻璃 | $m^2$ | 29.20 | 6 | 配电箱 | 套 | 6.10 |
| 12 | 卷材 | $m^2$ | 80.80 | 四 | 机械使用费 | % | 7.50 |
| 二 | 水暖 | | | 五 | 其他材料费 | % | 19.57 |

### 2. 概算指标的应用

概算指标的应用比概算定额具有更大的灵活性，由于它是一种综合性很强的指标，不可能与拟建工程的建筑特征、结构特征、自然条件、施工条件完全一致，因此在选用概算指标时要十分慎重，选用的指标与设计对象在各个方面应尽量一致或接近，不一致的地方要进行换算,以提高准确性。

概算指标的应用一般有两种情况,第一种情况,如果设计对象的结构特征与概算指标一致时,可直接套用。第二种情况,如果设计对象的结构特征与概算指标的规定局部不同时,要对指标的局部内容调整后再套用。

# 第三节　估算指标

## 一、估算指标的概念与作用

工程造价估算指标是确定生产一定计量单位(如 $m^2$、$m^3$ 或幢、座等)建筑安装工程的造价和工料消耗的标准。主要是选择具有代表性的、符合技术发展方向的、数量足够的并具有重复使用可能的设计图纸及其工程量的工程造价实例,经筛选、统计分析后综合取定。

工程造价估算指标的制定是建设项目管理的一项重要工作。估算指标是编制项目建议书、可行性研究报告等前期工作阶段投资估算的依据,是对建设项目全面的技术性与经济性论证的依据。

估算指标对提高投资估算的准确度、建设项目全面评估、正确决策具有重要意义。

## 二、编制原则

(1) 估算指标编制必须适应今后一段时期编制建设项目建议书和可行性研究报告投资估算的需要;

(2) 估算指标的分类、项目划分、项目内容、表现形式等必须结合各专业特点,与编制建设项目建议书和可行性研究报告的深度相适应;

(3) 估算指标编制要符合国家有关的方针政策、近期技术发展方向,反映正常建设条件下的造价水平,并适当留有余地;

(4) 采用的依据和数据尽可能做到正确、准确和具有代表性;

(5) 估算指标力求满足各种用户使用的需要。

## 三、编制依据

(1) 国家和省建设行政主管部门制定颁发的建设项目工期定额、单项工程施工工期定额;

(2) 国家和地区建设行政主管部门制定的计价规范、专业工程概预算定额及取费标准;

(3) 编制基准期的人工单价、材料价格、施工机械台班价格。

## 四、2017 年江苏省建设工程造价估算指标建筑安装分册简介

### 1. 总说明

(1) 本估算指标是选取 2013 年到 2016 年的江苏省建设工程常用典型工程的施工图预算、结算资料,按照不同功能用途和结构类型进行分类汇总,统计分析后综合取定的数值,分为土建部分、安装部分和装饰部分,在使用时可以根据拟建工程的项目用途、结构类型和设计标准进行数据组合。

(2) 本估算指标是按照南京市2016年上半年人工、材料指导价格测算。在使用时根据编制期价格,对人工、主要材料价格进行调整;或根据江苏省造价信息网发布的典型工程价格指数进行调整。

(3) 江苏省各省辖市的造价估算指标可以参照下表中的系数进行调整。

**表4-5　调整系数参考**

| 项目所在地 | 调整系数(参考) |
| --- | --- |
| 南京 | 100% |
| 苏州、无锡、常州 | 100%~104% |
| 扬州、南通 | 98%~102% |
| 徐州、泰州、镇江、淮安、盐城、连云港、宿迁 | 96%~100% |
| 郊县 | 所属地区的98% |

**2. 主要指标摘录**

(1) 土建工程造价估算指标

**表4-6　住宅工程造价估算指标**

| 结构类型 | 指标值<br>元/$m^2$ | 每$m^2$建筑面积主要工料消耗指标 | | |
| --- | --- | --- | --- | --- |
| | | 人工(工日) | 钢材(kg) | 商品混凝土($m^3$) |
| 小高层框剪(11~18层) | 1 600~1 800 | 3.5~4.5 | 50~60 | 0.40~0.50 |
| 高层(18层以上) | 1 800~2 000 | 4.5~5.5 | 60~70 | 0.50~0.60 |

项目特征:管桩或灌注桩,筏板基础,一层地下室,标准层高为2.8 m,加气混凝土砌块墙,框剪结构,无技术层,外墙面乳胶漆,内墙面批腻子,公共部位贴地砖。

**表4-7　办公楼造价估算指标**

| 结构类型 | 指标值<br>元/$m^2$ | 每$m^2$建筑面积主要工料消耗指标 | | |
| --- | --- | --- | --- | --- |
| | | 人工(工日) | 钢材(kg) | 商品混凝土($m^3$) |
| 多层框架 | 1 600~1 800 | 3.5~4.0 | 45~55 | 0.45~0.50 |
| 小高层框剪(11~18层) | 1 800~2 200 | 4.0~5.0 | 50~65 | 0.50~0.55 |
| 高层(18层以上) | 2 200~2 600 | 5.0~6.0 | 85~100 | 0.65~0.80 |

项目特征:

多层框架:管桩,筏板基础,一层地下室,标准层高为3.6m,加气混凝土砌块墙,框架结构,外墙乳胶漆,内墙涂料,地面水泥砂浆。

小高层框剪:管桩,筏板基础,一层地下室,标准层高为3.9m,加气混凝土砌块墙,框架结构,外墙乳胶漆,内墙涂料,地面水泥砂浆,公共部位地面砖和天棚吊顶。

高层框剪:管桩或灌注桩,筏板基础,两层地下室,标准层高为3.9m,加气混凝土砌块墙,框筒结构,外墙玻璃幕墙,内墙涂料,地面水泥砂浆,公共部位地面砖和天棚吊顶。

表 4-8　教学楼造价估算指标

| 结构类型 | 指标值元/$m^2$ | 每 $m^2$ 建筑面积主要工料消耗指标 | | |
|---|---|---|---|---|
| | | 人工(工日) | 钢材(kg) | 商品混凝土($m^3$) |
| 多层框架 | 1 500～1 700 | 3.5～4.0 | 50～60 | 0.45～0.50 |
| 小高层框剪(11～18 层) | 1 600～1 800 | 4.0～5.0 | 50～65 | 0.50～0.55 |
| 高层(18 层以上) | 1 800～2 000 | 5.0～6.0 | 60～70 | 0.65～0.80 |

表 4-9　工业厂房造价估算指标

| 结构类型 | 指标值元/$m^2$ | 每 $m^2$ 建筑面积主要工料消耗指标 | | |
|---|---|---|---|---|
| | | 人工(工日) | 钢材(kg) | 商品混凝土($m^3$) |
| 单层钢结构 | 800～900 | 1.6～2.0 | 15～25 | 0.20～0.35 |
| 多层框架 | 1 100～1 200 | 3.0～3.5 | 35～40 | 0.35～0.40 |
| 多层框剪(有地下室) | 1 500～1 600 | 3.5～4.0 | 50～60 | 0.40～0.45 |

项目特征：

单层钢结构：独立基础，无地下室，层高 7 m，轻钢结构，外墙彩钢夹芯板，屋面彩钢板，地面水泥砂浆，铝合金门窗。

多层框架：管桩，条形基础，无地下室，标准层高 3.6 m，加气混凝土砌块墙，外墙乳胶漆，内墙混合砂浆，地面水泥砂浆，铝合金门窗。

多层框剪：管桩，筏板基础，一层地下室，标准层高为 4.8 m，加气混凝土砌块墙，外墙乳胶漆，内墙石膏砂浆，地面细石混凝土，铝合金门窗。

(2) 安装工程造价估算指标，见表 4-10～表 4-12。

表 4-10　给排水工程造价估算指标

| 序号 | 项　目 | | 指标值(元/$m^2$) | | 备注 |
|---|---|---|---|---|---|
| | | | 水卫 | 消火栓消防 | |
| 1 | 居住建筑 | 多层 | 56 | 30 | |
| 2 | | 高层 | 60 | 45 | |
| 3 | 办公建筑 | 多层 | 44 | 90 | |
| 4 | | 高层 | 46 | 45 | |
| 5 | 教科建筑 | 教学楼 | 46 | 18 | 综合楼为高层，其他均为多层 |
| 6 | | 综合楼 | 55 | 34 | |
| 7 | | 幼儿园 | 46 | 18 | |
| 8 | | 科研 | 50 | 23 | |
| 9 | 医疗建筑 | 门诊 | 60 | 23 | |
| 10 | | 多层病房楼 | 103 | 23 | 公共卫生间 |
| 11 | | 高层病房楼 | 176 | 23 | 标准间病房，冷热水系统 |
| 12 | | 医技 | 165 | 23 | 多层，冷热水系统 |

续　表

<table>
<tr><th rowspan="2">序号</th><th rowspan="2" colspan="2">项　目</th><th colspan="2">指标值(元/m²)</th><th rowspan="2">备注</th></tr>
<tr><th>水卫</th><th>消火栓消防</th></tr>
<tr><td>13</td><td rowspan="2">宾馆建筑</td><td>多层</td><td>110</td><td>23</td><td rowspan="2">标准间客房,冷热水系统</td></tr>
<tr><td>14</td><td>高层</td><td>176</td><td>33</td></tr>
<tr><td>15</td><td colspan="2">自动喷淋</td><td colspan="2">80～90</td><td>按自动喷淋设置部位的建筑面积</td></tr>
</table>

说明:指标是按下列条件测算的,估算对象与下列条件不同时,应对指标作调整。

① 水卫系统

a. 给水管为管、排水管为 PVC 塑料管;

b. 卫生洁具按简单卫生洁具(脸盆、浴缸、座便器价格在 600 元以下)考虑,其中居住建筑是按每 80～100 $m^2$ 建筑面积配一套卫生洁具测算指标的,若每 60 $m^2$ 建筑面积配一套卫生洁具,指标乘系数 1.55;

c. 供水方式:多层为城市管网直接供水,高层为加压泵房二次加压供水。

② 消防系统:给水管为镀锌钢管,消防泵结合器、铝合金消火栓箱、阀类主材均为国产普通产品。

③ 喷淋系统:给水管为镀锌钢管,增压装置、报警装置、喷淋头、阀类主材均为国产普通产品。

④ 关于主要设备的估价:给排水工程估算指标费用内容已包括了一般设备主材费,但不含主要设备及安装费,主要设备是指泵类设备、锅炉及热交换设备、污水处理设备。主要设备及安装调试费估价时可按设备选用的情况(型号、容量、品牌等)询价,或参照工程实例中的相应数据估价。

**表 4－11　电气工程造价估算指标**

<table>
<tr><th>序号</th><th colspan="2">项　目</th><th>指标值<br>(元/m²)</th><th>备　注</th></tr>
<tr><td>1</td><td rowspan="2">居住建筑</td><td>多层</td><td>62</td><td rowspan="2">多层为照明系统,小高层及高层包括照明、动力配电系统;<br>灯具为座灯头,小高层及高层包括应急灯</td></tr>
<tr><td>2</td><td>高层</td><td>110</td></tr>
<tr><td>3</td><td rowspan="2">办公建筑</td><td>多层</td><td>130</td><td rowspan="2">照明、动力配电系统;<br>灯具包括:荧光灯、吸顶灯、筒灯;<br>高层中另含诱导灯、应急灯</td></tr>
<tr><td>4</td><td>高层</td><td>162</td></tr>
<tr><td>5</td><td rowspan="4">教科建筑</td><td>教学楼</td><td>140</td><td rowspan="4">其中:综合楼指标为高层指标,其他为多层指标。高层教学楼,科研楼按综合楼考虑照明、动力配电系统;<br>灯具包括:荧光灯、吸顶灯</td></tr>
<tr><td>6</td><td>综合楼</td><td>160</td></tr>
<tr><td>7</td><td>幼儿园</td><td>100</td></tr>
<tr><td>8</td><td>科研</td><td>180</td></tr>
<tr><td>9</td><td rowspan="4">医疗建筑</td><td>多层门诊楼</td><td>130</td><td rowspan="4">照明、动力配电系统;<br>灯具包括:荧光灯、吸顶灯、医疗专用灯、应急灯、诱导灯等;</td></tr>
<tr><td>10</td><td>多层病房楼</td><td>140</td></tr>
<tr><td>11</td><td>高层病房楼</td><td>180</td></tr>
<tr><td>12</td><td>多层医技楼</td><td>170</td></tr>
<tr><td>13</td><td rowspan="2">宾馆建筑</td><td>多层</td><td>150</td><td rowspan="2">照明、动力配电系统;<br>灯具包括:荧光灯、吸顶灯、应急灯、诱导灯等</td></tr>
<tr><td>14</td><td>高层</td><td>200</td></tr>
<tr><td>15</td><td colspan="2">火灾报警</td><td>50～60</td><td>按火灾报警设置部位的建筑面积</td></tr>
</table>

续 表

| 序号 | 项 目 | 指标值（元/m²） | 备 注 |
|---|---|---|---|
| 16 | 网络、电话、有线电视 | 30～50 | |
| 17 | 空调动力配电系统 | 60～70 | |

说明：指标是按下列条件测算的，估算对象与下列条件不同时，应对指标作相应调整。

① 照明系统

a. 配电箱：普通照明配电箱；

b. 管线：电线管为 PVC 管、钢管暗配（其中居住建筑配管仅为 PVC 管），管内穿线为 BV 铜塑线，电缆为铜塑电缆，金属线槽走线；

c. 照明灯具，均为国产普通型灯具。

② 动力配电系统

a. 配电箱：国产普通动力配电箱；

b. 管线：电线管、焊接钢管暗配，管内穿线为 BV 铜塑线，电缆为铜塑电缆，桥架为镀锌桥架。

③ 关于主要设备的估价：电气工程估算指标费用内容已包括了一般设备主材费，但不含主要设备及安装调试费，主要设备是动力配电系统中为给排水、暖通专业设备配套的控制箱（柜）。主要设备及安装调试费估价时可按设备选用的情况（型号、容量、品牌等）询价，或参照工程实例中的相应数据估价。

**表 4-12　通风空调工程造价估算指标**

| 序号 | 项目 | 指标（元/m²） | | | | | |
|---|---|---|---|---|---|---|---|
| | | 中央空调 | | 分散式中央空调 | | 采暖 | 防排烟、通风 |
| | | 高级 | 一般 | 高级 | 一般 | | |
| 1 | 居住建筑 | | | 600 | 400 | 25 | 10 |
| 2 | 办公、一般实验、科研、门诊、医技等建筑 | 356 | 280 | 500 | 410 | 28 | 21 |
| 3 | 教学、阅览、会议、商场、娱乐、休闲、餐厅等建筑 | 444 | 350 | 525 | 430 | 32 | 22 |
| 4 | 宾馆、病房等建筑 | 400 | 310 | 500 | 410 | 30 | 22 |
| 5 | 影剧院、音乐厅、候机（车）厅、大会堂、体育馆等场馆建筑 | 730 | 600 | | | 62 | 28 |
| 4—6 | 地下室 | | | | | | 80 |

说明：

① 高级中央空调系统指主机及末端为进口、合资或国产名牌产品，系统含防排烟设置；一般中央空调系统是指主机及末端为国产普通品牌产品，系统含防排烟设置；对系统有恒温恒湿、消毒、高效净化等特殊要求时应调整指标。

② 分散式中央空调造价指标是已包含系统主机在内的完全造价指标；高级分散式中央空调指标及末端为进口、合资名牌产品，一般分散式中央空调指主机及末端为国产普通品牌产品。

③ 指标单位中的面积指通风空调工程实际发生部分的建筑面积。

④ 关于主要设备的估价：通风空调工程估算指标费用内容已包括了一般设备主材费，但不含主要设备及安装调试费，主要设备（指冷热源主机设备）估价时可按设备选用的情况（型号、容量、品牌等）询价，或参照工程实例中的相应数据估价。

（3）装饰工程造价估算指标，见表 4-13～表 4-15。

表 4－13　公共建筑估算指标

| 项目分类 | 指标值<br>元/m² | 每 m² 人工消耗指标 |
|---|---|---|
| | | (工日) |
| 图书馆 | 600～700 | 1.31 |
| 体育馆 | 1 100～1 200 | 1.56 |

项目特征：地面：石材、地砖、PVC 地板、水泥砂浆自流平；墙柱面：干挂石材、墙砖、装饰板、吸音板墙面；天棚：T 型铝合金龙骨硅钙板面、U 型轻钢龙骨纸面石膏板面、部分铝合金条(方)板龙骨；门窗：夹板门、全玻自由门、石材门套、木门套、不锈钢门套。

表 4－14　办公楼建筑估算指标

| 项目 | 指标值(元/m²) | | 每 m² 人工消耗指标 |
|---|---|---|---|
| | 门厅 | 会议室(接待室) | 不含安装 |
| 普通装饰 | 700～900 | 600～800 | 1.1 |
| 中档装饰 | 1 600～2 100 | 1 500～2 000 | 1.16～1.99 |
| 高档装饰 | 2 900～3 300 | 2 800～3 200 | 2.93～3.16 |

项目特征：地面：石材、地砖、地板、地毯；墙柱面：石材干挂、木饰面干挂、墙纸、墙砖、乳胶漆、轻钢龙骨隔墙、双层纸面石膏板；天棚：轻钢龙骨纸面石膏板刷乳胶漆、铝合金龙骨硅钙板面、铝板面；门窗：成品装饰门及门套、全玻自由门。

表 4－15　宾馆估算指标

| 项目 | 指标值(元/m²) | | 每 m² 人工消耗指标 |
|---|---|---|---|
| | 大堂 | 会议室及多功能厅 | 不含安装 |
| 普通宾馆装饰 | 1 000～1 500 | 600～1 000 | 2.04 |
| 中档宾馆装饰 | 2 800～3 200 | 1 500～2 000 | 2.64～3.51 |
| 高档宾馆装饰 | 4 000～5 000 | 3 000～3 500 | 2.56～4.32 |

项目特征：地面：石材、地砖、地板、地毯；墙柱面：成品木饰面、干挂石材、乳胶漆、餐厅包间软包、客房贴墙纸；天棚：轻钢龙骨双层纸面石膏板、铝合金龙骨矿棉板、铝合金龙骨铝扣(条)板铝；门窗：成品木饰门及门套、石材门套、全玻自由门。

## 单元测试

# 单元五　建设工程费用定额

## 第一节　建设工程费用的组成

### 一、费用定额概述

(1) 为了规范建设工程造价的计价行为，合理确定工程造价，根据《建设工程工程量清单计价规范》(GB 50500—2013)及其 9 本计算规范和《建筑安装工程费用项目组成》(建标〔2013〕44 号)等有关规定，结合我省实际情况，江苏省住房和城乡建设厅组织编制了《江苏省建设工程费用定额》(以下简称本定额)。

(2) 本定额是建设工程编制设计概算、施工图预(结)算、最高投标限价(招标控制价)、标底以及调解处理工程造价纠纷的依据；是确定投标价、工程结算审核的指导；也作为企业内部核算和制订企业定额的参考。

(3) 本定额适用于在江苏省行政区域范围内新建、扩建和改建的建筑、装饰、安装、市政、仿古建筑及园林绿化、房屋修缮、城市轨道交通工程等，与江苏省现行的建筑与装饰、安装、市政、仿古建筑及园林绿化、房屋修缮、城市交通轨道工程计价表(定额)预算定额配套使用，原相关规定与本定额不一致的，按照本定额有关规定执行。

(4) 本定额费用内容是由分部分项费、措施项目费、其他项目费、规费和税金组成。其中，现场安全文明施工措施费、规费、税金为不可竞争费，应按规定标准计取。

(5) 包工包料、包工不包料和计日工计算规定：

① 包工包料：是施工企业承包工程用工、材料、机械的方式。

② 包工不包料：是指只承包工程计价表用工的方式。施工企业自带施工机械和周转材料的工程按包工包料标准执行。

③ 点工：适用于在建设工程中由于各种因素所造成的损失、清理等不在定额范围内的用工。

④ 包工不包料、点工的临时设施应由建设单位(发包人)提供。

(6) 本定额由江苏省建设工程造价管理总站负责解释、管理。

### 二、建设工程费用的组成

建设工程费用由分部分项工程费、措施项目、其他项目费、规费和税金五部分组成。

#### (一) 分部分项工程费

分部分项工程费是指施工过程中耗费的构成工程实体性项目的各项费用，由人工费、材料费、施工机具使用费、企业管理费和利润构成。

1. 人工费：是指直接从事建筑安装工程施工的生产工人开支的各项费用，内容包括：

(1) 计日工资或计件工资：计日工资是指按计时工资标准和工作时间对已做工作付给个人的劳动报酬。计件工资是指按计件单价和生产产品的数量支付给个人的劳动报酬。

(2) 奖金：是指对超额劳动和增收节支支付给个人的劳动报酬，如节约奖、劳动竞赛奖等。

(3) 津贴补贴：是指为了补偿职工特殊或额外的劳动消耗和因其他特殊原因支付给个人的津贴，以及为了保证职工工资水平不收物价影响支付给个人的补贴，如流动施工津贴、特殊地区施工津贴、高温(寒)作业临时津贴、高空津贴等。

(4) 加班加点工资：是指按规定支付的在法定节假日工作的加班工资和在法定日工作时间外延时工作的加点工资等。

(5) 特殊情况下支付的工资：是指根据国家法律、法规和政策规定，因病、工伤、产假、计划生育假、婚丧假、事假、探亲假、定期休假、停工学习、执行国家或社会义务等原因按计时工资标准或计时工资标准的一定比例支付的工资。

2. 材料费：是指施工过程中耗费的构成工程实体的原材料、辅助材料、构配件、零件、半成品的费用和周转使用材料的摊销(或租赁)费用。内容如下：

(1) 材料原价(或供应价格)：是指材料、工程设备的出厂价格或商家供应价格。

(2) 材料运杂费：是指材料、工程设备自来源地运至工地仓库或指定地点所发生的全部费用。

(3) 运输损耗费：是指材料在运输装卸过程中不可避免的损耗。

(4) 采购及保管费：是指为组织采购、供应和保管材料、工程设备的过程中所需要的各项费用。包括采购费、仓储费、工地保管费、仓储损耗。

工程设备是指房屋建筑及其配套的构成或计划构成永久工程的一部分的机电设备、金属结构设备、仪器装置等建筑设备，包括附属工程中电气、采暖、通风空调、给排水、通信及建筑智能等为房屋功能服务的设备，不包括工艺设备。具体划分标准件见《建设工程计价设备材料划分标准》(GB/T 50531—2009)。明确由建设单位提供的建筑设备，其设备费用不作为计取税金的基数。

3. 施工机具使用费：是指施工作业所发生的施工机械、仪器仪表使用费或其租赁费，包含以下内容：

(1) 施工机械使用费：以施工机械台班耗用量乘以施工机械台班单价表示，施工机械台班单价由下列七项费用组成：

① 折旧费：指施工机械在规定的使用年限内，陆续收回其原值的费用。

② 大修理费：指施工机械按规定的大修理间隔台班进行必要的大修理，以恢复其正常功能所需的费用。

③ 经常修理费：指施工机械除大修理以外的各级保养和临时故障排除所需的费用。包括为保障机械正常运转所需替换设备与随机配备工具用具的摊销和维护费用，机械运转及日常保养所需润滑与擦拭的材料费用及机械停滞期间的维护和保养费用等。

④ 安拆费及场外运费：安拆费指施工机械(大型机械除外)在现场进行安装与拆卸所需的人工、材料、机械和试运转费用以及机械辅助设施的折旧、搭设、拆除等费用；场外运费指

施工机械整体或分体自停放地点运至施工现场或由一施工地点运至另一施工地点的运输、装卸、辅助材料及架线等费用。

⑤ 人工费:指机上司机(司炉)和其他操作人员的工作日人工费。

⑥ 燃料动力费:指施工机械在运转作业中所消耗的各种燃料及水、电等。

⑦ 税费:指施工机械按照国家规定应缴纳的车船使用税、保险费及年检费等。

(2) 仪器仪表使用费:是指工程施工所需使用的仪器仪表的摊销及维修费用。

4. 企业管理费:是指施工企业组织施工生产和经营管理所需的费用。内容包括:

(1) 管理人员工资:按指规定支付给管理人员的计时工资、奖金、津贴补贴、加班加点工资、奖金及特殊情况下支付的工资等。

(2) 办公费:指企业办公用文具、纸张、账表、印刷、邮电、书报、办公软件、会议、监控、水电、燃煤、燃气采暖、降温等费用。

(3) 差旅交通费:是指职工因公出差、调动工作的差旅费、住勤补助费,市内交通费和误餐补助费,职工探亲路费,劳动力招募费,职工退休、退职一次性路费,工伤人员就医路费,工地转移费以及管理部门使用的交通工具的油料、燃料等费用。

(4) 固定资产使用费:指企业及其附属单位使用的属于固定资产的房屋、设备、仪器等的折旧、大修、维修或租赁费。

(5) 生产工具用具使用费:指企业施工生产和管理使用不属于固定资产的工具、器具、家具、交通工具和检验、试验、测绘、消防用具等的购置、维修和摊销费,以及支付给工人自备工具的补贴费。

(6) 劳动保险和职工福利费:是指由企业支付的职工退职金、按规定支付给离休干部的经费,集体福利费、夏季防暑降温、冬季取暖补贴、上下班交通补贴等。

(7) 劳动保护费:是企业按规定发放的劳动保护用品的支出。如工作服、手套、防暑降温饮料、高危险工作工种施工作业防护补贴以及在有碍身体健康的环境中施工的保健费用等。

(8) 工会经费:是指企业按《工会法》规定的全部职工工资总额比例计提的工会经费。

(9) 职工教育经费:是指按职工工资总额的规定比例计提,企业为职工进行专业技术和职业技能培训,专业技术人员继续教育、职工职业技能鉴定、职业资格认定以及根据需要对职工进行各类文化教育所发生的费用。

(10) 财产保险费:指企业管理用财产、车辆的保险费用。

(11) 财务费:是指企业为施工生产筹集资金或提供预付款担保、履约担保、职工工资支付担保等所发生的各种费用。

(12) 税金:指企业按规定交纳的房产税、车船使用税、土地使用税、印花税等。

(13) 意外伤害保险费:企业为从事危险作业的建筑安装施工人员支付的意外伤害保险费。

(14) 工程定位复测费:是指工程施工过程中进行全部施工测量放线和复测工作的费用。建筑物沉降观测由建设单位直接委托有资质的检测机构完成,费用由建设单位承担,不包含在工程定位复测费中。

(15) 检验试验费:是施工企业按规定进行建筑材料、构配件等试样的制作、封样、送达和其他为保证工程质量进行的材料检验试验工作所发生的费用。不包括新结构、新材料的试验费，对构件（如幕墙、预制桩、门窗）做破坏性试验所发生的试验费用和根据国家标准和施工验收规范要求对材料、构配件和建筑物工程质量检测检验发生的第三方检测费用，对此类检测发生的费用，由建设单位承担，在工程建设其他费用中列支。但对施工企业提供的具有合格证明的材料进行检测不合格的，该检测费用由施工企业支付。

(16) 非建设单位所为四小时以内的临时停水停电费用。

(17) 企业技术研发费：建筑企业为转型升级、提高管理水平所进行的技术转让、科技研发、信息化建设等费用。

(18) 其他：业务招待费、远地施工增加费、劳务培训费、绿化费、广告费、公证费、法律顾问费、审计费、咨询费、投标费、保险费、联防费、施工现场生活用水电费等。

(19) 城市建设维护税、教育费附加及地方教育附加。

5. 利润：是指施工企业完成所承包工程获得的盈利。

### （二）措施项目费

措施项目费是指为完成工程项目施工所必须发生的施工准备和施工过程中技术、生活、安全、环境保护等方面的非工程实体项目费用。

根据现行工程量清单计算规范，措施项目费分为单价措施项目与总价措施项目。

**1. 单价措施项目**

是指在现行工程量清单计算规范中有对应工程量计算规则，按人工费、材料费、施工机具使用费、管理费和利润形式组成综合单价的措施项目。单价措施项目根据专业不同，包括项目分别为：

(1) 建筑与装饰工程：脚手架工程；混凝土模板及支架(撑)；垂直运输；超高施工增加；大型机械设备进出场及安拆；施工排水、降水。

(2) 安装工程：吊装加固；金属抱杆安装、拆除、移位；平台铺设、拆除；顶升、提升装置安装、拆除；大型设备专用机具安装、拆除；焊接工艺评定；胎(模)具制作、安装、拆除；防护棚制作安装拆除；特殊地区施工增加；安装与生产同时进行施工增加；在有害身体健康环境中施工增加；工程系统检测、检验；设备、管道施工的安全、防冻和焊接保护；焦炉烘炉、热态工程；管道安拆后的充气保护；隧道内施工的通风、供水、供气、供电、照明及通信设施；脚手架搭拆；高层施工增加；其他措施(工业炉烘炉、设备负荷试运转、联合试运转、生产准备试运转及安装工程设备场外运输)；大型机械设备进出场及安拆。

(3) 市政工程：脚手架工程；混凝土模板及支架；围堰；便道及便桥；洞内临时设施；大型机械设备进出场及安拆；施工排水、降水；地下交叉管线处理、监测、监控。

(4) 仿古建筑工程：脚手架工程；混凝土模板及支架；垂直运输；超高施工增加；大型机械设备进出场及安拆；施工降水排水。

园林绿化工程：脚手架工程；模板工程；树木支撑架、草绳绕树干、搭设遮阴(防寒)棚工程；围堰、排水工程。

(5) 房屋修缮工程中土建、加固部分单价措施项目设置同建筑与装饰工程；安装部分单价措施项目设置同安装工程。

(6) 城市轨道交通工程：围堰及筑岛；便道及便桥；脚手架；支架；洞内临时设施；临时支撑；施工监测、监控；大型机械设备进出场及安拆；施工排水、降水；设施、处理、干扰及交通导行(混凝土模板及安拆费用包含在分部分项工程中的混凝土清单中)。

单价措施项目中各措施项目的工程量清单项目设置、项目特征、计量单位、工程量计算规则及工作内容均按现行工程量清单计算规范执行。

2. **总价措施项目**

是指在现行工程量清单计算规范中无工程量计算规则，以总价(或计算基础乘费率)计算的措施项目。其中各专业都可能发生的通用的总价措施项目如下：

(1) 安全文明施工：为满足施工安全、文明、绿色施工以及环境保护、职工健康生活所需要的各项费用。本项为不可竞争费用。

① 环境保护包含范围：现场施工机械设备降低噪音、防扰民措施费用；水泥和其他易飞扬细颗粒建筑材料密闭存放或采取覆盖措施等费用；工程防扬尘洒水费用；土石方、建渣外运车辆冲洗、防洒漏等费用；现场污染源的控制、生活垃圾清理外运、场地排水排污措施的费用；其他环境保护措施费用。

② 文明施工包含范围："五牌一图"的费用；现场围挡的墙面美化(包括内外粉刷、刷白、标语等)、压顶装饰费用；现场厕所便槽刷白、贴面砖，水泥砂浆地面或地砖费用，建筑物内临时便溺设施费用；其他施工现场临时设施的装饰装修、美化措施费用；现场生活卫生设施费用；符合卫生要求的饮水设备、淋浴、消毒等设施费用；生活用洁净燃料费用；防煤气中毒、防蚊虫叮咬等措施费用；施工现场操作场地的硬化费用；现场绿化费用、治安综合治理费用、现场电子监控设备费用；现场配备医药保健器材、物品费用和急救人员培训费用；用于现场工人的防暑降温费、电风扇、空调等设备及用电费用；其他文明施工措施费用。

③ 安全施工包含范围：安全资料、特殊作业专项方案的编制，安全施工标志的购置及安全宣传的费用；"三宝"(安全帽、安全带、安全网)、"四口"(楼梯口、电梯井口、通道口、预留洞口)，"五临边"(阳台围边、楼板围边、屋面围边、槽坑围边、卸料平台两侧)，水平防护架、垂直防护架、外架封闭等防护的费用；施工安全用电的费用，包括配电箱三级配电、两级保护装置要求、外电防护措施；起重机、塔吊等起重设备(含井架、门架)及外用电梯的安全防护措施(含警示标志)费用及卸料平台的临边防护、层间安全门、防护棚等设施费用；建筑工地起重机械的检验检测费用；施工机具防护棚及其围栏的安全保护设施费用；施工安全防护通道的费用；工人的安全防护用品、用具购置费用；消防设施与消防器材的配置费用；电气保护、安全照明设施费用；其他安全防护措施费用。

④ 绿色施工包含范围：建筑垃圾分类收集及回收利用费用；夜间焊接作业及大型照明灯具的挡光措施费用；施工现场办公区、生活区使用节水器具及节能灯具增加费用；施工现场基坑降水储存使用、雨水收集系统、冲洗设备用水回收利用设施增加费用；施工现场生活区厕所化粪池、厨房隔油池设置及清理费用；从事有毒、有害、有刺激性气味和强光、噪音施工人员的防护器具；现场危险设备、地段、有毒物品存放地安全标识和防护措施；厕所、卫生设施、排水沟、阴暗潮湿地带定期消毒费用；保障现场施工人员劳动强度和工作时间符合国家标准《工作场所物理因素测量　第四部分：体力劳动强度等级》(GBZ/T　/89.10—2007)的增加费用等。

(2) 夜间施工：规范、规程要求正常作业而发生的夜班补助、夜间施工降效、夜间照明设施的安拆、摊销、照明用电以及夜间施工现场交通标志、安全标牌、警示灯安拆等费用。

(3) 二次搬运：由于施工场地限制而发生的材料、成品、半成品等一次运输不能到达堆放地点，必须进行的二次或多次搬运费用。

(4) 冬雨季施工:在冬雨季施工期间所增加的费用。包括冬季作业、临时取暖、建筑物门窗洞口封闭及防雨措施、排水、工效降低、防冻等费用。不包括设计要求混凝土内添加防冻剂的费用。

(5) 地上、地下设施、建筑物的临时保护设施:在工程施工过程中,对已建成的地上、地下设施和建筑物进行的遮盖、封闭、隔离等必要保护措施。在园林绿化工程中,还包括对已有植物的保护。

(6) 已完工程及设备保护费:对已完工程及设备采取的覆盖、包裹、封闭、隔离等必要保护措施所发生的费用。

(7) 临时设施费:施工企业为进行工程施工所必需的生活和生产用的临时建筑物、构筑物和其他临时设施的搭设、使用、拆除等费用。

① 临时设施包括:临时宿舍、文化福利及公用事业房屋与构筑物、仓库、办公室、加工场等。

② 建筑、装饰、安装、修缮、古建园林工程规定范围内(建筑物沿边起 50 米以内,多幢建筑两幢间隔 50 米内)围墙、临时道路、水电、管线和轨道垫层等。

③ 市政工程施工现场在定额基本运距范围内的临时给水、排水、供电、供热线路(不包括变压器、锅炉等设备)、临时道路。不包括交通疏解分流通道、现场与公路(市政道路)的连接道路、道路工程的护栏(围挡),也不包括单独的管道工程或单独的驳岸工程施工需要的沿线简易道路。建设单位同意在施工就近地点临时修建混凝土构件预制场所发生的费用,应向建设单位结算。

(8) 赶工措施费:施工合同工期比我省现行工期定额提前,施工企业为缩短工期所发生的费用。如施工过程中,发包人要求实际工期比合同工期提前时,由发承包双方另行约定。

(9) 工程按质论价:施工合同约定质量标准超过国家规定,施工企业完成工程质量达到经有权部。门鉴定或评定为优质工程所必须增加的施工成本费。

(10) 建筑工人实名制费:建筑工人实名制费用包含:封闭式施工现场的进出场门禁系统和生物识别电子打卡设备,非封闭式施工现场的移动定位、电子围栏考勤管理设备,现场显示屏,实名制系统使用以及管理费用等。

(11) 特殊条件下施工增加费:地下不明障碍物、铁路、航空、航运等交通干扰而发生的施工降效费用。总价措施项目中,除通用措施项目外,各专业措施项目如下:

① 建筑与装饰工程:

a. 非夜间施工照明:为保证工程施工正常进行,在如地下室、地宫等特殊施工部位施工时所采用的照明设备的安拆、维护、摊销及照明用电等费用。

b. 住宅工程分户验收:按《住宅工程质量分户验收规程》(DGJ 32/TJ 103—2010)的要求对住宅工程进行专门验收(包括蓄水、门窗淋水等)发生的费用。室内空气污染测试不包含在住宅工程分户验收费用中,由建设单位直接委托检测机构完成,由建设单位承担费用。

② 安装工程:

a. 非夜间施工照明:为保证工程施工正常进行,在如地下(暗)室、设备及大口径管道内等特殊施工部位施工时所采用的照明设备的安拆、维护及照明用电、通风等;在地下(暗)室等施工引起的人工工效降低以及由于人工工效降低引起的机械降效。

b. 住宅工程分户验收:按《住宅工程质量分户验收规程》(DGJ 32/TJ 103—2010)的要求

对住宅工程安装项目进行专门验收发生的费用。

③ 市政工程行车、行人干扰:由于施工受行车、行人的干扰导致的人工、机械降效以及为了行车、行人安全而现场增设的维护交通与疏导人员费用。

④ 仿古建筑及园林绿化工程:

a. 非夜间施工照明:为保证工程施工正常进行,仿古建筑工程在地下室、地宫等园林绿化工程在假山石洞等特殊施工部位施工时所采用的照明设备的安拆、维护及照明用电等。

b. 反季节栽植影响措施:因反季节栽植在增加材料、人工、防护、养护、管理等方面采取的种植措施以及保证成活率措施。

### (三) 其他项目费

#### 1. 暂列金额

建设单位在工程量清单中暂定并包括在工程合同价款中的一笔款项。用于施工合同签订时尚未确定或者不可预见的所需材料、工程设备、服务的采购,施工中可能发生的工程变更、合同约定调整因素出现时的工程价款调整以及发生的索赔、现场签证确认等的费用。由建设单位根据工程特点,按有关计价规定估算;施工过程中由建设单位掌握使用,扣除合同价款调整后如有余额,归建设单位。

#### 2. 暂估价

建设单位在工程量清单中提供的用于支付必然发生但暂时不能确定价格的材料的单价以及专业工程的金额。包括材料暂估价和专业工程暂估价。材料暂估价在清单综合单价中考虑,不计入暂估价汇总。

#### 3. 计日工

是指在施工过程中,施工企业完成建设单位提出的施工图纸以外的零星项目或工作所需的费用。

#### 4. 总承包服务费

是指总承包人为配合、协调建设单位进行的专业工程发包,对建设单位自行采购的材料、工程设备等进行保管以及施工现场管理、竣工资料汇总整理等服务所需的费用。总包服务范围由建设单位在招标文件中明示,并且发承包双方在施工合同中约定。

### (四) 规费

规费是指有权部门规定必须缴纳的费用,属不可竞争费。

1. 工程排污费:包括废气、污水、固体及危险废物和噪声排污费等内容。

(注:根据江苏省住房和城乡建设厅〔2018〕第 24 号文,“工程排污费”调整为“环境保护税”,由建设单位直接缴纳,不再列入建安工程费范围)

2. 社会保险费:企业应为职工缴纳的养老保险、医疗保险、失业保险、工伤保险和生育保险等五项社会保障方面的费用。为确保施工企业各类从业人员社会保障权益落到实处,省、市有关部门可根据实际情况制定管理办法。

3. 住房公积金:企业应为职工缴纳的住房公积金。

### (五) 税金

税金是指根据建筑服务销售价格,按规定税率计算的增值税销项税额。

按照《关于全面推开营业税改征增值税试点的通知》(财税〔2016〕36 号)，营改增后，建设工程计价分为一般计税方法和简易计税方法，除清包工工程、甲供工程、合同开工日期在2016 年 4 月 30 日前的建设工程可采用简易计税方法外，其他一般纳税人提供建筑服务的建设工程，采用一般计税方法。

**1. 增值税的一般计税方法**

(1) 采用营改增后一般计税方法的，建设工程费用组成中的分部分项工程费、措施项目费、其他项目费、规费中均不包含增值税可抵扣进项税额(即各项费用皆采用“不含税价”计算)；

(2) 甲供材料和甲供设备费用应在计取现场保管费后，在税前扣除；

(3) 税金中不包括:城市建设维护税、教育费附加及地方教育附加，此部分费用计入企业管理费中。

**2. 增值税的简易计税方法**

(1) 营改增后，采用简易计税方式的建设工程费用组成中，分部分项工程费、措施项目费、其他项目费的组成，均与《江苏省建设工程费用定额》(2014 年)原规定一致，包含增值税可抵扣进项税额(即各项费用皆采用“含税价”计算)。

(2) 甲供材料和甲供设备费用应在计取现场保管费后，在税前扣除。

(3) 税金包含增值税应纳税额、城市建设维护税、教育费附加及地方教育附加。

(4) 城市建设维护税是为加强城市公共事业和公共设施的维护建设而开征的税，它以附加形式依附于增值税。

(5) 教育费附加是为发展地方教育事业，扩大教育经费来源而征收的税种。它以增值税的税额为计征基数，分为教育费附加及地方教育附加。

# 第二节　工程类别的划分

## 一、建筑工程类别划分及说明

### 1. 建筑工程类别划分表见表 5 - 1

**表 5 - 1　建筑工程类别划分表**

| 工程类型 | | | 单位 | 工程类别划分标准 | | |
|---|---|---|---|---|---|---|
| | | | | 一类 | 二类 | 三类 |
| 工业建筑 | 单层 | 檐口高度 | m | ≥20 | ≥16 | <16 |
| | | 跨度 | m | ≥24 | ≥18 | <18 |
| | 多层 | 檐口高度 | m | ≥30 | ≥18 | <18 |
| 民用建筑 | 住宅 | 檐口高度 | m | ≥62 | ≥34 | <34 |
| | | 层数 | 层 | ≥22 | ≥12 | <12 |
| | 公共建筑 | 檐口高度 | m | ≥56 | ≥30 | <30 |
| | | 层数 | 层 | ≥18 | ≥10 | <10 |

续 表

| 工程类型 | | | 单位 | 工程类别划分标准 | | |
|---|---|---|---|---|---|---|
| | | | | 一类 | 二类 | 三类 |
| 构筑物 | 烟囱 | 砼结构高度 | m | ≥100 | ≥50 | <50 |
| | | 砖结构高度 | m | ≥50 | ≥30 | <30 |
| | 水塔 | 高度 | m | ≥40 | ≥30 | <30 |
| | 筒仓 | 高度 | m | ≥30 | ≥20 | <20 |
| | 贮池 | 容积(单体) | $m^3$ | ≥2 000 | ≥1 000 | <1 000 |
| | 栈桥 | 高度 | m | — | ≥30 | <30 |
| | | 跨度 | m | — | ≥30 | <30 |
| 大型机械吊装工程 | | 檐口高度 | m | ≥20 | ≥16 | <16 |
| | | 跨度 | m | ≥24 | ≥18 | <18 |
| 大型土石方工程 | | 单位工程挖或填土（石)方容量 | $m^3$ | ≥5 000 | | |
| 桩基础工程 | | 预制砼(钢板)桩长 | m | ≥30 | ≥20 | <20 |
| | | 灌注砼桩长 | m | ≥50 | ≥30 | <30 |

2. **建筑工程类别划分说明**

(1) 工程类别划分是根据不同的单位工程按施工难易程度，结合我省建筑工程项目管理水平确定的。

(2) 不同层数组成的单位工程，当高层部分的面积(竖向切分)占总面积30%以上时，按高层的指标确定工程类别，不足30%的按低层指标确定工程类别。

(3) 建筑物、构筑物高度系指设计室外地面标高至檐口顶标高(不包括女儿墙，高出屋面电梯间、楼梯间、水箱间等的高度)，跨度系指轴线之间的宽度。

(4) 工业建筑工程：指从事物质生产和直接为生产服务的建筑工程，主要包括生产(加工)车间、实验车间、仓库、独立实验室、化验室、民用锅炉房、变电所和其他生产用建筑工程。

(5) 民用建筑工程：指直接用于满足人们的物质和文化生活需要的非生产性建筑，主要包括：商住楼、综合楼、办公楼、教学楼、宾馆、宿舍及其他民用建筑工程。

(6) 构筑物工程：指与工业与民用建筑工程相配套且独立于工业与民用建筑的工程，主要包括烟囱、水塔、仓类、池类、栈桥等。

(7) 桩基础工程：指天然地基上的浅基础不能满足建筑物、构筑物稳定要求而采用的一种深基础。主要包括各种现浇和预制桩。

(8) 强夯法加固地基、基础钢筋混凝土支撑和钢支撑均按建筑工程二类标准执行。深层搅拌桩、粉喷桩、基坑锚喷护壁按制作兼打桩三类标准执行。专业预应力张拉施工如主体为一类工程按一类工程取费；主体为二、三类工程均按二类工程取费。钢板桩按打预制桩标准取费。

(9) 预制构件制作工程类别划分按相应的建筑工程类别划分标准执行。

(10) 与建筑物配套的零星项目，如化粪池、检查井、围墙、道路、下水道、挡土墙等，均按三类标准执行。

(11) 建筑物加层扩建时要与原建筑物一并考虑套用类别标准。

(12) 确定类别时,地下室、半地下室和层高小于 2.2 米的楼层均不计算层数。空间可利用的坡屋顶或顶楼的跃层,当净高超过 2.1 米部分的水平面积与标准层建筑面积相比达到 50%以上时应计算层数。底层车库(不包括地下或半地下车库)在设计室外地面以上部分不小于 2.2 米时,应计算层数。

(13) 基槽坑回填砂、灰土、碎石工程量不执行大型土石方工程,按相应的主体建筑工程类别标准执行。

(14) 凡工程类别标准中,有两个指标控制的,只要满足其中一个指标即可按该指标确定工程类别。

(15) 单独地下室工程按二类标准取费,如地下室建筑面积≥10 000 $m^2$ 则按一类标准取费。

(16) 有地下室的建筑物,工程类别不低于二类。

(17) 多栋建筑物下有连通的地下室时,地上建筑物的工程类别同有地下室的建筑物;其地下室部分的工程类别同单独地下室工程。

(18) 桩基工程类别有不同桩长时,按照超过 30%根数的设计最大桩长为准。同一单位工程内有不同类型的桩时,应分别计算。

(19) 施工现场完成加工制作的钢结构工程费用标准按照建筑工程执行。

(20) 加工厂完成制作,到施工现场安装的钢结构工程(包括网架屋面),安全文明施工措施费按单独发包的构件吊装标准执行。加工厂为施工企业自有的,钢结构除安全文明施工措施费外,其他费用标准按建筑工程执行。钢结构为企业成品购入的,钢结构以成品预算价格计入材料费,费用标准按照单独发包的构件吊装工程执行。

(21) 在确定工程类别时,对于工程施工难度很大的(如建筑造型、结构复杂,采用新的施工工艺的工程等),以及工程类别标准中未包括的特殊工程,如展览中心、影剧院、体育馆、游泳馆等,由当地工程造价管理机构根据具体情况确定,报上级造价管理机构备案。

## 二、单独装饰工程类别划分及说明

(1) 单独装饰工程是指建设单位单独发包的装饰工程,不分工程类别。

(2) 幕墙工程按照单独装饰工程取费。

## 三、安装工程类别划分及说明

### 1. 安装工程类别划分表

**表 5-2　安装工程类别划分表**

| 一类工程 |
| --- |
| (1) 10 kV 变配电装置。<br>(2) 10 kV 电缆敷设工程或实物量在 5 km 以上的单独 6 kV(含 6 kV)电缆敷设分项工程。<br>(3)4 锅炉单炉蒸发量在 10 t/h(含 10 t/h)以上的锅炉安装及其相配套的设备、管道、电气工程。<br>(4) 建筑物使用空调面积在 15 000 $m^2$ 以上的单独中央空调分项安装工程。<br>(5) 建筑物使用通风面积在 15 000 $m^2$ 以上的通风工程。<br>(6) 运行速度在 1.75 m/s 以上的单独自动电梯分项安装工程。<br>(7) 建筑面积在 15 000 m 以上的建筑智能化系统设备安装工程和消防工程。<br>(8) 24 层以上的水电安装工程。<br>(9) 工业安装工程一类项目(见表 5-3)。 |

续 表

| 二类工程 |
| --- |
| (1) 除一类范围以外的变配电装置和 10 kV 以内架空线路工程。<br>(2) 除一类范围以外且在 400 V 以上的电缆敷设工程。<br>(3) 除一类范围以外的各类工业设备安装、车间工艺设备安装及其相配套的管道、电气工程。<br>(4) 锅炉锅炉单炉蒸发量在 10 t/h 以内的锅炉安装及其相配套的设备、管道、电气工程。<br>(5) 建筑物使用空调面积在 15 000 $m^2$ 以内，5 000 $m^2$ 以上的单独中央空调分项安装工程。<br>(6) 建筑物使用通风面积在 15 000 $m^2$ 以内，5 000 $m^2$ 以上的通风工程。<br>(7) 除一类范围以外的单独自动扶梯、自动或半自动电梯分项安装工程。<br>(8) 除一类范围以外的建筑智能化系统设备安装工程和消防工程。<br>(9) 8 层以上或建筑面积在 10 000 $m^2$ 以上建筑的水电安装工程。 |
| 三类工程 |
| 除一、二类范围以外的其他各类安装工程 |

## 2. 工业安装工程一类工程项目表

**表 5-3　工业安装工程一类工程项目表**

(1) 洁净要求不小于一万级的单位工程。
(2) 焊口有探伤要求的工艺管道、热力管道、煤气管道、供水(含循环水)管道等工程。
(3) 易燃、易爆、有毒、有害介质管道工程(GB 5044 职工性接触毒物危害程度分级)。
(4) 防爆电气、仪表安装工程。
(5) 各种类气罐、不锈钢及有色金属贮罐。碳钢贮罐容积单只≥1 000 $m^3$。
(6) 压力容器制作安装。
(7) 设备单重≥10 t/台或设备本体高度≥10 m。
(8) 空分设备安装工程。
(9) 起重运输设备：
　① 双梁桥式起重机：起重量≥50/10 t 或轨距≥21.5 m 或轨道高度≥15 m
　② 龙门式起重机：起重量≥20 t
　③ 皮带运输机：(1) 宽≥650 mm　斜度≥10°；
　　　　　　　　(2) 宽≥650 mm　总长度≥50 m；
　　　　　　　　(3) 宽≥1 000 mm。
(10) 锻压设备：
　① 机械压力：压力≥250 t；
　② 液压机：压力≥315 t；
　③ 自动锻压机：压力≥5 t。
(11) 塔类设备安装工程。
(12) 炉窑类：① 回转窑：直径≥1.5 m；
　　　　　　② 各类含有毒气体炉窑。
(13) 总实物量超过 50 $m^3$ 的炉窑砌筑工程。
(14) 专业电气调试(电压等级在 500 v 以上)与工业自动化仪表调试。
(15) 公共安装工程中的煤气发生炉、液化站、制氧站及其配套的设备、管道、电气工程。

## 3. 安装工程类别划分说明

(1) 安装工程以分项工程确定工程类别。

(2) 在一个单位工程中有几种不同类别组成，应分别确定工程类别。

(3) 改建、装修工程中的安装工程参照相应标准确定工程类别。

(4) 多栋建筑物下有连通的地下室或单独地下室工程，地下室部分水电安装按二类标准取费，如地下室建筑面积≥10 000 $m^2$，则地下室部分水电安装按一类标准取费。

(5) 楼宇亮化、室外泛光照明工程按照安装工程三类取费。

(6) 上表中未包括的特殊工程，如影剧院、体育馆等，由当地工程造价管理机构根据工程实际情况予以核定，并报上级造价管理机构备案。

## 四、市政工程类别划分及说明

### 1. 市政工程类别划分表

**表 5-4　市政工程类别划分表**

| 序号 | 项　　目 | | 单 位 | 一类工程 | 二类工程 | 三类工程 |
|---|---|---|---|---|---|---|
| 一 | 道路工程 | 结构层厚度 | cm | ≥65 | ≥55 | <55 |
| | | 路幅宽度 | m | ≥60 | ≥40 | <40 |
| 二 | 桥梁工程 | 单跨长度 | m | ≥40 | ≥20 | <20 |
| | | 桥梁总长 | m | ≥200 | ≥100 | <100 |
| 三 | 排水工程 | 雨水管道直径 | mm | ≥1 500 | ≥1 000 | <1 000 |
| | | 污水管道直径 | mm | ≥1 000 | ≥600 | <600 |
| 四 | 水工构筑物(设计能力) | 泵站(地下部分) | 万吨/日 | ≥20 | ≥10 | <10 |
| | | 污水处理厂(池类) | 万吨/日 | ≥10 | ≥5 | <5 |
| | | 自来水厂(池类) | 万吨/日 | ≥20 | ≥10 | <10 |
| 五 | 防洪堤<br>挡土墙 | 实浇(砌)体积 | $m^3$ | ≥3 500 | ≥2 500 | <2 500 |
| | | 高度 | m | ≥4 | ≥3 | <3 |
| 六 | 给水工程 | 主管直径 | mm | ≥1 000 | ≥800 | <800 |
| 七 | 燃气与集中供热工程 | 主管直径 | mm | ≥500 | ≥300 | <300 |
| 八 | 大型土石方工程 | 挖或填土(石)方容量 | $m^3$ | ≥5 000 | | |

### 2. 市政工程类别划分说明

(1) 工程类别划分是根据不同的标段内的单位工程的施工难易程度等，结合市政工程实际情况划分确定的。

(2) 工程类别划分以标段内的单位工程为准，一个单项工程中如有几个不同类别的单位工程组成，其工程类别分别确定。

(3) 单位工程的类别划分按主体工程确定，附属工程按主体工程类别取定。

(4) 通用项目的类别划分按主体工程确定。

(5) 凡工程类别标准中，道路工程、防洪堤防、挡土墙、桥梁工程有两个指标控制的必须同时满足两个指标确定工程类别。

(6) 道路路幅宽度为包含绿岛及人行道宽度即总宽度，结构层厚度指设计标准横断面厚度。

(7) 道路改造工程按改造后的道路路幅宽度标准确定工程类别。

(8) 桥梁的总长度是指两个桥台结构最外边线之间的长度。

(9) 排水管道工程按主干管的管径确定工程类别。主干管是指标段内单位工程中长度最长的干管。

(10) 箱涵、方涵套用桥梁工程三类标准。

(11) 市政隧道工程套用桥梁工程二类标准。

(12) 10 000 平方米以上广场为道路二类,以下为道路三类。

(13) 土石方工程量包含弹软土基处理、坑槽内实体结构以上路基部位(不包括道路结构层部分)的素土、砂,碎石回填工程量。大型土石方应按标段内的单位工程进行划分。

(14) 上表中未包括的市政工程,其工程类别由当地工程造价管理机构根据实际情况予以核定,并报上级工程造价管理机构备案。

## 五、仿古建筑及园林绿化工程类别划分及说明

### 1. 仿古建筑及园林绿化工程类别划分表

**表 5-5　仿古建筑及园林绿化工程类别划分表**

| 序号 | 类别<br>项目(单位) | | | 一类 | 二类 | 三类 |
|---|---|---|---|---|---|---|
| 一 | 楼阁 | 单层 | 屋面形式 | 重檐或斗拱 | — | — |
| | 庙宇 | | 建筑面积(m²) | ≥500 | ≥150 | <150 |
| | 厅堂 | 多层 | 屋面形式 | 重檐或斗拱 | | |
| | 廊 | | 建筑面积(m²) | ≥800 | ≥300 | <300 |
| 二 | 古塔(高度 m) | | | ≥25 | <25 | — |
| 三 | 牌楼 | | | 有斗拱 | — | 无斗拱 |
| 四 | 城墙(高度 m) | | | ≥10 | ≥8 | <8 |
| 五 | 牌科墙门、砖细照墙 | | | 有斗拱 | | |
| 六 | 亭 | | | 重檐亭 | — | — |
| | | | | 海棠亭 | | |
| 七 | 古戏台 | | | 有斗拱 | 无斗拱 | — |
| 八 | 船舫 | | | 船舫 | — | — |
| 九 | 桥 | | | ≥三孔拱桥 | ≥单孔拱桥 | 平桥 |
| 十 | 大型土石方工程 | | | 挖或填土(石)方容量≥5 000 m³ | | |
| 十一 | 园林工程 | 公园广场 | 园路、园桥、园林小品及绿化部分占地面积(m²) | ≥20 000 | ≥10 000 | <10 000 |
| | | 庭园 | | ≥2 000 | ≥1 000 | <1 000 |
| | | 屋顶 | | ≥500 | ≥300 | <300 |
| | | 道路及其他 | | ≥8 000 | ≥4 000 | <4 000 |

2. 仿古建筑及园林绿化工程类别划分说明

工程类别划分是根据不同的单位工程，按施工难易程度，结合我省建筑市场近年来施工项目的实际情况确定。

(1) 仿古建筑工程：指仿照古代式样而运用现代结构材料技术建造的建筑工程。例如有：宫殿、寺庙、楼阁、厅堂、古戏台、古塔、牌楼(牌坊)、亭、船舫等。

(2) 园林绿化工程：指公园、庭园、游览区、住宅小区、广场、厂区等处的园路、园桥、园林小品及绿化，市政工程项目中的景观及绿化工程等。本费用计算规则不适用大规模的植树造林以及苗圃内项目。

(3) 古塔高度系指设计室外地面标高至塔刹(宝顶)顶端高度。城墙高度系指设计室外地面标高至城墙墙身顶面高度，不包括垛口(女儿墙)高度。

(4) 园林工程的占地面积为标段内设计图示园路、园桥、园林小品及绿化部分的占地面积，其中包含水面面积。小区内绿化按园林工程中公园广场的工程类别划分标准执行。市政道路工程中的景观绿化工程占地面积以绿地面积为准。

(5) 树坑挖土、园林小品的土方项目不属于大型土石方工程项目。

(6) 预制构件制作工程类别划分按相应的仿古建筑工程标准执行。

(7) 与仿古建筑物配套的零星项目，如围墙等按相应的主体仿古建筑工程类别标准确定。

(8) 工程类别划分标准中未包括的仿古建筑按照三类工程标准执行。

(9) 工程类别标准中，有两个指标控制的，只要满足其中一个指标即可按该指标确定工程类别。

(10) 工程类别标准中未包括的特殊工程，由当地工程造价管理部门根据具体情况确定，报上级工程造价管理部门备案。

## 六、房屋修缮工程类别划分及说明

房屋修缮工程不分工程类别。

## 七、城市轨道交通工程类别划分及说明

城市轨道交通工程不分工程类别。

各单位工程设置如下：

1. 土建工程

(1) 高架及地面工程：适用于高架及地面车站、区间、车辆段、停车场等土建工程，其中的大型土石方工程除外。

(2) 隧道工程(明挖法)：适用于采用明挖法施工的地下区间土建工程，其中的大型土石方工程除外。

(3) 隧道工程(矿山法)：适用于采用矿山法施工的地下区间联络通道、过街通道及车站土建工程。

(4) 隧道工程(盾构法)：适用于采用盾构法施工的地下区间土建工程。

(5) 地下车站工程：适用于地下车站、出入口及通风道等土建工程。

(6) 大型土石方工程一：适用于高架及地面工程、不带支撑的明挖区间、放坡(土钉支

撑)开挖的车站土建工程中每个标段中挖或填土(石)方容量大于 5 000 立方米的土石方工程。

(7) 大型土石方工程二:适用于采用钢或混凝土支撑的明挖区间或车站土建工程中每个标段中挖或填土(石)方容量大于 5 000 立方米的土石方工程。

**2. 轨道工程**

适用于轨道正线、折返线、停车线、渡线及车辆段、停车场与综合基地库内外线、出入段线等线路的所有道床与轨道铺设相关工程。

**3. 安装工程**

(1) 通信、信号工程,适用于城市轨道交通工程中通信、信号系统的线路敷设、支架及所有相关设备安装工程。

(2) 供电工程:适用于城市轨道交通工程中 35kv 及以下变电所、杂散电流、电力监控、接触轨、刚性与柔性接触网、电缆、动力照明、防雷及接地装置等与供电系统相关的所有线缆敷设与设备安装工程。

(3) 智能与控制系统工程:适用于城市轨道交通工程中的综合监控系统、环境与机电设备监控系统、火灾报警系统、旅客信息系统、安全防范系统、不间断电源系统、自动售检票系统安装工程。

(4) 机电工程:适用于城市轨道交通工程中通风空调、给排水、电梯及自动扶梯、屏蔽门及安全门、人防门及防淹门等安装工程。

### 八、各专业工程交叉时的类别划分及说明

1. 电力管沟、弱电管沟(不包括穿线)如在小区、厂区范围内,按照建筑工程三类执行;如在市政道路范围内,按市政排水工程三类执行。

2. 专业工程中涉及修缮、加固部分,应另列单位工程费计价表:有专业加固资质的,加固部分按加固工程取费,修缮部分按修缮工程取费;无专业加固资质的,修缮、加固部分按修缮工程取费。

3. 在厂区、园区及小区内的道路,如按市政规范标准设计时,按市政道路工程取费;未明确时,按照土建工程三类取费。

## 第三节　工程费用取费标准及有关规定

本节中各项取费标准皆为按营改增后的一般计税方法所规定的费率,简易计税的费用同 2014 费用定额相关费率(部分特殊或新增费率,本节文中将特别注明)

### 一、企业管理费、利润取费标准及规定

(1) 企业管理费、利润计算基础按本定额规定执行。

(2) 包工不包料、点工的管理费和利润包含在工资单价中。

(3) 企业管理费、利润标准见表 5－6 至 5－12。

**表 5－6 建筑工程企业管理费和利润取费标准表**

| 序号 | 项目名称 | 计算基础 | 企业管理费率(%) | | | 利润率(%) |
|---|---|---|---|---|---|---|
| | | | 一类工程 | 二类工程 | 三类工程 | |
| 一 | 建筑工程 | 人工费＋除税施工机具使用费 | 32 | 29 | 26 | 12 |
| 二 | 单独预制构件制作 | | 15 | 13 | 11 | 6 |
| 三 | 打预制桩、单独构件吊装 | | 11 | 9 | 7 | 5 |
| 四 | 制作兼打桩 | | 17 | 15 | 12 | 7 |
| 五 | 大型土石方工程 | | 7 | | | 4 |

**表 5－7 单独装饰工程企业管理费和利润取费标准表**

| 序号 | 项目名称 | 计算基础 | 企业管理费率(%) | 利润率(%) |
|---|---|---|---|---|
| 一 | 单独装饰工程 | 人工费＋除税施工机具使用费 | 43 | 15 |

**表 5－8 安装工程企业管理费和利润取费标准表**

| 序号 | 项目名称 | 计算基础 | 企业管理费率(%) | | | 利润率(%) |
|---|---|---|---|---|---|---|
| 一 | 安装工程 | 人工费 | 一类工程 | 二类工程 | 三类工程 | |
| | | | 48 | 44 | 40 | 14 |

**表 5－9 市政工程企业管理费和利润取费标准表**

| 序号 | 项目名称 | 计算基础 | 企业管理费费率(%) | | | 利润率(%) |
|---|---|---|---|---|---|---|
| | | | 一类工程 | 二类工程 | 三类工程 | |
| 一 | 通用项目、道路、排水工程 | 人工费＋除税施工机具使用费 | 26 | 23 | 20 | 10 |
| 二 | 桥梁、水工构筑物 | 人工费＋除税施工机具使用费 | 35 | 32 | 29 | 10 |
| 三 | 给水、燃气与集中供热 | 人工费 | 45 | 41 | 37 | 13 |
| 四 | 路灯及交通设施工程 | 人工费 | 43 | | | 13 |
| 五 | 大型土石方工程 | 人工费＋除税施工机具使用费 | 7 | | | 4 |

**表 5－10 仿古建筑及园林绿化工程企业管理费和利润取费标准表**

| 序号 | 项目名称 | 计算基础 | 企业管理费率(%) | | | 利润率(%) |
|---|---|---|---|---|---|---|
| | | | 一类工程 | 二类工程 | 三类工程 | |
| 一 | 仿古建筑工程 | 人工费＋除税施工机具使用费 | 48 | 43 | 38 | 12 |
| 二 | 园林绿化工程 | 人工费 | 29 | 24 | 19 | 14 |
| 三 | 大型土石方工程 | 人工费＋除税施工机具使用费 | 7 | 4 | | |

**表 5－11　房屋修缮工程企业管理费和利润取费标准表**

| 序号 | 项目名称 | | 计算基础 | 企业管理费率(%) | 利润率(%) |
|---|---|---|---|---|---|
| 一 | 修缮工程 | 建筑工程部分 | 人工费＋除税施工机具使用费 | 26 | 12 |
| 二 | | 安装工程部分 | 人工费 | 44 | 14 |
| 三 | 单独拆除工程 | | 人工费＋除税施工机具使用费 | 11 | 5 |
| 四 | 单独加固工程 | | | 36 | 12 |

**表 5－12　城市轨道交通工程企业管理费和利润取费标准表**

| 序号 | 项目名称 | 计算基础 | 企业管理费率(%) | 利润率(%) |
|---|---|---|---|---|
| 一 | 高架及地面工程 | 人工费＋除税施工机具使用费 | 34 | 10 |
| 二 | 隧道工程(明挖法)及地下车站工程 | | 38 | 11 |
| 三 | 隧道工程(矿山法) | | 29 | 10 |
| 四 | 隧道工程(盾构法) | | 22 | 9 |
| 五 | 轨道工程 | | 61 | 13 |
| 六 | 安装工程 | 人工费 | 44 | 14 |
| 七 | 大型土石方工程一 | 人工费＋除税施工机具使用费 | 9 | 5 |
| | 大型土石方工程二 | 人工费＋除税施工机具使用费 | 15 | 6 |

## 二、措施项目费及安全文明施工措施费取费标准及规定

(1) 单价措施项目以清单工程量乘以综合单价计算。综合单价按照各专业计价定额中的规定,依据设计图纸和经建设方认可的施工方案进行组价。

(2) 总价措施项目中部分以费率计算的措施项目费率标准见表 5－13 至 5－17,其计费基础为:分部分项工程费＋单价措施项目费－除税工程设备费;其他总价措施项目,按项计取,综合单价按实际或可能发生的费用进行计算。

(3) 优质优价费、安全文明施工费(基本费、省级标化工地增加费、扬尘污染防制增加费)属于不可竞争费。

**表 5－13　措施项目费取费标准表**

| 项目 | 计算基础 | 各专业工程费率(%) | | | | | | | |
|---|---|---|---|---|---|---|---|---|---|
| | | 建筑工程 | 单独装饰 | 安装工程 | 市政工程 | 修缮土建（修缮安装） | 仿古（园林） | 城市轨道交通 | |
| | | | | | | | | 土建轨道 | 安装 |
| 临时设施 | 分部分项工程费＋单价措施项目费－除税工程设备费 | 1～2.3 | 0.3～1.3 | 0.6～1.6 | 1.1～2.2 | 1.1～2.1（0.6～1.6） | 1.6～2.7（0.3～0.8） | 0.5～1.6 | |
| 赶工措施 | | 0.5～2.1 | 0.5～2.2 | 0.5～2.1 | 0.5～2.2 | 0.5～2.1 | 0.5～2.1 | 0.4～1.3 | |

注：1. 在计取非夜间施工照明费时，建筑工程、仿古工程、修缮土建部分仅地下室（地宫）部分可计取；单独装饰、安装工程、园林绿化工程、修缮安装部分仅特殊施工部位内施工项目可计取。

2. 在计取住宅分户验收时，大型土石方工程、桩基工程和地下室部分不计入计费基础。

**表 5－14　工程按质论价费取费标准表**

**工程按质论价费取费标准表(一般计税)**

| 序号 | 工程名称 | 计费基础 | 简易计税 | | | | |
|---|---|---|---|---|---|---|---|
| | | | 国优工程 | 国优专业工程 | 省优工程 | 市优工程 | 市级优质结构 |
| 一 | 建筑工程 | 分部分项工程费＋单价措施项目费－除税工程设备费 | 1.6 | 1.4 | 1.3 | 0.9 | 0.7 |
| 二 | 安装、单独装饰工程、仿古及园林绿化、修缮工程 | | 1.3 | 1.2 | 1.1 | 0.8 | — |
| 三 | 市政工程 | | 1.3 | — | 1.1 | 0.8 | 0.6 |
| 四 | 城市轨道交通工程 | | 1.0 | 0.8 | 0.7 | 0.5 | 0.4 |

**工程按质论价费取费标准表(简易计税)**

| 序号 | 工程名称 | 计费基础 | 简易计税 | | | | |
|---|---|---|---|---|---|---|---|
| | | | 国优工程 | 国优专业工程 | 省优工程 | 市优工程 | 市级优质结构 |
| 一 | 建筑工程 | 分部分项工程费＋单价措施项目费－工程设备费 | 1.5 | 1.3 | 1.2 | 0.8 | 0.6 |
| 二 | 安装、单独装饰工程、仿古及园林绿化、修缮工程 | | 1.2 | 1.1 | 1.0 | 0.7 | — |
| 三 | 市政工程 | | 1.2 | — | 1.0 | 0.7 | 0.6 |
| 四 | 城市轨道交通工程 | | 0.9 | 0.7 | 0.6 | 0.4 | 0.3 |

**表 5－15 安全文明施工措施费取费标准表**

| 序号 | 工程名称 | | 计费基础 | 基本费率(%) | 省级标化增加费(%) | | |
|---|---|---|---|---|---|---|---|
| | | | | | 一星级 | 二星级 | 三星级 |
| 一 | 建筑工程 | 建筑工程 | 分部分项工程费＋单价措施项目费－除税工程设备费 | 3.1 | 0.7 | 0.77 | 0.84 |
| | | 单独构件吊装 | | 1.6 | — | — | — |
| | | 打预制桩/制作兼打桩 | | 1.5/1.8 | 0.3/0.4 | 0.33/0.44 | 0.36/0.48 |
| 二 | 单独装饰工程 | | | 1.7 | 0.4 | 0.44 | 0.48 |
| 三 | 安装工程 | | | 1.5 | 0.3 | 0.33 | 0.36 |
| 四 | 市政工程 | 通用项目、道路、排水工程 | | 1.5 | 0.4 | 0.44 | 0.48 |
| | | 桥涵、隧道、水工构筑物 | | 2.2 | 0.5 | 0.55 | 0.60 |
| | | 给水、燃气与集中供热 | | 1.2 | 0.3 | 0.33 | 0.36 |
| | | 路灯及交通设施工程 | | 1.2 | 0.3 | 0.33 | 0.36 |
| 五 | 仿古建筑工程 | | | 2.7 | 0.5 | 0.55 | 0.60 |
| 六 | 园林绿化工程 | | | 1.0 | — | | |
| 七 | 修缮工程 | | | 1.5 | — | | |
| 八 | 城市轨道交通工程 | 土建工程 | | 1.9 | 0.4 | 0.44 | 0.48 |
| | | 轨道工程 | | 1.3 | 0.2 | 0.22 | 0.24 |
| | | 安装工程 | | 1.4 | 0.3 | 0.33 | 0.36 |
| 九 | 大型土石方工程 | | | 1.5 | — | | |

注：1.对于开展市级建筑安全文明施工标准化示范工地创建活动的地区，市级标化增加费按照省级费率乘以 0.7 系数执行。

2. 建筑工程中的钢结构工程，钢结构为施工企业成品购入或加工厂完成制作，到施工现场安装的，安全文明施工措施费率标准按单独发包的构件吊装工程执行。

3. 大型土石方工程适用各专业中达到大型土石方标准的单位工程。

**表 5－16 扬尘污染防治增加费取费标准表**

| 序号 | 工程名称 | | 一般计税 | | 简易计税 | |
|---|---|---|---|---|---|---|
| | | | 计费基础 | 费率(%) | 计费基础 | 费率(%) |
| 一 | 建筑工程 | 建筑工程 | 分部分项工程费＋单价措施项目费－除税工程设备费 | 0.31 | 分部分项工程费＋单价措施项目费－工程设备费 | 0.3 |
| | | 单独构件吊装 | | 0.1 | | 0.1 |
| | | 打预制桩/制作兼打桩 | | 0.11/0.2 | | 0.1/0.2 |
| 二 | 单独装饰工程 | | | 0.22 | | 0.2 |
| 三 | 安装工程 | | | 0.21 | | 0.2 |
| 四 | 市政工程 | 通用项目、道路、排水工程 | | 0.31 | | 0.3 |
| | | 桥涵、隧道、水工构筑物 | | 0.31 | | 0.3 |
| | | 给水、燃气与集中供热 | | 0.21 | | 0.2 |
| | | 路灯及交通设施工程 | | 0.1 | | 0.1 |

续 表

<table>
<tr><th rowspan="2">序号</th><th rowspan="2" colspan="2">工程名称</th><th colspan="2">一般计税</th><th colspan="2">简易计税</th></tr>
<tr><th>计费基础</th><th>费率(%)</th><th>计费基础</th><th>费率(%)</th></tr>
<tr><td>五</td><td colspan="2">仿古建筑工程</td><td rowspan="7">分部分项工程费+单价措施项目费−除税工程设备费</td><td>0.31</td><td rowspan="7">分部分项工程费+单价措施项目费−工程设备费</td><td>0.3</td></tr>
<tr><td>六</td><td colspan="2">园林绿化工程</td><td>0.21</td><td>0.2</td></tr>
<tr><td>七</td><td colspan="2">修缮工程</td><td>0.21</td><td>0.2</td></tr>
<tr><td rowspan="3">八</td><td rowspan="3">城市轨道交通工程</td><td>土建工程</td><td>0.31</td><td>0.3</td></tr>
<tr><td>轨道工程</td><td>0.12</td><td>0.1</td></tr>
<tr><td>安装工程</td><td>0.21</td><td>0.2</td></tr>
<tr><td>九</td><td colspan="2">大型土石方工程</td><td>0.42</td><td>0.4</td></tr>
</table>

**表 5-17 建筑工人实名制费用取费标准表**

<table>
<tr><th rowspan="2">序号</th><th rowspan="2" colspan="2">工程名称</th><th colspan="2">一般计税</th></tr>
<tr><th>计费基础</th><th>费率(%)</th></tr>
<tr><td rowspan="3">一</td><td rowspan="3">建筑工程</td><td>建筑工程</td><td rowspan="11">分部分项工程费+单价措施项目费−除税工程设备费</td><td>0.05</td></tr>
<tr><td>单独构件吊装、打预制桩/制作兼打桩</td><td>0.02</td></tr>
<tr><td>人工挖孔桩</td><td>0.04</td></tr>
<tr><td>二</td><td colspan="2">单独装饰工程、安装工程、市政工程</td><td>0.03</td></tr>
<tr><td>三</td><td colspan="2">仿古建筑工程与园林绿化工程</td><td>0.04</td></tr>
<tr><td>四</td><td colspan="2">修缮工程</td><td>0.05</td></tr>
<tr><td>五</td><td colspan="2">单独加固工程</td><td>0.04</td></tr>
<tr><td rowspan="3">六</td><td rowspan="3">城市轨道交通工程</td><td>土建工程</td><td>0.02</td></tr>
<tr><td>轨道工程</td><td>0.01</td></tr>
<tr><td>安装工程</td><td>0.01</td></tr>
<tr><td>七</td><td colspan="2">大型土石方工程</td><td>0.02</td></tr>
</table>

## 三、其他项目取费标准及规定

(1) 暂列金额、暂估价按发包人给定的标准计取。

(2) 计日工:由发承包双方在合同中约定。

(3) 总承包服务费:应根据招标文件列出的内容和向总承包人提出的要求,参照下列标准计算:

① 建设单位仅要求对分包的专业工程进行总承包管理和协调时,按分包的专业工程估算造价的1%计算;

② 建设单位要求对分包的专业工程进行总承包管理和协调,并同时要求提供配合服务时,根据招标文件中列出的配合服务内容和提出的要求,按分包的专业工程估算造价的

2%～3%计算。

(4) 暂列金额、暂估价、总承包服务费中均不包括增值税可抵扣进项税额。

## 四、规费取费标准及有关规定

(1) 环境保护税：按各地区规定计取(常州地区规定自 2018 年 1 月 1 日起，此费用由甲方直接缴纳，不再进入工程造价)。

(2) 社会保险费及住房公积金按表 5－18 标准计取。

**表 5－18　社会保险费及公积金取费标准表**

| 序号 | 工程类别 | | 计算基础 | 社会保险费率(%) | 公积金费率(%) |
|---|---|---|---|---|---|
| 一 | 建筑工程 | 建筑工程 | 分部分项工程费＋措施项目费＋其他项目费－除税工程设备费 | 3.2 | 0.53 |
| | | 单独预制构件制作、单独构件吊装、打预制桩、制作兼打桩 | | 1.3 | 0.24 |
| | | 人工挖孔桩 | | 3 | 0.53 |
| 二 | 单独装饰工程 | | | 2.4 | 0.42 |
| 三 | 安装工程 | | | 2.4 | 0.42 |
| 四 | 市政工程 | 通用项目、道路、排水工程 | | 2.0 | 0.34 |
| | | 桥涵、隧道、水工构筑物 | | 2.7 | 0.47 |
| | | 给水、燃气与集中供热、路灯及交通设施工程 | | 2.1 | 0.37 |
| 五 | 仿古建筑与园林绿化工程 | | | 3.3 | 0.55 |
| 六 | 修缮工程 | | | 3.8 | 0.67 |
| 七 | 单独加固工程 | | | 3.4 | 0.61 |
| 八 | 城市轨道交通工程 | 土建工程 | | 2.7 | 0.47 |
| | | 隧道工程(盾构法) | | 2.0 | 0.33 |
| | | 轨道工程 | | 2.4 | 0.38 |
| | | 安装工程 | | 2.4 | 0.42 |
| 九 | 大型土石方工程 | | | 1.3 | 0.24 |

注：1. 社会保险费包括养老保险费、失业保险费、医疗保险费、工伤保险费、生育保险费。
2. 点工和包工不包料的社会保险费和公积金已经包含在人工工资单价中。
3. 大型土石方工程适用各专业中达到大型土石方标准的单位工程。
4. 社会保险费费率和公积金费率将随着社保部门要求和建设工程实际缴纳费率的提高，适时调整。

## 五、税金计算标准及有关规定

### 1. 一般计税方法

增值税税金以除税工程造价为计取基础，费率为 9%。(注：建筑工程税率 2016 年 5 月

1 日为 11%,2018 年 5 月 1 日改为 10%,2019 年 4 月 1 日改为 9%)

**2. 简易计税方法**

简易计税时税金包括增值税应缴纳税额、城市建设维护税、教育费附加及地方教育附加:

(1) 增值税应纳税额=包含增值税可抵扣进项税额的税前工程造价×适用税率,税率:3%;

(2) 城市建设维护税=增值税应纳税额×适用税率,税率:市区 7%、县镇 5%、乡村 1%;

(3) 教育费附加=增值税应纳税额×适用税率,税率:3%;

(4) 地方教育附加=增值税应纳税额×适用税率,税率 2%。

以上四项合计,以包含增值税可抵扣进项额的税前工程造价为计费基础,税金费率为:市区 3.36%、县镇 3.30%、乡村 3.18%。如各市另有规定的,按各市规定计取。

市区简易计税税率=增值税税率×(1+城市建设维护税率+教育费附加+地方教育附加)
=3%×(1+7%+3%+2%)=3%×(1+12%)=3.36

县镇简易计税税率=增值税税率×(1+城市建设维护税率+教育费附加+地方教育附加)
=3%×(1+5%+3%+2%)=3%×(1+10%)=3.30

乡村简易计税税率=增值税税率×(1+城市建设维护税率+教育费附加+地方教育附加)
=3%×(1+1%+3%+2%)=3%×(1+6%)=3.18

# 第四节　工程造价计算程序

## 一、一般计税方法

**表 5-19　工程量清单法计算程序(包工包料)一般计税方法**

| 序号 | 费用名称 | | 计算公式 |
|---|---|---|---|
| 一 | 分部分项工程费 | | 清单工程量×除税综合单价 |
| | 其中 | 1. 人工费 | 人工消耗量×人工单价 |
| | | 2. 材料费 | 材料消耗量×除税材料单价 |
| | | 3. 施工机具使用费 | 机械消耗量×除税机械单价 |
| | | 4. 管理费 | (1+3)×费率或(1)×费率 |
| | | 5. 利润 | (1+3)×费率或(1)×费率 |
| 二 | 措施项目费 | | |
| | 其中 | 单价措施项目费 | 清单工程量×除税综合单价 |
| | | 总价措施项目费 | (分部分项工程费+单价措施项目费-除税工程设备费)×费率或以项计费 |
| 三 | 其他项目费 | | |

续 表

| 序号 | 费用名称 | | 计算公式 |
|---|---|---|---|
| 四 | 规　费 | | |
| | 其中 | 1. 环境保护税 | (一+二+三-除税工程设备费)×费率 |
| | | 2. 社会保险费 | |
| | | 3. 住房公积金 | |
| 五 | 税　金 | | [一+二+三+四-(除税甲供材料费+除税甲供设备费)/1.01]×费率 |
| 六 | 工程造价 | | 一+二+三+四-(除税甲供材料费+除税甲供设备费)/1.01+五 |

## 二、简易计税方法

**表 5-20　工程量清单法计算程序(包工包料)**

| 序号 | 费用名称 | | 计算公式 |
|---|---|---|---|
| 一 | 分部分项工程费 | | 清单工程量×综合单价 |
| | 其中 | 1. 人工费 | 人工消耗量×人工单价 |
| | | 2. 材料费 | 材料消耗量×材料单价 |
| | | 3. 施工机具使用费 | 机械消耗量×机械单价 |
| | | 4. 管理费 | (1+3)×费率或(1)×费率 |
| | | 5. 利　润 | (1+3)×费率或(1)×费率 |
| 二 | 措施项目费 | | |
| | 其中 | 单价措施项目费 | 清单工程量×综合单价 |
| | | 总价措施项目费 | (分部分项工程费+单价措施项目费-工程设备费)×费率或以项计费 |
| 三 | 其它项目费 | | |
| 四 | 规　费 | | |
| | 其中 | 1. 环境保护税 | (一+二+三-工程设备费)×费率 |
| | | 2. 社会保险费 | |
| | | 3. 住房公积金 | |
| 五 | 税　金 | | [一+二+三+四-(甲供材料费+甲供设备费)/1.01]×费率 |
| 六 | 工程造价 | | 一+二+三+四-(甲供材料费+甲供设备费)/1.01+五 |

## 三、包工不包料计算程序

凡是包工不包料工程(清包工工程),均可按简易计税法计税。原计费程序不变。

**表 5－21　工程量清单法计算程序(包工不包料)**

| 序号 | 费用名称 | | 计算公式 |
|---|---|---|---|
| 一 | 分部分项工程费中人工费 | | 清单人工消耗量×人工单价 |
| 二 | 措施项目费中人工费 | | |
| | 其中 | 单价措施项目中人工费 | 清单人工消耗量×人工单价 |
| 三 | 其它项目费 | | |
| 四 | 规　费 | | |
| | 其中 | 环境保护税 | (一＋二＋三)×费率 |
| 五 | 税金 | | (一＋十二＋三＋四)×费率 |
| 六 | 工程造价 | | 一＋二＋三＋四＋五 |

注:包工包料与包工不包料的人工单价不一样,包工不包料的人工单价高于包工包料的人工单价,同时包工不包料的人工单价中已包括管理费、利润和社保及公积金,因此在计算程序中只计取税金,其他费用皆不取(环境保护税不计入工程造价)。

**例**　如果安装单位工程的人工费、材料费、机械费合价为 100(其中人工费 15,机械费 10,辅助材料费 15,主要材料费 60),材料费中增值税率为 13%,机械费中增值税可抵扣部分为 10%,人工费不考虑增值税,一般计税时建筑工程税率为 9%,简易计税时建筑工程税率为 3.36%,试比较一般计税和简易计税的工程造价(文明施工费只取基本费,临时设施费按标底编制费率计取,扬尘污染防治增加费、建筑工人实名制费按规定计取,其他措施项目费不计取)。

**表 5－22　安装工程费用汇总表(简易计税)**

| 序号 | 汇总内容 | 计算基数 | 费率 | 金额(元) | 备注 |
|---|---|---|---|---|---|
| **1** | **分部分项工程费** | | | | |
| 1.1 | 其中:人工费 | | | 15.00 | |
| 1.2 | 材料费 | | | 15.00 | |
| 1.3 | 机械费 | | | 10.00 | |
| 1.4 | 主材费 | | | 60.00 | |
| 1.5 | 管理费 | 人工费 | 39.00% | | |
| 1.6 | 利润 | 人工费 | 14.00% | | |
| **2** | **措施项目** | | | | |
| **2.1** | **单价措施项目费** | | | | |
| 2.1.1 | 高层建筑增加费 | 人工费 | | | |
| 2.1.2 | 脚手架费 | 人工费 | 5.00% | | |
| **2.2** | **总价措施项目** | | | | |
| 2.2.1 | 安全文明施工费 | 分部分项工程费【1】＋单价措施项目费【2.1】 | 1.60% | | |

续 表

| 序号 | 汇总内容 | 计算基数 | 费率 | 金额（元） | 备注 |
|---|---|---|---|---|---|
| | 1. 文明施工费基本费 | 分部分项工程费【1】+单价措施项目费【2.1】 | 1.40% | | |
| | 2. 扬尘污染防治增加费 | 分部分项工程费【1】+单价措施项目费【2.1】 | 0.20% | | |
| 2.2.2 | 夜间施工 | 分部分项工程费【1】+单价措施项目费【2.1】 | | / | |
| 2.2.3 | 非夜间施工 | 分部分项工程费【1】+单价措施项目费【2.1】 | | / | |
| 2.2.4 | 冬雨季施工 | 分部分项工程费【1】+单价措施项目费【2.1】 | | / | |
| 2.2.5 | 已完工程及设备保护 | 分部分项工程费【1】+单价措施项目费【2.1】 | | / | |
| 2.2.6 | 临时设施 | 分部分项工程费【1】+单价措施项目费【2.1】 | 1.20% | | |
| 2.2.7 | 赶工措施 | 分部分项工程费【1】+单价措施项目费【2.1】 | | / | |
| 2.2.8 | 工程按质论价 | 分部分项工程费【1】+单价措施项目费【2.1】 | | / | |
| 2.2.9 | 建筑工人实名制费 | 分部分项工程费【1】+单价措施项目费【2.1】 | 0.03% | | |
| **3** | **其他项目** | | | | |
| 3.1 | 暂列金额 | | | / | |
| 3.2 | 专业工程暂估价 | | | / | |
| 3.3 | 计日工 | | | / | |
| 3.4 | 总承包服务费 | | | / | |
| **4** | **规费** | | | | |
| 4.1 | 环境保护税 | 【1】+【2.1】+【2.2】+【3】 | 0.00% | / | |
| 4.2 | 社会保障费 | 【1】+【2.1】+【2.2】+【3】 | 2.20% | | |
| 4.3 | 住房公积金 | 【1】+【2.1】+【2.2】+【3】 | 0.38% | | |
| **5** | **税金** | 【1】+【2.1】+【2.2】+【3】+【4】 | 3.36% | | |
| **6** | **小计＝1＋2＋3＋4+5** | 【1】+【2.1】+【2.2】+【3】+【4】+【5】 | | | |

**表 5-23　安装工程费用汇总表(一般计税)**

| 序号 | 汇总内容 | 计算基数 | 费率 | 金额（元） | 备注 |
|---|---|---|---|---|---|
| **1** | **分部分项工程费** | | | | |
| 1.1 | 其中:人工费 | | | 15.00 | |
| 1.2 | 材料费 | | | 13.27 | 1.73 |
| 1.3 | 机械费 | | | 9.09 | 0.91 |
| 1.4 | 主材费 | | | 53.10 | 6.90 |

续　表

| 序号 | 汇总内容 | 计算基数 | 费率 | 金额（元） | 备注 |
|---|---|---|---|---|---|
| 1.5 | 管理费 | 人工费 | 40.00% | | |
| 1.6 | 利润 | 人工费 | 14.00% | | |
| **2** | **措施项目** | | | | |
| **2.1** | **单价措施项目费** | | | | |
| 2.1.1 | 高层建筑增加费 | 人工费 | | / | |
| 2.1.2 | 脚手架费 | 人工费 | 5.00% | | |
| **2.2** | **总价措施项目** | | | | |
| 2.2.1 | 安全文明施工费 | 分部分项工程费【1】+单价措施项目费【2.1】 | 1.71% | | |
| | 1. 文明施工费基本费 | 分部分项工程费【1】+单价措施项目费【2.1】 | 1.50% | | |
| | 2. 扬尘污染防治增加费 | 分部分项工程费【1】+单价措施项目费【2.1】 | 0.21% | | |
| 2.2.2 | 夜间施工 | 分部分项工程费【1】+单价措施项目费【2.1】 | | / | |
| 2.2.3 | 非夜间施工 | 分部分项工程费【1】+单价措施项目费【2.1】 | | / | |
| 2.2.4 | 冬雨季施工 | 分部分项工程费【1】+单价措施项目费【2.1】 | | / | |
| 2.2.5 | 已完工程及设备保护 | 分部分项工程费【1】+单价措施项目费【2.1】 | | / | |
| 2.2.6 | 临时设施 | 分部分项工程费【1】+单价措施项目费【2.1】 | 1.30% | | |
| 2.2.7 | 赶工措施 | 分部分项工程费【1】+单价措施项目费【2.1】 | | / | |
| 2.2.8 | 工程按质论价 | 分部分项工程费【1】+单价措施项目费【2.1】 | | / | |
| 2.2.9 | 建筑工人实名制费 | 分部分项工程费【1】+单价措施项目费【2.1】 | 0.03% | | |
| **3** | **其他项目** | | | | |
| 3.1 | 暂列金额 | | | / | |
| 3.2 | 专业工程暂估价 | | | / | |
| 3.3 | 计日工 | | | / | |
| 3.4 | 总承包服务费 | | | / | |
| **4** | **规费** | | | | |
| 4.1 | 环境保护税 | 【1】+【2.1】+【2.2】+【3】 | 0.00% | | |
| 4.2 | 社会保障费 | 【1】+【2.1】+【2.2】+【3】 | 2.20% | | |
| 4.3 | 住房公积金 | 【1】+【2.1】+【2.2】+【3】 | 0.42% | | |
| **5** | **税金** | 【1】+【2.1】+【2.2】+【3】+【4】 | 9.00% | | |
| **6** | **小计＝1＋2＋3＋4+5** | 【1】+【2.1】+【2.2】+【3】+【4】+【5】 | | | |

**解** 1. 材料费的增值税率为13%，则：

辅助材料费的不含税价为15/(1+13%)=13.27，增值税为15−13.27=13.27×13%=1.73；

主要材料费的不含税价为60/(1+13%)=53.10，增值税为60−53.10=53.10×13%=6.90；

2. 机械费的增值税率为10%(机械费中设备价格和燃料等增值税率为13%，但机械人工费不考虑增值税，因此整体税率约在10%左右，这里暂按10%计算)

机械费的不含税价为10/(1+10%)=9.09，增值税为10−9.09=9.09×10%=0.91；

3. 简易计税的主要计算原则：(1) 所有人、材、机都以"含税价"进入计价程序；(2) 各项费率按2014费用定额相关费率计取；(3) 税金按3.36%计取。

4. 一般计税的主要计算原则：(1) 所有人、材、机都以"不含税价"进入计价程序；(2) 各项费率按营改增后的费率计取(大部分费率不变，但部分费率有所提高)；(3) 税金按9%计取。

**表5-24 单位工程费用汇总表(简易计税)**

| 序号 | 汇总内容 | 计算基数 | 费率 | 金额(元) | 备注 |
|---|---|---|---|---|---|
| **1** | **分部分项工程费** | | | **107.95** | |
| 1.1 | 其中：人工费 | | | 15.00 | |
| 1.2 | 材料费 | | | 15.00 | |
| 1.3 | 机械费 | | | 10.00 | |
| 1.4 | 主材费 | | | 60.00 | |
| 1.5 | 管理费 | 人工费 | 39.00% | 5.85 | |
| 1.6 | 利润 | 人工费 | 14.00% | 2.10 | |
| **2** | **措施项目** | | | | |
| **2.1** | **单价措施项目费** | | | **0.85** | |
| 2.1.1 | 高层建筑增加费 | 人工费 | | 0.00 | |
| 2.1.2 | 脚手架费 | 人工费 | 5.00% | 0.85 | |
| **2.2** | **总价措施项目** | | | **3.08** | |
| 2.2.1 | 安全文明施工费 | 分部分项工程费【1】+单价措施项目费【2.1】 | 1.60% | 1.74 | |
| | 1. 文明施工费基本费 | 分部分项工程费【1】+单价措施项目费【2.1】 | 1.40% | | |
| | 2. 扬尘污染防治增加费 | 分部分项工程费【1】+单价措施项目费【2.1】 | 0.20% | | |
| 2.2.2 | 夜间施工 | 分部分项工程费【1】+单价措施项目费【2.1】 | | 0.00 | |
| 2.2.3 | 非夜间施工 | 分部分项工程费【1】+单价措施项目费【2.1】 | | 0.00 | |
| 2.2.4 | 冬雨季施工 | 分部分项工程费【1】+单价措施项目费【2.1】 | | 0.00 | |
| 2.2.5 | 已完工程及设备保护 | 分部分项工程费【1】+单价措施项目费【2.1】 | | 0.00 | |
| 2.2.6 | 临时设施 | 分部分项工程费【1】+单价措施项目费【2.1】 | 1.20% | 1.31 | |
| 2.2.7 | 赶工措施 | 分部分项工程费【1】+单价措施项目费【2.1】 | | 0.00 | |

续　表

| 序号 | 汇总内容 | 计算基数 | 费率 | 金额（元） | 备注 |
|---|---|---|---|---|---|
| 2.2.8 | 工程按质论价 | 分部分项工程费【1】+单价措施项目费【2.1】 |  | 0.00 |  |
| 2.2.9 | 建筑工人实名制费 | 分部分项工程费【1】+单价措施项目费【2.1】 | 0.03% | 0.03 |  |
| **3** | **其他项目** |  |  | **0.00** |  |
| 3.1 | 暂列金额 |  |  |  |  |
| 3.2 | 专业工程暂估价 |  |  |  |  |
| 3.3 | 计日工 |  |  |  |  |
| 3.4 | 总承包服务费 |  |  |  |  |
| **4** | **规费** |  |  | **2.89** |  |
| 4.1 | 环境保护税 | 【1】+【2.1】+【2.2】+【3】 | 0.00% | 0.00 |  |
| 4.2 | 社会保障费 | 【1】+【2.1】+【2.2】+【3】 | 2.20% | 2.46 |  |
| 4.3 | 住房公积金 | 【1】+【2.1】+【2.2】+【3】 | 0.38% | 0.43 |  |
| **5** | **税金** | **【1】+【2.1】+【2.2】+【3】+【4】** | **3.36%** | **3.86** |  |
| **6** | **小计＝1＋2＋3＋4+5** | 【1】+【2.1】+【2.2】+【3】+【4】+【5】 |  | **118.62** |  |

**表 5－25　单位工程费用汇总表(一般计税)**

| 序号 | 汇总内容 | 计算基数 | 费率 | 金额（元） | 备注 |
|---|---|---|---|---|---|
| **1** | **分部分项工程费** |  |  | **98.56** |  |
| 1.1 | 其中:人工费 |  |  | 15.00 |  |
| 1.2 | 材料费 |  |  | 13.27 | 1.73 |
| 1.3 | 机械费 |  |  | 9.09 | 0.91 |
| 1.4 | 主材费 |  |  | 53.10 | 6.90 |
| 1.5 | 管理费 | 人工费 | 40.00% | 6.00 |  |
| 1.6 | 利润 | 人工费 | 14.00% | 2.10 |  |
| **2** | **措施项目** |  |  |  |  |
| **2.1** | **单价措施项目费** |  |  | **0.85** |  |
| 2.1.1 | 高层建筑增加费 | 人工费 |  | 0.00 |  |
| 2.1.2 | 脚手架费 | 人工费 | 5.00% | 0.85 |  |
| **2.2** | **总价措施项目** |  |  | **3.31** |  |
| 2.2.1 | 安全文明施工费 | 分部分项工程费【1】+单价措施项目费【2.1】 | 1.71% | 1.86 |  |
|  | 1. 文明施工费基本费 | 分部分项工程费【1】+单价措施项目费【2.1】 | 1.50% |  |  |
|  | 2. 扬尘污染防治增加费 | 分部分项工程费【1】+单价措施项目费【2.1】 | 0.21% |  |  |

续　表

| 序号 | 汇总内容 | 计算基数 | 费率 | 金额（元） | 备注 |
|---|---|---|---|---|---|
| 2.2.2 | 夜间施工 | 分部分项工程费【1】＋单价措施项目费【2.1】 |  | 0.00 |  |
| 2.2.3 | 非夜间施工 | 分部分项工程费【1】＋单价措施项目费【2.1】 |  | 0.00 |  |
| 2.2.4 | 冬雨季施工 | 分部分项工程费【1】＋单价措施项目费【2.1】 |  | 0.00 |  |
| 2.2.5 | 已完工程及设备保护 | 分部分项工程费【1】＋单价措施项目费【2.1】 |  | 0.00 |  |
| 2.2.6 | 临时设施 | 分部分项工程费【1】＋单价措施项目费【2.1】 | 1.30% | 1.41 |  |
| 2.2.7 | 赶工措施 | 分部分项工程费【1】＋单价措施项目费【2.1】 |  | 0.00 |  |
| 2.2.8 | 工程按质论价 | 分部分项工程费【1】＋单价措施项目费【2.1】 |  | 0.00 |  |
| 2.2.9 | 建筑工人实名制费 | 分部分项工程费【1】＋单价措施项目费【2.1】 | 0.03% | 0.03 |  |
| **3** | **其他项目** |  |  | **0.00** |  |
| 3.1 | 暂列金额 |  |  |  |  |
| 3.2 | 专业工程暂估价 |  |  |  |  |
| 3.3 | 计日工 |  |  |  |  |
| 3.4 | 总承包服务费 |  |  |  |  |
| **4** | **规费** |  |  | **2.93** |  |
| 4.1 | 环境保护税 | 【1】＋【2.1】＋【2.2】＋【3】 | 0.00% | 0.00 |  |
| 4.2 | 社会保障费 | 【1】＋【2.1】＋【2.2】＋【3】 | 2.20% | 2.46 |  |
| 4.3 | 住房公积金 | 【1】＋【2.1】＋【2.2】＋【3】 | 0.42% | 0.47 |  |
| **5** | **税金** | **【1】＋【2.1】＋【2.2】＋【3】＋【4】** | **9.00%** | **10.33** |  |
| **6** | **小计=1+2+3+4+5** | 【1】＋【2.1】＋【2.2】＋【3】＋【4】＋【5】 |  | **115.98** |  |

根据计算结果，简易计税的工程总价大于一般计税的工程总价，但由于采用简易计税的工程一般为营改增之前签订合同的工程，采购的工程材料等无可抵扣的增值税发票，因此实际工程收入为：工程造价－税金＝118.62－3.86＝114.76；

一般计税工程，施工机械、材料费用有可抵扣增值税发票，此部分税金在施工方缴税时可以抵扣，因此实际工程收入为工程造价－税金＋可抵扣税金＝115.98－10.33＋1.73＋0.91＋6.90＝114.28；

所以，采用简易计税与一般计税，整体的工程实际造价基本差不多。

## 单元测试

# 单元六　建设工程工程量清单计价规范

## 第一节　建设工程工程量清单规范概述

为了适应我国建设工程管理体制改革以及建设市场发展的需要，规范建设工程各方的计价行为，进一步深化工程造价管理模式的改革，根据《中华人民共和国招标投标法》和建设部令第 107 号《建筑工程施工发包与承包计价管理办法》，2003 年 2 月 17 日建设部 119 号令颁布了国家标准《建设工程工程量清单计价规范》(GB 50500—2003)（简称“03 规范”），并于 2003 年 7 月 1 日正式实施。这是我国工程造价计价方式适应社会主义市场经济发展的一次重大变革，也是我国工程造价计价工作逐步实现“政府宏观调控、企业自主报价、市场形成价格”的目标迈出坚实的一步。

2008 年 7 月 9 日住房和城乡建设部以第 63 号公告，发布了《建设工程工程量清单计价规范》(GB 50500—2008)（简称“08 规范”），自 2008 年 12 月 1 日起实施。2012 年 12 月 25 日，住房和城乡建设部以第 1567～1576 号公告发布了《建设工程工程量清单计价规范》(GB 50500—2013)（简称“13 规范”），并规定自 2013 年 7 月 1 日起实施。原国家标准《建设工程工程量清单计价规范》(GB 50500—2008)同时废止。

### 一、工程量清单的概念与作用

#### （一）工程量清单概念

工程量清单是指载明建设工程分部分项项目、措施项目、其他项目的名称和相应数量以及规费、税金项目等内容的明细清单。工程量清单是由具有编制能力的招标人或受其委托具有相应资质的工程造价咨询人，依据《建设工程工程量清单计价规范》，国家或省级、行业建设行政主管部门颁发的计价依据和办法，招标文件的有关要求，设计文件，与建设工程项目有关的标准、规范、技术资料，招标文件及其补充通知、答疑纪要，施工现场情况、工程特点及常规施工方案相关资料进行编制。采用工程量清单方式招标，工程量清单必须作为招标文件的组成部分，其准确性和完整性由招标人负责。

工程量清单应由分部分项工程量清单、措施项目清单、其他项目清单、规费项目清单、税金项目清单组成。

#### （二）工程量清单的作用

工程量清单是工程量清单计价的基础，其作用主要表现在：

(1) 工程量清单是编制工程预算或招标人编制招标控制价的依据；

(2) 工程量清单是供投标者报价的依据；

(3) 工程量清单是确定和调整合同价款的依据；

(4) 工程量清单是计算工程量以及支付工程款的依据；

(5) 工程量清单是办理工程结算和工程索赔的依据。

## 二、《建设工程工程量清单计价规范》(GB 50500—2013)内容和相关术语

《建设工程工程量清单计价规范》03 版和 08 版实施以来，在各地和有关部门的工程建设中得到了有效推行，积累了许多经验，取得了较好的成果。由于近几年工程建设领域出现了许多与工程造价相关的新情况和新政策，为规范建设工程施工发承包计价行为，统一建设工程工程量清单的编制和计价方法，根据《中华人民共和国建筑法》《中华人民共和国合同法》《中华人民共和国招标投标法》，制定"13 规范"。

"13 规范"是在"08 规范"正文部分的基础上进行修订的，是对原版规范的补充与完善。13 计价规范内容涵盖了工程实施阶段从招投标开始到工程竣工结算办理的全过程，并增加了条文说明。内容更加全面；13 计价规范体现了工程造价计价各阶段的要求，针对不同阶段的工程造价计价特点做了专门性规定，承前启后、相互贯通，使规范工程造价行为形成有机整体；13 计价规范充分考虑了我国建设市场的实际情况，适宜采用市场定价的充分放开，政府监管不越位，对需要政府宏观调控的，政府监管不缺位；在应对物价波动对工程造价的影响上，较为公平地提出了发承包双方共担风险的规定，体现了国情；13 计价规范充分注意了工程建设计价的难点，条文规定更具操作性。因此说 13 计价规范的出台，对巩固工程量清单计价改革的成果，进一步规范工程量清单计价行为具有十分重要的意义。

13 规范，明确责任、区分风险、全程管控，对全过程精细化管理与合同优化管理提出了更高的要求。

### (一) 13 计价规范的主要内容

13 计价规范包括正文和附录两部分，二者具有同等效力。正文共十五章，包括总则、术语、一般规定、工程量清单编制、招标控制价、投标报价、合同价款约定、工程计量、合同价款调整、合同价款期中支付、竣工结算与支付、合同解除的价款结算与支付、合同价款争议的解决、工程造价鉴定、工程计价资料与档案等，另有工程计价表格从附录 A～ 附录 L。

除了 1 本《建设工程工程量清单计价规范》，还有各专业的计算规范，包括 9 个专业，分 9 本计算规范：房屋建筑与装饰工程、仿古建筑工程、通用安装工程、市政工程、园林绿化工程、矿山工程、构筑物工程、城市轨道交通工程、爆破工程工程量计算规范。

各专业的计算规范中，包括项目编码、项目名称、项目特征、计量单位、工程量计算规则作为"五个要件"的内容，要求招标人在编制工程量清单时必须执行。

### (二) 计价规范相关术语

(1) 项目编码：指对分部分项工程量清单项目名称进行的数字标识。项目编码应采用十二位阿拉伯数字表示。一至九位应按规范附录的规定设置，十至十二位应根据拟建工程

的工程量清单项目的名称设置，同一招标工程的项目编码不得有重码。

项目编码以五级编码用十二位阿拉伯数字表示。一、二、三、四级为全国统一编码；第五级编码由工程量清单编制人区分具体工程的清单项目特征而分别编码。各级编码代表的含义如下：

① 第一级表示工程分类(附录)顺序码(分二位)：建筑与装饰工程为 01、仿古建筑工程为 02、通用安装工程为 03、市政工程为 04、园林绿化工程为 05、矿山工程为 06、构筑物工程为 07、城市轨道交通工程为 08、爆破工程为 09。

② 第二级表示专业工程(章)顺序码(分三位)。

③ 第三级表示分部工程(节)顺序码(分二位)。

④ 第四级表示分项工程名称顺序码(分三位)。

⑤ 第五级表示具体清单项目编码(分三位)。

以建筑与装饰工程为例，项目编码结构如图 6-1 所示。

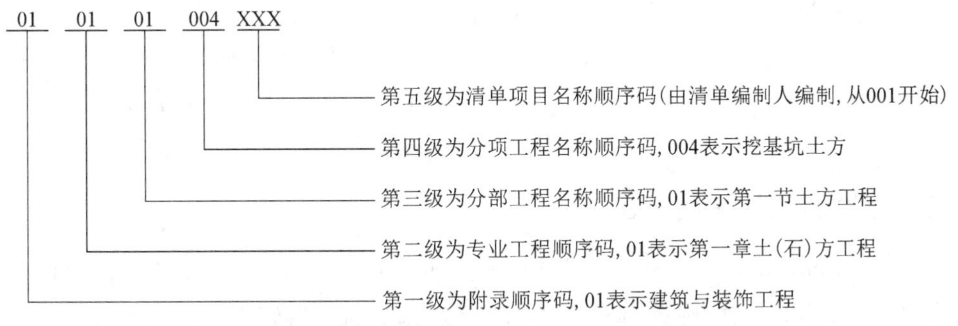


**图 6-1 某建筑工程工程量清单项目编码结构**

(2) 项目特征：指对构成工程实体的分部分项工程量清单项目和非实体的措施清单项目，反映其自身价值的特征进行的描述。目的是为了更加准确的规范工程量清单计价中对分部分项工程量清单项目、措施项目的特征描述的要求，便于准确地组建综合单价。

工程量清单项目特征描述的重要意义在于：

① 用于区分计价规范中同一清单条目下各个具体的清单项目；

② 是工程量清单项目综合单价准确确定的前提；

③ 是履行合同义务、减少造价争议的基础。

(3) 综合单价：指完成一个规定计量单位的分部分项工程量清单项目或措施清单项目所需的人工费、材料费、施工机械使用费、企业管理费和利润，以及一定范围内的风险费用。该定义是一种狭义上的综合单价，规费和税金等不可竞争的费用并不包括在项目单价中。分部分项工程量清单应采用综合单价计价是计价规范的强制性条文。

(4) 措施项目：指为完成工程项目施工，发生于该工程施工准备和施工过程中的技术、生活、安全、环境保护等方面的非工程实体项目。措施项目清单中的安全文明施工费应按照国家或省级、行业建设主管部门的规定计价，不得作为竞争性费用。

(5) 暂列金额：指招标人在工程量清单中暂定并包括在合同价款中的一笔款项。用于施工合同签订时尚未确定或者不可预见的所需材料、设备、服务的采购，施工中可能发生的工程变更、合同约定调整因素出现时的工程价款调整以及发生的索赔、现场签证确认等的费用。暂列金额包括在合同价之内,但并不直接属承包人所有,而是由发包人暂定并掌握使用的一笔款项。

(6) 暂估价:指招标人在工程量清单中提供的用于支付必然发生但暂时不能确定价格的材料单价以及专业工程的金额。

(7) 计日工:指在施工过程中完成发包人提出的施工图纸以外的零星项目或工作,按合同中约定的综合单价计价。它包括两个含义:一是计日工的单价由投标人通过投标报价确定;二是计日工的数量按发包人发出的计日工指令的数量确定。

(8) 现场签证:指发包人现场代表与承包人现场代表就施工过程中涉及的责任事件所作的签认证明。

(9) 招标控制价:指招标人根据国家或省级、行业建设主管部门颁发的有关计价依据和办法,按设计施工图纸计算的,对招标工程限定的最高工程造价。其作用是招标人对招标工程的最高限价,其实质是通常所称的"标底"。13 计价规范为避免与招标投标法关于标底必须保密的规定相违背,统一定义为"招标控制价"。

(10) 总承包服务费:指总承包人为配合协调发包人进行的工程分包,对自行采购的设备、材料等进行管理、提供相关服务以及施工现场管理、竣工资料汇总整理等服务所需的费用。

## 三、计价规范的适用范围

(一) 13 计价规范适用于建筑与装饰工程、仿古建筑工程、通用安装工程、市政工程、园林绿化工程、矿山工程、构筑物工程、城市轨道交通工程、爆破工程的工程量清单计价活动。建设工程工程量清单计价活动包括:工程量清单编制、工程量清单招标控制价编制、工程量清单投标报价编制、工程合同价款的约定、竣工结算的办理以及工程施工过程中工程计量与工程价款的支付、索赔与现场签证、工程价款的调整和计价争议处理等活动。

(二) 使用国有资金投资的建设工程发承包,必须采用工程量清单计价。

国有资金的投资包括国家融资资金、国有资金为主的投资资金。国有资金为主的工程建设项目是指国有资金占投资总额 50%以上,或虽不足 50%但国有投资者实质上拥有控股权的工程建设项目。根据《必须招标的工程项目规定》(国家计委第 3 号令)的规定,国有资金投资的工程建设项目包括使用国有资金投资和国有融资投资的工程建设项目:

(1) 使用预算资金 200 万元人民币以上,并且该资金占投资额 10%以上的项目;

(2) 使用国有企业事业单位资金,并且该资金占控股或者主导地位的项目。

(三) 非国有资金投资的工程建设项目,宜采用工程量清单计价。

(1) 对于非国有资金投资的工程建设项目,是否采用工程量清单计价方式由项目业主自主确定;

(2) 当确定采用工程量清单计价方式时,则应执行工程量清单计价的要求;

(3) 对于确定不采用工程量清单计价方式计价的非国有资金投资的工程建设项目,除不执行工程量清单计价的专门性规定外,工程价款调整、计量和价款支付、索赔与现场签证、竣工结算以及工程造价争议处理等,仍应执行工程量清单计价的要求。

## 四、工程量清单计价的基本原理

### （一）工程量清单计价的概念

工程量清单计价是指投标人完成由招标人提供的工程量清单所需的全部费用，包括分部分项工程费、措施项目费、其他项目费和规费、税金。工程量清单计价的基本原理就是以招标人提供的工程量清单为依据，投标人根据自身的技术、财务、管理能力进行投标报价，招标人根据具体的评标细则进行优选，这种计价方式是市场定价体系的具体表现形式。工程量清单计价采取综合单价计价。

### （二）工程量清单计价的基本方法和程序

工程量清单计价的基本过程可以描述为：在统一的工程量计算规则的基础上，制定工程量清单项目设置规则，根据具体工程的施工图纸计算出各个清单项目的工程量，再根据各种渠道所获得的工程造价信息和经验数据计算得到工程造价。这一基本的计算过程如图 6－2 所示。

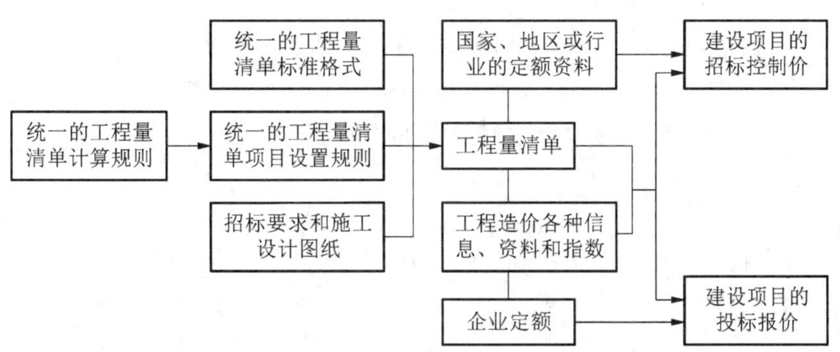


**图 6－2　工程造价工程量清单计价过程示意图**

从工程量清单计价过程示意图中可以看出，其编制过程可以分为两个阶段：工程量清单的编制和利用工程量清单来编制招标控制价或投标报价。投标报价是在业主提供的工程量计算结果的基础上，根据企业自身所掌握的各种信息、资料，结合企业定额编制出来的。

（1）分部分项工程费＝$\sum$ 分部分项工程量×相应分部分项综合单价。

其中分部分项工程费综合单价由人工费、材料费、机械费、企业管理费、利润等组成，并考虑风险费用。

（2）措施项目费＝单价措施项目费＋总价措施项目费。

其中措施项目费包括单价措施费和总价措施费。单价措施项目综合单价的构成与分部分项工程单价构成类似。总价措施费以总价形式或计算基础乘费率形式计算。

（3）其他项目费＝暂列金额＋暂估价＋计日工＋总承包服务费。

（4）单位工程报价＝分部分项工程费＋措施项目费＋其他项目费＋规费＋税金。

（5）单项工程报价＝$\sum$ 单位工程报价。

（6）建设项目总报价＝$\sum$ 单项工程报价。

## 五、计价规范的特点

（一）强制性

13 计价规范作为国家标准包含了一部分必须严格执行的强制性条文，如：使用国有资金投资的工程建设项目，必须采用工程量清单计价；采用工程量清单方式招标，工程量清单必须作为招标文件的组成部分，其准确性和完整性由招标人负责；分部分项工程量清单应根据附录规定的项目编码、项目名称、项目特征、计量单位和工程量计算规则进行编制；分部分项工程量清单应采用综合单价计价，招标文件中的工程量清单标明的工程量是投标人投标报价的共同基础，竣工结算的工程量按承、发包双方在合同中的约定应予计量且实际完成的工程量确定；措施项目清单中的安全文明施工费应按照国家或省级、行业建设主管部门的规定计价，不得作为竞争性费用；投标人应按招标人提供的工程量清单填报价格，填写的项目编码、项目名称、项目特征、计量单位和工程量必须与招标人提供的一致。

（二）实用性

主要表现在计价规范的附录中，工程量清单及其计算规则的项目名称表现的是工程实体项目，项目名称明确清晰，工程量计算规则简洁明了。特别是还列有项目特征和工作内容，易于编制工程量清单时确定具体项目名称和投标报价。

（三）竞争性

表现在 13 计价规范中从政策性规定到一般内容的具体规定，充分体现了工程造价由市场竞争形成价格的原则。13 计价规范中的措施项目，在工程量清单中只列"措施项目"一栏，具体采用什么措施，由投标企业的施工组织设计，视具体情况报价。另一方面，13 计价规范中人工、材料和施工机械没有具体的消耗量，投标企业可以依据企业定额、市场价格或参照建设主管部门发布的社会平均消耗量定额、价格信息进行报价，为企业报价提供了自主的空间。

（四）通用性

表现在我国工程量清单计价是与国际惯例接轨的，符合工程量计算方法标准化、工程量清单计算规则统一化工程造价确定市场化的要求。

## 六、工程量清单计价的意义

（一）提供一个平等的竞争条件

采用施工图预算来投标报价，由于设计图纸的缺陷，不同施工企业的人员理解不一，计算出的工程量也不同，报价就更相去甚远，也容易产生纠纷。而工程量清单报价就为投标者提供了一个平等竞争的条件，相同的工程量，由企业根据自身的实力来填不同的单价。投标人的这种自主报价，使得企业的优势体现到投标报价中，可在一定程度上规范建筑市场秩序，确保工程质量。

（二）满足市场经济条件下竞争的需要

招标投标过程就是竞争的过程，招标人提供工程量清单，投标人根据自身情况确定综合单价，利用单价与工程量逐项计算每个项目的合价，再分别填入工程量清单表内，计算出投标总价。单价成了决定性的因素，定高了不能中标，定低了又要承担过大的风险。单价的高低直接取决于企业管理水平和技术水平的高低，这种局面促成了企业整体实力的竞争，有利于我国建设市场的快速发展。

（三）有利于提高工程计价效率，能真正实现快速报价

采用工程量清单计价方式，避免了传统计价方式下招标人与投标人在工程量计算上的重复工作，各投标人以招标人提供的工程量清单为统一平台，结合自身的管理水平和施工方案进行报价，促进了各投标人企业定额的完善和工程造价信息的积累和整理，符合了现代工程建设中快速报价的要求。

（四）有利于工程款的拨付和工程造价的最终结算

中标后，业主与中标单位签订施工合同，中标价就是确定合同价的基础，投标清单上的单价就成了拨付工程款的依据。业主根据施工企业完成的工程量，可以很容易地确定进度款的拨付额。工程竣工后，根据设计变更、工程量增减等，业主也很容易确定工程的最终造价，可在某种程序上减少业主与施工单位之间的纠纷。

（五）有利于业主对投资的控制

用现在的施工图预算形式，业主对因设计变更、工程量的增减所引起的工程造价变化不敏感，往往等到竣工结算时才知道这些变更对项目投资的影响有多大，但此时常常是为时已晚。而采用工程量清单报价方式则可对投资变化一目了然，在欲进行设计变更时，能马上知道它对工程造价的影响，业主就能根据投资情况来决定是否变更或进行方案比较，以决定最恰当的处理方法。

## 第二节　分部分项工程量清单的编制

### 一、编制工程量清单的依据

(1)《建设工程工程量清单计价规范》(GB 50500—2013)；
(2) 国家或省级、行业建设主管部门颁发的计价依据和办法；
(3) 建设工程设计文件；
(4) 与建设工程项目有关的标准、规范、技术资料；
(5) 招标文件及其补充通知、答疑纪要；
(6) 施工现场情况、工程特点及常规施工方案；

(7) 其他相关资料。

## 二、分部分项工程量清单包括的内容

分部分项工程量清单应包括项目编码、项目名称、项目特征、计量单位和工程量。13 计价规范对工程量清单项目的设置做了明确的规定。规范规定,“分部分项工程量清单应根据各专业规定的项目编码、项目名称、项目特征、计量单位和工程量计算规则进行编制”。

### (一) 项目编码

13 计价规范规定同一招标工程的项目编码不得有重码。当同一标段(或合同段)的一份工程量清单中含有多个单位工程且工程量清单是以单位工程为编制对象时,应特别注意对项目编码十至十二位的设置不得有重号的规定。例如一个标段(或合同段)的工程量清单中含有三个单位工程,每一单位工程中都有项目特征相同的实心砖墙砌体,在工程量清单中又需反映三个不同单位工程的实心砖墙砌体工程量时,则第一个单位工程的实心砖墙的项目编码应为 010401003001,第二个单位工程的实心砖墙的项目编码应为 010401003002,第三个单位工程的实心砖墙的项目编码应为 010401003003,并分别列出各单位工程实心砖墙的工程量。

### (二) 项目名称

13 计价规范规定:“分部分项工程量清单的项目名称应按附录的项目名称结合拟建工程的实际确定”。“编制工程量清单出现附录中未包括的项目,编制人应作补充,并报省级或行业工程造价管理机构备案,省级或行业工程造价管理机构应汇总报住房和城乡建设部标准定额研究所”。“补充项目的编码由本规范的代码 01 与 B 和三位阿拉伯数字组成,并应从 01B001 起顺序编制,同一招标工程的项目不得重码。工程量清单中需附有补充项目的名称、项目特征、计量单位、工程量计算规则、工程内容”。

### (三) 项目特征

“分部分项工程量清单项目特征应按附录中规定的项目特征,结合拟建工程项目的实际予以描述”。具体可以结合技术规范、标准图集、施工图纸,按照工程结构、使用材质及规格或安装位置等,予以详细而准确的表述和说明。凡项目特征中未描述到的其他独有特征,由清单编制人视项目具体情况确定,以准确描述清单项目为准。

在进行项目特征描述时,可掌握以下要点:

(1) 必须描述的内容:

涉及正确计量的内容:如门窗洞口尺寸或框外围尺寸。

涉及结构要求的内容:如混凝土构件的混凝土强度等级。

涉及材质要求的内容:如油漆的品种、管材的材质等。

涉及安装方式的内容:如管道工程中的钢管的连接方式。

(2) 可不描述的内容

对计量计价没有实质影响的内容:如对观浇混凝土柱的高度,断面大小等特征可以不描述。应由投标人根据施工方案确定的内容:如对石方的预裂爆破的单孔深度及装药量的特征规定。应由投标人根据当地材料和施工要求确定的内容:如对混凝土构件中的混凝土拌合料使用的石子种类及粒径、砂的种类的特征规定。应由施工措施解决的内容:如对现浇混凝土板、梁的标高的特征规定。

(3) 可不详细描述的内容:

无法准确描述的内容:如土壤类别,可考虑将土壤类别描述为综合,注明由投标人根据地堪资料自行确定土壤类别,决定报价。施工图纸、标准图集标注明确的:对这些项目可描述为见××图集××页号及节点大样等。

清单编制人在项目特征描述中应注明由投标人自定的:如土方工程中的"取土运距""弃土运距"等。

### (四) 计量单位

"分部分项工程量清单的计量单位应按附录中规定的计量单位确定"。"附录中有两个或两个以上计量单位的,应结合拟建工程项目的实际情况,选择其中一个确定"。

工程计量时每一项目汇总的有效位数应遵守下列规定:

(1) 以"t"为单位,应保留小数点后三位数字,第四位小数四舍五入;

(2) 以"m、$m^2$、$m^3$、kg"为单位,应保留小数点后两位数字,第三位小数四舍五入;

(3) 以"个、件、根、组、系统"为单位,应取整数。

### (五) 工程内容

工程内容是指完成该清单项目可能发生的具体工程,可供招标人确定清单项目和投标人投标报价参考。以建筑工程的砖墙为例,可能发生的具体工程有砂浆制作、材料运输、砌砖、勾缝等。

工程内容中未列全的其他具体工程,由投标人按照招标文件或图纸要求编制,以完成清单项目为准,综合考虑到报价中。

### (六) 工程数量的计算

13 计价规范规定,工程数量应按各专业中规定的工程量计算规则计算。工程数量的计算主要通过工程量计算规则计算得到。工程量计算规则是指对清单项目工程量的计算规定。除另有说明外,所有清单项目的工程量应以实体工程量为准,并以完成后的净值计算;投标人投标报价时,应在单价中考虑施工中的各种损耗和需要增加的工程量。

江苏省关于《建筑工程工程量清单计价规范》贯彻意见(苏建价〔2014〕448 号)规定:计算规范中工程量计算规则表述不明确时,可以参照江苏省各专业计价定额的工程量计算规则,并且应在工程量清单编制总说明中明确。

## 三、分部分项工程量清单的标准格式

分部分项工程量清单是指表明拟建工程的全部分项实体工程名称和相应数量,编制时应避免漏项、错项,分部分项工程量清单与计价表格式如表 6-1,在分部分项工程量清单的编制过程中,由招标人负责前六项内容填列,金额部分在招标控制价或投标报价时填列。

**表 6－1　分部分项工程量清单与计价表**

工程名称：　　　　　　　　　　　　　标段：　　　　　　　　　　　　第　页　共　页

| 序号 | 项目编码 | 项目名称 | 项目特征描述 | 计量单位 | 工程量 | 金　额(元) | | |
|---|---|---|---|---|---|---|---|---|
| | | | | | | 综合单价 | 合价 | 其中：暂估价 |
| | | | | | | | | |
| | | | | | | | | |
| | | | | | | | | |
| 本页小计 | | | | | | | | |
| 合　计 | | | | | | | | |

注：为计取规费等的使用，可在表中增设其中："定额人工费"。

江苏省关于《建筑工程工程量清单计价规范》贯彻意见(苏建价〔2014〕448 号)规定中，对综合单价表调整如下：

**表 6－2　综合单价分析表**

工程名称：　　　　　　　　　　　　　标段：　　　　　　　　　　　　第　页　共　页

| 项目编码 | | | 项目名称 | | | 计量单位 | | | | 工程量 | | | |
|---|---|---|---|---|---|---|---|---|---|---|---|---|---|
| 清单综合单价组成明细 | | | | | | | | | | | | | |
| 定额编号 | 定额项目名称 | 定额单位 | 数量 | 单价 | | | | | 合价 | | | | |
| | | | | 人工费 | 材料费 | 机械费 | 管理费 | 利润 | 人工费 | 材料费 | 机械费 | 管理费 | 利润 |
| | | | | | | | | | | | | | |
| | | | | | | | | | | | | | |
| | | | | | | | | | | | | | |
| | | | | | | | | | | | | | |
| | | | | | | | | | | | | | |
| 综合人工工日 | | 小计 | | | | | | | | | | | |
| 工日 | | 未计价材料费 | | | | | | | | | | | |
| 清单项目综合单价 | | | | | | | | | | | | | |
| 材料费明细 | 主要材料名称、规格、型号 | | | | | 单位 | 数量 | | 单价(元) | 合价(元) | 暂估单价(元) | 暂估合价(元) | |
| | | | | | | | | | | | | | |
| | | | | | | | | | | | | | |
| | | | | | | | | | | | | | |
| | | | | | | | | | | | | | |
| | | | | | | | | | | | | | |
| | 其他材料费 | | | | | | | | — | | — | | |
| | 材料费小计 | | | | | | | | — | | — | | |

注：1. 如不使用省级或行业建设主管部门发布的计价依据，可不填定额编号、名称等。
2. 招标文件提供了暂估单价的材料，按暂估的单价填入表内"暂估单价"栏及"暂估合价"栏。

分部分项工程量清单的编制应注意以下问题：

(1) 分部分项工程量清单的项目名称应按附录的项目名称结合拟建工程的项目实际确定。分部分项工程量清单编制时，以附录中的分项工程项目名称为基础，考虑该项目的规格、型号、材质等特征要求，结合拟建工程的实际情况，使其工程量清单项目名称具体化、细化，能够反映影响工程造价的主要因素。

(2) 项目编码按照计量规则的规定，编制具体项目编码。即在计量规则九位全国统一编码之后，增加三位具体项目编码。

(3) 项目名称按照计量规则的项目名称，结合项目特征中的描述，根据不同特征组合确定该具体项目名称。项目名称应表达详细、准确。

(4) 计量单位按照计量规则中的相应计量单位确定。

(5) 工程数量按照计量规则中的工程量计算规则计算，其精确度按要求计取。

# 第三节　措施项目清单编制

## 一、措施项目清单的编制规则

13 计价规范中，措施项目费包括单价措施项目和总价措施项目。措施项目清单的发生与使用时间、施工方法或者两个以上的工序相关，并大都与实际完成的实体工程量的大小关系不大，如大中型机械进出场及安拆、安全文明施工和安全防护、临时设施等，但是有些非实体项目是可以计算工程量的项目，典型的是混凝土浇筑的模板工程，与完成的工程实体具有直接关系，并且是可以精确计量的项目，用分部分项工程清单的方式采用综合单价，更有利于措施费的确定和调整。措施项目中可以计算工程量的项目清单宜采用分部分项工程量清单的方式编制，列出项目编码、项目名称、项目特征、计量单位和工程量计算规则；不能计算工程量的项目清单，以总价计算措施项目，以“项”为计量单位进行编制。若出现清单计价规范中未列的项目，可根据工程实际情况补充。

## 二、措施项目清单的标准格式

措施项目清单的标准格式，见表 6－3～6－4

**表 6－3　总价措施项目清单与计价表**

工程名称：　　　　　　　　　　　　　标段　　　　　　　　　　　　　第　页　共　页

| 序号 | 项目编码 | 项目名称 | 计算基础 | 费率(%) | 金额(元) |
|---|---|---|---|---|---|
| | | 安全文明施工费 | | | |
| | | 夜间施工费 | | | |
| | | 二次搬运费 | | | |
| | | 冬雨季施工 | | | |
| | | 大型机械设备进出场及安拆费 | | | |

续　表

| 序号 | 项目编码 | 项目名称 | 计算基础 | 费率(%) | 金额(元) |
|---|---|---|---|---|---|
| | | 施工排水 | | | |
| | | 施工降水 | | | |
| | | 地上、地下设施、建筑物的临时保护设施 | | | |
| | | 已完工程及设备保护 | | | |
| | | 各专业工程的措施项目 | | | |
| 合计 | | | | | |

注:1. 本表适用于以“项”计价的措施项目;

2. “计算基础”中安全文明施工费可为“定额基价”或“定额人工费”或“定额人工费+定额机械费”,其他项目可为“定额人工费”或“定额人工费+定额机械费”。

3. 按施工方案计算的措施费,若无“计算基础”和“费率”的数值,也可只填“金额”数值,但应在备注栏说明施工方案出处或计算方法。

**表 6-4　单价措施项目清单与计价表**

工程名称:　　　　　　　　　　　　标段　　　　　　　　　　　　第　页　共　页

| 序号 | 项目编码 | 项目名称 | 项目特征描述 | 计量单位 | 工程量 | 金额(元) | |
|---|---|---|---|---|---|---|---|
| | | | | | | 综合单价 | 合价 |
| | | | | | | | |
| | | | | | | | |
| | | | | | | | |
| | | | | | | | |
| | | | | | | | |
| | | | | | | | |
| | | | | | | | |
| | | | | | | | |
| 本页小计 | | | | | | | |
| 合计 | | | | | | | |

注:本表适用于以综合单价形式计价的措施项目。

## 三、措施项目清单编制注意问题

措施项目清单的编制考虑多种因素,除工程本身的因素外,还涉及水文、气象、环境、安全等因素。措施项目清单应根据拟建工程的实际情况列项,并可参考江苏省关于《建筑工程工程量清单计价规范》贯彻意见(苏建价〔2014〕448 号)规定的附件“措施项目清单调整和增加”对应项,不足部分可补充。

(1) 措施项目清单的编制依据有:拟建工程的施工组织设计、拟建工程的施工技术方案、与拟建工程相关的工程施工规范和工程验收规范、招标文件、设计文件。

(2) 措施项目清单设置时应注意的问题:

① 参考拟建工程的施工组织设计,以确定环境保护、安全文明施工、材料的二次搬运等;

② 参阅施工技术方案，以确定夜间施工、大型机械设备进出场及安拆、混凝土模板与支架、脚手架、施工排水、施工降水、垂直运输机械等项目；

③ 参阅相关的工程施工规范和工程验收规范，以确定施工技术方案没有表述，但是为了实现施工规范与工程验收规范要求而必须发生的技术措施；

④ 确定招标文件中提出的某些必须通过一定的技术措施才能达到的要求；

⑤ 确定设计文件中一些不足以写进技术方案，但是要通过一定的技术措施才能实现的内容。

(3) 江苏省关于《建筑工程工程量清单计价规范》贯彻意见(苏建价〔2014〕448 号)中相关说明：

① 对 2013 版计算规范中未列的措施项目，招标人可根据建设工程实际情况进行补充。对招标人所列的措施项目，投标人可根据工程实际与施工组织设计进行增补，但不应更改招标人已列措施项目。结算时，除工程变更引起施工方案改变外，承包人不得以招标工程措施项目清单缺项为由要求新增措施项目。

② 因工程变更造成施工方案变更，引起措施项目发生变化时，措施项目费的调整，合同有约定的，按合同执行。合同中没有约定的按下列原则调整：单价措施项目变更原则同分部分项工程；总价措施项目中以费率报价的，费率不变，总价项目中以费用报价的，按投标时口径折算成费率调整；原措施费中没有的措施项目，由承包人提出适当的措施费变更要求，经发包人确认后调整。

## 第四节 其他项目清单编制

13 计价规范规定，其他项目清单包括的内容有：暂列金额、暂估价(包括材料暂估价、专业工程暂估价)、计日工、总承包服务费。工程建设标准的高低、工程的复杂程度、工程的工期长短、工程的组成内容、发包人对工程管理要求的都直接影响其他项目清单的具体内容，可以按照表 6-5 的格式编制其他项目清单，出现未包含在表格中的内容的项目，可根据工程实际情况补充。

**表 6-5 其他项目清单与计价汇总表**

工程名称： 标段： 第 页 共 页

| 序号 | 项目名称 | 计量单位 | 金 额(元) | 备注 |
|---|---|---|---|---|
| 1 | 暂列金额 | | | 明细详见表 |
| 2 | 暂估价 | | | |
| 2.1 | 材料(工程设备)暂估价 | | — | 明细详见表 |
| 2.2 | 专业工程暂估价 | | | 明细详见表 |
| 3 | 计日工 | | | 明细详见表 |
| 4 | 总承包服务费 | | | 明细详见表 |
| 5 | | | | |
| 合 计 | | | | |

注：材料(工程设备)暂估单价计入清单项目综合单价，此处不汇总。

(1) 暂列金额是招标人在工程量清单中暂定并包括在合同价款中的一笔款项，用于施工合同签订时尚未确定或者不可预见的所需材料、设备、服务的采购，施工中可能发生的工程变更、合同约定调整因素出现时的工程价款调整以及发生的索赔、现场签证确认等的费用。可采用表 6－6 的格式。“暂列金额应根据工程特点，按有关计价规定估算”，江苏省关于《建筑工程工程量清单计价规范》贯彻意见（苏建价〔2014〕448 号）规定，暂列金额不宜超过分部分项工程费的 10%。

**表 6－6　暂列金额明细表**

工程名称：　　　　　　　　　　　　　　　　标段：　　　　　　　　　　　　　　　第　页　共　页

| 序号 | 项 目 名 称 | 计量单位 | 暂定金额(元) | 备注 |
|---|---|---|---|---|
| 1 | | | | |
| 2 | | | | |
| 3 | | | | |
| 合　计 | | | | |

注：此表由招标人填写，如不能详列，也可只列暂定金额总额，投标人应将上述暂列金额计入投标总价中。

(2) 暂估价是招标人在工程量清单中提供的用于支付必然发生但暂时不能确定的材料的单价以及专业工程的金额。“暂估价中的材料、工程设备暂估价应根据工程造价信息或参照市场价格估算；专业工程暂估价应分不同专业，按有关计价规定估算”。招标工程量清单中暂估价材料的单价由招标人给定，材料单价中应包括场外运输与采购保管费。“专业工程暂估价”中不包含规费和税金。暂估价的专业工程达到依法必须招标的标准时，须通过招标确定承包人。

江苏省关于《建筑工程工程量清单计价规范》贯彻意见（苏建价〔2014〕448 号）规定，将 13 规范材料（工程设备）暂估单价表调整为材料（工程设备）暂估单价及调整表。

**表 6－7　材料(工程设备)暂估单价及调整表**

工程名称：　　　　　　　　　　　　　　　　标段：　　　　　　　　　　　　　　　第　页　共　页

| 序号 | 材料编码 | 材料（工程设备）名称、规格、型号 | 计量单位 | 数量 | | 暂估(元) | | 确认(元) | | 差额±(元) | | 备注 |
|---|---|---|---|---|---|---|---|---|---|---|---|---|
| | | | | 投标 | 确认 | 单价 | 合价 | 单价 | 合价 | 单价 | 合价 | |
| | | | | | | | | | | | | |
| | | | | | | | | | | | | |
| | | | | | | | | | | | | |
| | | | | | | | | | | | | |
| | | | | | | | | | | | | |
| | | | | | | | | | | | | |
| 合　计 | | | | | | | | | | | | |

注：1. 此表由招标人填写“材料编码”“材料（工程设备）名称、规格、型号”“计量单位”“暂估单价”，并在备注栏说明暂估价的材料、工程设备拟用在哪些清单项目上，投标人应将上述材料、工程设备暂估单价计入工程量清单综合单价报价中，并填写“数量”中的“投标”和“暂估合价” 列。

2. 此表中所列暂估材料（工程设备）为暂时不能确定价格的材料（工程设备），不包含发包人供应材料（工程设备）。

表 6-8　专业工程暂估价表

工程名称：　　　　　　　　　　　　标段：　　　　　　　　　　　　第　页　共　页

| 序号 | 工程名称 | 工程内容 | 金额(元) | 备注 |
|---|---|---|---|---|
| | | | | |
| | | | | |
| 合　计 | | | | — |

注：此表由招标人填写，投标人应将上述专业工程暂估价计入投标总价中。

(3) 计日工是在施工过程中，完成发包人提出的施工图纸以外的零星项目或工作，按合同中约定的综合单价计价。计日工应列出项目和数量，可采用表 6-9。

表 6-9　计日工表

工程名称：　　　　　　　　　　　　标段：　　　　　　　　　　　　第　页　共　页

| 编号 | 项目名称 | 单位 | 暂定数量 | 综合单价 | 合价 |
|---|---|---|---|---|---|
| 一 | 人　工 | | | | |
| 1 | | | | | |
| 2 | | | | | |
| 人工小计 | | | | | |
| 二 | 材　料 | | | | |
| 1 | | | | | |
| 2 | | | | | |
| 材料小计 | | | | | |
| 三 | 施工机械 | | | | |
| 1 | | | | | |
| 2 | | | | | |
| 施工机械小计 | | | | | |
| 合　计 | | | | | |

注：此表项目名称、数量由招标人填写，编制招标控制价时，单价由招标人按有关计价规定确定；投标时，单价由投标人自助报价，计入投标总价中。

(4) 总承包服务费是总承包人为配合协调发包人进行的工程分包自行采购的设备、材料等进行管理、服务以及施工现场管理、竣工资料汇总整理等服务所需费用。可采用表 6-10的格式。

表 6－10　总承包服务费计价表

工程名称：　　　　　　　　　　　　　　　标段：　　　　　　　　　　　　　　　第　页　共　页

| 序号 | 工 程 名 称 | 项目价值(元) | 服务内容 | 费率(%) | 金额(元) |
|---|---|---|---|---|---|
| 1 | 发包人发包专业工程 | | | | |
| 2 | 发包人供应材料 | | | | |
| 合　计 | | | | | |

注：此表由招标人填写，投标人应将上述专业工程暂估价计入投标总价中。

# 第五节　规费、税金项目清单编制

## 一、规费、税金项目清单包括的内容

13 计价规范规定，“规费项目清单应按照下列内容列项：工程排污费、社会保障费(包括养老保险费、失业保险费、医疗保险费)、住房公积金、工伤保险”。出现规范未列的项目，应根据省级政府或省级有关权力部门的规定列项。税金项目清单应包括营业税、城市维护建设税、教育费附加，未列项目，应根据税务部门的规定列项。

## 二、规费、税金项目清单的标准格式

规费、税金项目清单的标准格式见表 6－11。

表 6－11　规费、税金项目清单与计价表

工程名称：　　　　　　　　　　　　　　　标段：　　　　　　　　　　　　　　　第　页　共　页

| 序号 | 项目名称 | 计算基础 | 计算基数(元) | 计算费率(%) | 金额(元) |
|---|---|---|---|---|---|
| 1 | 规费 | | | | |
| 1.1 | 工程排污费 | | | | |
| 1.2 | 社会保障费 | | | | |
| (1) | 养老保险费 | | | | |
| (2) | 失业保险费 | | | | |
| (3) | 医疗保险费 | | | | |
| 1.3 | 住房公积金 | | | | |
| 1.4 | 工伤保险 | | | | |
| | | | | | |
| 2 | 税金 | 分部分项工程费＋措施项目费＋其他项目费＋规费 | | | |
| 合　计 | | | | | |

江苏省关于《建筑工程工程量清单计价规范》贯彻意见（苏建价〔2014〕448 号）对规费项目清单表格作如下调整：

**表 6－12　规费、税金项目计价表**

工程名称：　　　　　　　　　　　　　标段：　　　　　　　　　　　　第　页　共　页

| 序号 | 项目名称 | 计算基础 | 计算基数(元) | 计算费率(%) | 金额(元) |
|---|---|---|---|---|---|
| 1 | 规费 | 分部分项工程费＋措施项目费＋其他项目费－工程设备费 | | | |
| 1.1 | 社会保障费 | | | | |
| 1.2 | 住房公积金 | | | | |
| 1.3 | 工程排污费 | | | | |
| 2 | 税金 | 分部分项工程费＋措施项目费＋其他项目费＋规费－按规定不计税的工程设备金额 | | | |
| 合　计 | | | | | |

编制人（造价人员）：　　　　　　　　　　　　　　　　复核人（造价工程师）：

注：工程排污费费率在招标时暂按 0.1%计入，结算时按工程所在地环境保护部门收取标准，按实计人。

## 第六节　招标清单文件工程实例

某住宅楼＿＿＿＿工程

# 招标工程量清单

招　标　人：＿＿＿＿＿＿＿＿（单位盖章）　　　造价咨询人：＿＿＿＿＿＿＿＿（单位盖章）

法定代表人　　　　　　　　　　　　　　　　　法定代表人

或其授权人：＿＿＿＿＿＿＿＿（签字或盖章）　　或其授权人：＿＿＿＿＿＿＿＿（签字或盖章）

编　制　人：＿＿＿＿＿＿＿＿（造价人员签字盖专用章）　　复　核　人：＿＿＿＿＿＿＿＿（造价人员签字盖专用章）

编 制 时 间：＿＿＿＿＿＿＿＿　　　　　　　　复 核 时 间：＿＿＿＿＿＿＿＿

# 总说明

工程名称：某住宅楼　　　　第1页共1页

一、工程概况：

本工程位于苏州，工程规模为住宅建筑，框剪结构。住宅建筑面积计4 554.20 $m^2$，本工程地下1层，地上9层，建筑总高度29.9米。

二、工程量清单编制依据：

《建设工程工程量清单计价规范》(GB 50500—2013)，《房屋建筑与装饰工程工程量计算规范》(GB 50854—2013)，《建筑工程建筑面积计算规范》(GB/T 50353—2013)，《2009年江苏修缮建筑工程》《2009年江苏修缮安装工程》、省住房城乡建设厅关于《建设工程工程量清单计价规范》(GB 50500—2013)及其工程量计算规范的贯彻意见(苏建价〔2014〕448号文件)，省市相关文件规定等。

三、有关费用计取：

1. 江苏省建设工程费用定额(2014年)、苏建价〔2016〕154号文件、苏住建价〔2016〕3号文件。
2. 规费计取，环境保护税0.1%，社会保障费3.2%，住房公积金0.53%。
3. 现场安全文明施工措施费，基本费3.1%，文明工地：0.49%。
4. 风险费不计。
5. 赶工措施费、工程论质论价费不计。
6. 暂列金额未计。
7. 总包服务费未计。
8. 税金10.0%。

四、其他需说明的问题：

1. 楼号：包含砌体、混凝土结构、预制构件、散水、门口坡道、烟道、型钢柱、防火门、百叶窗、基层防水、屋面(地面)保温、石材面保温、楼地面水泥砂浆基层、细石混凝土基层，内墙基层，外墙粉刷、涂料，其中石材、一体保温板不在范围内。室外楼梯天棚抹灰。除上述防火门、百叶窗等，其他门窗在装修中，除楼梯栏杆所有栏杆在装修内。具体界面划分，请参照建筑构造做法一览表、招标文件、答疑及清单等。
2. 预算中混凝土按商品混凝土考虑，砂浆按预拌砂浆考虑。
3. 投标单位应充分考虑施工期间各类建材的市场风险和国家政策性调整风险系数并计入综合单价报价。
4. 防水报价中充分考虑防水做法中的加强层(包括基础桩头放水处理加强层、后浇带位置加强层，屋面防水翻边、分隔缝位置加强层)增加费用，结算不调整。
5. 本工程须设置安装在线监测系统，此项费用要求投标人列入投标报价。
6. 本工程投标人搭设的所有临时设施及临时道路及红线外的借地费用(无须考虑招标方已经租赁的临时场地)，所需费用包含在投标总价中，一次性包干。
7. 本工程创建"姑苏杯"，评市文明工地。
8. 其他说明请详招标文件。

# 分部分项工程项目清单

工程名称：某住宅楼　　　　标段：地上土建

| 序号 | 项目编码 | 项目名称 | 项目特征描述 | 计量单位 | 工程量 | 金额(元) | | |
|---|---|---|---|---|---|---|---|---|
| | | | | | | 综合单价 | 合价 | 其中<br>暂估价 |
| | | 砌筑工程 | | | | | | |
| 1 | 010402001012 | 砌块墙 | 200厚内墙/A3.5 B06蒸压砂加气混凝土砌块/Ms5专用砂浆砌筑 | $m^3$ | 193.430 | | | |
| 2 | 010402001013 | 砌块墙 | 100厚内墙/A3.5 B06蒸压砂加气混凝土砌块/Ms5专用砂浆砌筑 | $m^3$ | 200.320 | | | |
| 3 | 010402001011 | 砌块墙 | 200厚/外墙/钢筋陶粒蒸压混凝土轻质墙板安装/含二次深化设计、预埋件、墙板安装、接缝处理等/符合设计及施工规范要求 | $m^3$ | 172.130 | | | |

续　表

| 序号 | 项目编码 | 项目名称 | 项目特征描述 | 计量单位 | 工程量 | 金额(元) | | |
|---|---|---|---|---|---|---|---|---|
| | | | | | | 综合单价 | 合价 | 其中 |
| | | | | | | | | 暂估价 |
| 4 | 010402001010 | 砌块墙 | 100厚/外墙/钢筋陶粒蒸压混凝土轻质墙板安装/含二次深化设计、预埋件、墙板安装、接缝处理等/符合设计及施工规范要求 | $m^3$ | 14.620 | | | |
| 5 | 010512904003 | 装配式混凝土外墙板(安装) | 装配式混凝土外墙板安装/构件吊运、装配、套筒注浆、嵌缝打胶等 | $m^3$ | 186.750 | | | |
| | | **混凝土及钢筋混凝土工程** | | | | | | |
| 6 | 010501006001 | 设备基础 | 设备基础/C30商品混凝土/单体体积在20 $m^3$ 以内 | $m^3$ | 1.500 | | | |
| 7 | 010502001001 | 矩形柱 | C30商品混凝土矩形柱 | $m^3$ | 23.520 | | | |
| 8 | 010502002001 | 构造柱 | C25商品混凝土构造柱 | $m^3$ | 67.600 | | | |
| 9 | 010502002002 | 构造柱 | C25商品混凝土门窗框柱 | $m^3$ | 60.900 | | | |
| 10 | 010503002002 | 矩形梁 | C30商品混凝土矩形梁 | $m^3$ | 51.210 | | | |
| 11 | 010503004005 | 圈梁 | C25商品混凝土腰梁、窗台梁 | $m^3$ | 3.800 | | | |
| 12 | 010503004004 | 圈梁 | C25商品混凝土止水带 | $m^3$ | 21.610 | | | |
| 13 | 010503005001 | 过梁 | C25商品混凝土过梁 | $m^3$ | 11.860 | | | |
| 14 | 010504001001 | 直形墙 | C30商品混凝土直形墙/墙厚200内 | $m^3$ | 318.390 | | | |
| 15 | 010504001002 | 直形墙 | C30商品混凝土电梯井壁墙/墙厚200内 | $m^3$ | 48.300 | | | |
| 16 | 010505001001 | 有梁板 | C30商品混凝土有梁板 | $m^3$ | 458.510 | | | |
| 17 | 010505001003 | 有梁板 | C30商品混凝土有梁斜板 | $m^3$ | 78.450 | | | |
| 18 | 010505003001 | 平板 | C35后浇商品混凝土平板(管井处) | $m^3$ | 1.440 | | | |
| 19 | 010508001003 | 后浇带 | 顶板及梁后浇带/C35补偿收缩混凝土/掺抗裂防水剂,膨胀剂,掺量按图纸要求 | $m^3$ | 11.830 | | | |
| 20 | 010505008003 | 雨篷、悬挑板、阳台板 | C30商品混凝土阳台板 | $m^3$ | 63.120 | | | |
| 21 | 010506001001 | 直形楼梯 | C30商品混凝土直形楼梯 | $m^2$ | 65.840 | | | |
| 22 | 010507007003 | 其他构件 | C30商品混凝土线条 | $m^3$ | 3.340 | | | |
| 23 | 010507001001 | 散水、坡道 | 坡道/素土夯实/50厚碎石或碎砖夯实/100厚C15混凝土垫层/30厚1∶2.5水泥砂浆找平及结合层/8～10厚防滑地砖,水泥砂浆擦缝撒素水泥面(洒适量清水) | $m^2$ | 42.720 | | | |
| 24 | 010507001002 | 散水、坡道 | 散水/70厚C20混凝土随打随抹/30～70粒径碎石一层夯入土内 | $m^2$ | 90.450 | | | |

续　表

| 序号 | 项目编码 | 项目名称 | 项目特征描述 | 计量单位 | 工程量 | 金额(元) | | |
|---|---|---|---|---|---|---|---|---|
| | | | | | | 综合单价 | 合价 | 其中<br>暂估价 |
| 25 | 030206001001 | 烟道 | 烟道/详图集 16J916-1-A-C-12 | m | 92.800 | | | |
| 26 | 010514001003 | 风帽 | 成品风帽/成品防倒灌式风帽 | 套 | 4.000 | | | |
| 27 | 010515001001 | 现浇构件钢筋 | 找平钢筋网/直径 $\phi$4 mm 以内/HPB 300 综合 | t | 5.885 | | | |
| 28 | 010515001016 | 现浇构件钢筋 | 现浇混凝土构件钢筋/直径 $\phi$10 mm 以内/HPB 300 综合 | t | 4.788 | | | |
| 29 | 010515001017 | 现浇构件钢筋 | 现浇混凝土构件钢筋/直径 $\phi$8 mm 以内/HRB 400 综合 | t | 73.949 | | | |
| 30 | 010515001018 | 现浇构件钢筋 | 现浇混凝土构件钢筋/直径 $\phi$12 mm 以内/HRB 400 综合 | t | 34.853 | | | |
| 31 | 010515001019 | 现浇构件钢筋 | 现浇混凝土构件钢筋/直径 $\phi$25 mm 以内/HRB 400 综合 | t | 18.598 | | | |
| 32 | 010515001021 | 现浇构件钢筋 | 现浇混凝土构件钢筋/直径 $\phi$8 mm 以内/HRB 400E 综合 | t | 4.017 | | | |
| 33 | 010515001022 | 现浇构件钢筋 | 现浇混凝土构件钢筋/直径 $\phi$12 mm 以内/HRB 400E 综合 | t | 0.163 | | | |
| 34 | 010515001020 | 现浇构件钢筋 | 现浇混凝土构件钢筋/直径 $\phi$25 mm 以内/HRB 400E 综合 | t | 31.220 | | | |
| 35 | 010515001009 | 现浇构件钢筋 | 砌体、板缝内加固钢筋 | t | 5.519 | | | |
| 36 | 010516003003 | 机械连接 | 直螺纹接头/ $\phi$25 以内 | 个 | 40.000 | | | |
| 37 | 010516004002 | 钢筋电渣压力焊接头 | 电渣压力焊 | 个 | 2305.000 | | | |
| 38 | 010515009001 | 支撑钢筋(铁马) | 马凳钢筋/HRB 400 综合 | t | 1.000 | | | |
| | | **装配式构件** | | | | | | |
| 39 | 010512902001 | 装配式混凝土叠合板(构件) | 装配式混凝土叠合板(成品)/混凝土等级:C30/含构件内钢筋、混凝土、预埋铁件等费用/含门窗框、电线管、套管及线盒等费用/含运输,运距、装卸自行考虑/按装配式构件混凝土体积计算 | $m^3$ | 196.270 | | | |
| 40 | 010512902002 | 装配式混凝土叠合板(安装) | 装配式混凝土叠合板安装/构件吊运、装配、套筒注浆、嵌缝打胶等 | $m^3$ | 196.270 | | | |
| 41 | 010513901001 | 装配式混凝土楼梯(构件) | 装配式混凝土楼梯(成品)/混凝土等级:C30/含构件内钢筋、混凝土、预埋铁件等费用/含门窗框、电线管、套管及线盒等费用/含运输,运距、装卸自行考虑/按装配式构件混凝土体积计算 | $m^3$ | 13.630 | | | |

续　表

| 序号 | 项目编码 | 项目名称 | 项目特征描述 | 计量单位 | 工程量 | 金额(元) | | |
|---|---|---|---|---|---|---|---|---|
| | | | | | | 综合单价 | 合价 | 其中 暂估价 |
| 42 | 010513901002 | 装配式混凝土楼梯(安装) | 装配式混凝土楼梯安装/构件吊运、装配、套筒注浆、嵌缝打胶等 | $m^3$ | 13.630 | | | |
| | | 分部小计 | | | | | | |
| | | **金属结构工程** | | | | | | |
| 43 | 010606008001 | 钢梯 | 屋面检修上人钢梯/露明处红丹防锈漆一遍，调和漆二遍/具体做法及位置详图纸 | t | 0.150 | | | |
| 44 | 010516002002 | 预埋铁件 | 预埋铁件制作安装 | t | 0.040 | | | |
| 45 | 010607005001 | 砌块墙钢丝网 | 砌体墙与柱、梁、墙、板等混凝土交界墙体 300 宽钢丝网/展开宽 300 mm | $m^2$ | 2 004.710 | | | |
| 46 | 010607005002 | 砌块墙钢丝网 | 镀锌钢丝网/楼梯间和人流通道(公共部位) | $m^2$ | 1 127.740 | | | |
| | | **0108 门窗工程** | | | | | | |
| 47 | 010801004001 | 木质防火门 | 乙级木质防火门/含闭门器、顺序器、门锁等五金配件及灌浆/油漆/耐火极限满足设计及规范要求/详见设计图纸 | $m^2$ | 68.160 | | | |
| 48 | 010801004002 | 木质防火门 | 丙级木质防火门/含闭门器、顺序器、门锁等五金配件及灌浆/油漆/耐火极限满足设计及规范要求/详见设计图纸 | $m^2$ | 59.400 | | | |
| 49 | 010807003002 | 金属百叶窗 | 铝合金百叶窗/含五金、配件等 | $m^2$ | 52.920 | | | |
| | | 分部小计 | | | | | | |
| | | **屋面及防水工程** | | | | | | |
| 50 | 010902002001 | 屋面涂膜防水 | 屋面一/1.5 mm 厚非固化橡胶沥青防水涂膜/展开面积 | $m^2$ | 648.820 | | | |
| 51 | 010902001009 | 屋面卷材防水 | 屋面一/1.5 厚沥青基高分子自粘卷材/展开面积 | $m^2$ | 648.820 | | | |
| 52 | 010902001010 | 屋面卷材防水 | 坡屋面/1.5 厚沥青基高分子自粘卷材/展开面积 | $m^2$ | 781.340 | | | |
| 53 | 010902002002 | 屋面涂膜防水 | 雨棚、设备平台/1.5 厚沥青基高分子自粘卷材/展开面积 | $m^2$ | 53.760 | | | |
| 54 | 010904002001 | 楼(地)面涂膜防水 | 楼面五(卫生间)/1.5 厚 JS－Ⅱ型聚合物水泥基防水涂料，四周上卷 350 高(距离装修完成面) | $m^2$ | 404.880 | | | |

续 表

| 序号 | 项目编码 | 项目名称 | 项目特征描述 | 计量单位 | 工程量 | 金额(元) | | |
|---|---|---|---|---|---|---|---|---|
| | | | | | | 综合单价 | 合价 | 其中 暂估价 |
| 55 | 010902003001 | 屋面刚性层 | 屋面一/最薄30厚C20细石混凝土找平找坡/20厚1∶3水泥砂浆找平层/10厚低强度等级砂浆隔离层/50厚C30细石混凝土面层，设分隔缝间距不宜大于3 m，缝宽20 mm，缝内油膏嵌缝 | $m^2$ | 553.780 | | | |
| 56 | 010902003004 | 屋面刚性层 | 雨棚、设备平台/最薄30厚C25细石混凝土找平找坡/50厚C30细石混凝土面层，内配钢筋网片(钢筋网片另计) | $m^2$ | 53.760 | | | |
| 57 | 010902003003 | 屋面刚性层 | 瓦屋面/15厚1∶3水泥砂浆找平层/10厚石灰砂浆隔离层/50厚C30细石混凝土保护层找平 | $m^2$ | 716.670 | | | |
| 58 | 010901001001 | 瓦屋面 | 瓦屋面/深色水泥平板瓦/杉木挂瓦条 30×30 mm/杉木顺水条30×25 mm/含脊瓦 | $m^2$ | 716.670 | | | |
| 59 | 011108004001 | 零星项目 | 节点8平坡屋面交界处填充泡沫混凝土 | $m^3$ | 0.790 | | | |
| | | | **保温、隔热、防腐工程** | | | | | |
| 60 | 011001001001 | 保温隔热屋面 | 屋面一/55厚挤塑聚苯保温板(燃烧性能B1级)(500宽55厚硬质岩棉版防火隔离带) | $m^2$ | 553.780 | | | |
| 61 | 011001005001 | 保温隔热楼地面 | 楼四、楼五、楼六/20厚B1级挤塑聚苯板(XPS)保温层 | $m^2$ | 2814.280 | | | |
| 62 | 011001003002 | 保温隔热墙面 | 楼梯间隔墙/15厚水泥基无机矿物轻集料保温砂浆(用于楼梯间隔墙)/铺设耐碱玻纤网格布一层 | $m^2$ | 280.590 | | | |
| 63 | 011001003001 | 保温隔热墙面 | 分户墙/6厚水泥基无机矿物轻集料保温砂浆(用于分户墙)/铺设耐碱玻纤网格布一层 | $m^2$ | 345.280 | | | |
| 64 | 011001003003 | 保温隔热墙面 | 外墙一/20厚B1级石墨聚苯板(楼层处设置300宽20厚A级岩棉防火隔离带)(锚固件与基层墙体连接)/防水透气膜 | $m^2$ | 695.380 | | | |
| | | | **楼地面装饰工程** | | | | | |
| 65 | 011101003001 | 细石混凝土楼地面 | 楼面一/20厚1∶2.5水泥砂浆找平 | $m^2$ | 392.400 | | | |
| 66 | 011101003012 | 细石混凝土楼地面 | 楼面一/楼梯/20厚1∶2.5水泥砂浆楼梯面 | $m^2$ | 124.950 | | | |
| 67 | 011101003003 | 细石混凝土楼地面 | 楼面四/40厚C25细石混凝土，表面撒1∶1水泥沙子随打随抹光 | $m^2$ | 169.600 | | | |

续　表

| 序号 | 项目编码 | 项目名称 | 项目特征描述 | 计量单位 | 工程量 | 金额(元) | | |
|---|---|---|---|---|---|---|---|---|
| | | | | | | 综合单价 | 合价 | 其中 暂估价 |
| 68 | 011101003008 | 细石混凝土楼地面 | 楼面五/40 厚 C25 细石混凝土,表面撒 1∶1 水泥沙子随打随抹光/泡沫混凝土回填密实剩余厚度兼找坡层,1%坡向地漏/10 厚 1∶3 水泥砂浆保护层 | $m^2$ | 275.920 | | | |
| 69 | 011101003011 | 细石混凝土楼地面 | 楼面六/50 厚 C25 细石混凝土,表面撒 1∶1 水泥沙子随打随抹光/5 厚减振隔声板 | $m^2$ | 2368.680 | | | |
| 70 | 011101003010 | 细石混凝土楼地面 | 楼面七/最薄 30 厚 C25 细石混凝土找平找坡 | $m^2$ | 387.320 | | | |
| 71 | 011101003013 | 细石混凝土楼地面 | 管井/20 厚 1∶3 水泥砂浆压实抹光 | $m^2$ | 23.240 | | | |
| | | 墙、柱面装饰与隔断、幕墙工程 | | | | | | |
| 72 | 011201001014 | 墙面一般抹灰 | 内墙一、二、三、四(混凝土墙面)/6 厚 1∶2.5 水泥砂浆粉面/12 厚 1∶3 水泥砂浆打底/刷界面剂一道 | $m^2$ | 2787.960 | | | |
| 73 | 011201001015 | 墙面一般抹灰 | 内墙一、二、三、四(轻质墙面)/6 厚 1∶2.5 水泥砂浆粉面/12 厚 1∶3 水泥砂浆打底/界面剂一道 | $m^2$ | 2612.680 | | | |
| 74 | 011201001016 | 墙面一般抹灰 | 内墙五(轻质墙面)/20 厚 1∶3 水泥砂浆刮糙层/加气混凝土面刷界面剂一道 | $m^2$ | 309.270 | | | |
| 75 | 011201001018 | 墙面一般抹灰 | 内墙五(混凝土墙面)/20 厚 1∶3 水泥砂浆刮糙层/混凝土面刷界面剂一道 | $m^2$ | 312.640 | | | |
| 76 | 011201001011 | 墙面一般抹灰 | 内墙六(混凝土墙面)/10 厚 1∶2.5 水泥砂浆罩面 /混凝土面界面剂一道 | $m^2$ | 345.280 | | | |
| 77 | 011201001012 | 墙面一般抹灰 | 外墙一、二、三/20 厚 1∶2.5 水泥砂浆找平层(内掺 5%防水剂),刷界面砂浆一道 | $m^2$ | 2574.750 | | | |
| 78 | 011201001013 | 墙面一般抹灰 | 外墙四/18 厚 1∶3 水泥砂浆找平/混凝土面刷界面剂一道 | $m^2$ | 197.900 | | | |
| | | 油漆、涂料、裱糊工程 | | | | | | |
| 79 | 011407001006 | 墙面喷刷涂料 | 内墙五/批白色耐水腻子二度 | $m^2$ | 953.420 | | | |
| 80 | 011407001003 | 墙面喷刷涂料 | 外墙四/外墙涂料/2 厚外墙腻子 | $m^2$ | 197.900 | | | |
| | | 分部小计 | | | | | | |

续　表

| 序号 | 项目编码 | 项目名称 | 项目特征描述 | 计量单位 | 工程量 | 金额(元) | | |
|---|---|---|---|---|---|---|---|---|
| | | | | | | 综合单价 | 合价 | 其中<br>暂估价 |
| | | **其他装饰工程** | | | | | | |
| 81 | 011503001009 | 金属扶手、栏杆、栏板 | 楼梯栏杆扶手/硬木扶手，立杆 $\phi$28 钢筋，$\phi$34 套管，两端 $\phi$40 * 2 钢管，高度 900 mm/做法参见图集 15J403 - 1 - B14 - A2，具体做法详见设计图纸 | m | 88.820 | | | |
| 82 | 011508004003 | 排气洞 | 厕所排气洞 D1，洞口直径见图纸 | 个 | 56.000 | | | |
| 83 | 011508004004 | 排气洞 | 厨房排气洞 D2，洞口直径见图纸 | 个 | 28.000 | | | |

## 单价措施项目清单

工程名称：某住宅楼　　　　　　　　标段：地上土建

| 序号 | 项目编码 | 项目名称 | 项目特征描述 | 计量单位 | 工程量 | 金额(元) | | |
|---|---|---|---|---|---|---|---|---|
| | | | | | | 综合单价 | 合价 | 其中<br>暂估价 |
| 1 | 011701001001 | 综合脚手架 | 综合脚手架/本工程施工所需综合脚手架费用 | 项 | 1.000 | | | |
| 2 | 011702001001 | 基础 | 设备基础模板/设备单体体积在 20 $m^3$ 以内 | $m^2$ | 24.240 | | | |
| 3 | 011702003001 | 构造柱 | 构造柱模板/塑料卡 | $m^2$ | 1 016.560 | | | |
| 4 | 011702003002 | 构造柱 | 门窗框柱模板/塑料卡 | $m^2$ | 1 091.900 | | | |
| 5 | 011702008001 | 圈梁 | 窗台梁、圈梁、压顶、止水导墙等模板/塑料卡 | $m^2$ | 4 393.300 | | | |
| 6 | 011702009001 | 过梁 | 过梁模板/塑料卡 | $m^2$ | 247.500 | | | |
| 7 | 011702011001 | 直形墙 | 直形墙模板/塑料卡 | $m^2$ | 4 414.570 | | | |
| 8 | 011702011002 | 直形墙 | 电梯井壁墙模板/塑料卡 | $m^2$ | 409.780 | | | |
| 9 | 011702014001 | 有梁板 | 有梁板模板/厚度 100 mm 内/塑料卡 | $m^2$ | 953.140 | | | |
| 10 | 011702014002 | 有梁板 | 有梁板模板/厚度 200 mm 内/塑料卡 | $m^2$ | 1 095.350 | | | |
| 11 | 011702014003 | 有梁板 | 有梁斜板模板/厚度 200 mm 内/塑料卡 | $m^2$ | 782.600 | | | |
| 12 | 011702016001 | 平板 | 平板模板/厚度 100 mm 以内/塑料卡 | $m^2$ | 18.000 | | | |

续 表

| 序号 | 项目编码 | 项目名称 | 项目特征描述 | 计量单位 | 工程量 | 金额(元) | | |
|---|---|---|---|---|---|---|---|---|
| | | | | | | 综合单价 | 合价 | 其中<br>暂估价 |
| 13 | 011702030004 | 后浇带 | 现浇构件 后浇板带模板、支撑增加费 | m | 92.210 | | | |
| 14 | 011702006001 | 矩形梁 | 现浇构件挑梁、单梁、连续梁、框架梁 模板/塑料卡 | $m^2$ | 596.920 | | | |
| 15 | 011702024001 | 楼梯 | 直形楼梯模板/塑料卡 | $m^2$ | 131.670 | | | |
| 16 | 011702025002 | 其他现浇构件 | 现浇构件混凝土线条模板/塑料卡 | $m^2$ | 58.600 | | | |
| 17 | 011703001003 | 垂直运输 | 本工程施工所需垂直运输机械费用 | 项 | 1.000 | | | |
| 18 | 011704001002 | 超高施工增加 | 本工程超高施工增加费 | 项 | 1.000 | | | |

## 总价措施项目清单

工程名称:某住宅楼　　　　　　　　标段:地上土建

| 序号 | 项目编码 | 项目名称 | 计算基础 | 费率(%) | 金额(元) |
|---|---|---|---|---|---|
| 1 | 011707001001 | 安全文明施工 | | 100% | |
| | 1 | 基本费 | 分部分项工程费+单价措施项目费－工程设备费 | 3.1% | |
| | 2 | 扬尘污染防治增加费 | 分部分项工程费+单价措施项目费－工程设备费 | 0.49% | |
| 2 | 011707002001 | 夜间施工 | 分部分项工程费+单价措施项目费－工程设备费 | 0.08% | |
| 3 | 011707003001 | 非夜间施工 | 分部分项工程费+单价措施项目费－工程设备费 | 0 | |
| 4 | 011707005001 | 冬雨季施工 | 分部分项工程费+单价措施项目费－工程设备费 | 0.18% | |
| 5 | 011707007001 | 已完工程及设备保护 | 分部分项工程费+单价措施项目费－工程设备费 | 0.05% | |
| 6 | 011707006001 | 地上、地下设施、建筑物的临时保护设施 | 分部分项工程费+单价措施项目费－工程设备费 | 0% | |
| 7 | 011707008001 | 临时设施 | 分部分项工程费+单价措施项目费－工程设备费 | 2.1% | |
| 8 | 011707009001 | 赶工措施 | 分部分项工程费+单价措施项目费－工程设备费 | 0% | |
| 9 | 011707010001 | 工程按质论价 | 分部分项工程费+单价措施项目费－工程设备费 | 1.1% | |
| 10 | 011707011001 | 住宅分户验收 | 分部分项工程费+单价措施项目费－工程设备费 | 0.4% | |
| | | 合　计 | | | |

## 其他项目清单

工程名称:某住宅楼　　　　　　　　　　　　标段:地上土建

| 序号 | 项目名称 | 金额(元) | 备注 |
|---|---|---|---|
| 1 | 暂列金额 | | |
| 2 | 暂估价 | | |
| 2.1 | 材料暂估价 | | |
| 2.2 | 专业工程暂估价 | | |
| 3 | 计日工 | | |
| 4 | 总承包服务费 | | |
| | 合　计 | | |

## 规费、税金项目清单

工程名称:某住宅楼　　　　　　　　　　　　标段:地上土建

| 序号 | 项目名称 | 计算基础 | 计算基数 | 计算费率(%) | 金额(元) |
|---|---|---|---|---|---|
| 1 | 规费 | [1.1]+[1.2]+[1.3] | | 100% | |
| 1.1 | 社会保险费 | 分部分项工程费+措施项目费+其他项目费－工程设备费 | | 3.2% | |
| 1.2 | 住房公积金 | 分部分项工程费+措施项目费+其他项目费－工程设备费 | | 0.53% | |
| 1.3 | 环境保护税 | 分部分项工程费+措施项目费+其他项目费－工程设备费 | | 0.1% | |
| 2 | 税金 | 分部分项工程费+措施项目费+其他项目费+规费－(甲供材料费+甲供设备费)/1.01 | | 10% | |
| | 合　计 | | | | |

# 第七节　投标报价文件工程实例

投标报价是指承包商采取投标方式承揽工程项目时,计算和确定承包该工程的投标总价格。《建设工程工程量清单计价规范》(GB 50500—2013)中对于投标报价文价做出了一般规定:

(1) 投标价应由投标人或受其委托具有相应资质的工程造价咨询人编制。

(2) 除规范强制性规定外,投标人应依据招标文件及其招标工程量清单自主确定报价成本。

(3) 投标报价不得低于工程成本。

(4) 投标人应按招标工程量清单填报价格。项目编码、项目名称、项目特征、计量单位、工程量必须与招标工程量清单一致。

5) 投标人可根据工程实际情况结合施工组织设计，对招标人所列的措施项目进行增补。

13计价规范还规定：分部分项工程费应依据招标文件及其招标工程量清单中分部分项工程量清单项目的特征描述 确定综合单价计算，并应符合下列规定：

(1) 综合单价中应考虑招标文件中要求投标人承担的风险费用。

(2) 招标工程量清单中提供了暂估单价的材料和工程设备，按暂估的单价计入综合单价。

招标工程量清单与计价表中列明的所有需要填写的单价和合价的项目，投标人均应填写且只允许有一个报价。未填写单价和合价的项目，视为此项费用已包含在已标价工程量清单中其他项目的单价和合价之中。竣工结算时，此项目不得重新组价予以调整。投标总价应当与分部分项工程费、措施项目费、其他项目费和规费、税金的合计金额一致。

下面为上节招标工程的土建投标报价文件：

某住宅楼　工程

**投　标　总　价**

投标人：________________________

(单位盖章)

**日　期**

# 投标总价

招　标　人：________________

工 程 名 称：某住宅楼

投 标 总 价(小写)：6 735 464.23

(大写)：陆佰柒拾叁万伍仟肆佰陆拾肆元贰角叁分

投　标　人：________________
(单位盖章)

法定代表人

________________
(签字盖章)

或其授权人：

编　制　人：________________
(造价人员签字盖专用章)

时　　　间：

## 单位工程投标报价汇总表

工程名称:某住宅楼　　　　　　　　　　　　　标段:地上土建

| 序号 | 汇总内容 | 金额(元) |
|---|---|---|
| 1 | 分部分项工程费 | 4 425 428.07 |
| 1.1 | 人工费 | 695 556.23 |
| 1.2 | 材料费 | 3 501 514.83 |
| 1.3 | 施工机具使用费 | 87 375.23 |
| 1.4 | 企业管理费 | 94 004.38 |
| 1.5 | 利润 | 46 977.47 |
| 2 | 措施项目费 | 1 471 855.28 |
| 2.1 | 单价措施项目费 | 1 060 416.92 |
| 2.2 | 总价措施项目费 | 411 438.36 |
| 2.2.1 | 其中:安全文明施工措施费 | 196 941.83 |
| 3 | 其他项目费 | |
| 3.1 | 其中:暂列金额 | |
| 3.2 | 其中:专业工程暂估 | |
| 3.3 | 其中:计日工 | |
| 3.4 | 其中:总承包服务费 | |
| 4 | 规费 | 225 865.95 |
| 4.1 | 社会保险费 | 188 713.07 |
| 4.2 | 住房公积金 | 31 255.60 |
| 4.3 | 环境保护税 | 5 897.28 |
| 5 | 税金 | 612 314.93 |
| 总价合计=1+2+3+4+5-甲供材料费_含设备/1.01 | | 6 735 464.23 |

## 分部分项工程和单价措施项目清单计价表

工程名称:某住宅楼　　　　　　　　　　　　　标段:地上土建

| 序号 | 项目编码 | 项目名称 | 项目特征描述 | 计量单位 | 工程量 | 金额(元) | | |
|---|---|---|---|---|---|---|---|---|
| | | | | | | 综合单价 | 合价 | 其中<br>暂估价 |
| | | 砌筑工程 | | | | | | |
| 1 | 010402001012 | 砌块墙 | 200厚内墙/A 3.5 B 06蒸压砂加气混凝土砌块/Ms 5专用砂浆砌筑 | $m^3$ | 193.430 | 443.79 | 85 842.30 | |

续　表

| 序号 | 项目编码 | 项目名称 | 项目特征描述 | 计量单位 | 工程量 | 金额(元) | | |
|---|---|---|---|---|---|---|---|---|
| | | | | | | 综合单价 | 合价 | 其中<br>暂估价 |
| 2 | 010402001013 | 砌块墙 | 100 厚内墙/A 3.5 B 06 蒸压砂加气混凝土砌块/Ms 5 专用砂浆砌筑 | $m^3$ | 200.320 | 443.79 | 88 900.01 | |
| 3 | 010402001011 | 砌块墙 | 200 厚/外墙/钢筋陶粒蒸压混凝土轻质墙板安装/含二次深化设计、预埋件、墙板安装、接缝处理等/符合设计及施工规范要求 | $m^3$ | 172.130 | 3 500.66 | 602 568.61 | |
| 4 | 010402001010 | 砌块墙 | 100 厚/外墙/钢筋陶粒蒸压混凝土轻质墙板安装/含二次深化设计、预埋件、墙板安装、接缝处理等/符合设计及施工规范要求 | $m^3$ | 14.620 | 3 550.25 | 51 904.66 | |
| 5 | 010512904003 | 装配式混凝土外墙板(安装) | 装配式混凝土外墙板安装/构件吊运、装配、套筒注浆、嵌缝打胶等 | $m^3$ | 186.750 | 600.00 | 112 050.00 | |
| | | 分部小计 | | | | | 94 1265.58 | |
| | | 混凝土及钢筋混凝土工程 | | | | | | |
| 6 | 010501006001 | 设备基础 | 设备基础/C30 商品混凝土/单体体积在 20 $m^3$ 以内 | $m^3$ | 1.500 | 514.52 | 771.78 | |
| 7 | 010502001001 | 矩形柱 | C30 商品混凝土矩形柱 | $m^3$ | 23.520 | 555.80 | 13 072.42 | |
| 8 | 010502002001 | 构造柱 | C25 商品混凝土构造柱 | $m^3$ | 67.600 | 639.34 | 43 219.38 | |
| 9 | 010502002002 | 构造柱 | C25 商品混凝土门窗框柱 | $m^3$ | 60.900 | 561.88 | 34 218.49 | |
| 10 | 010503002002 | 矩形梁 | C30 商品混凝土矩形梁 | $m^3$ | 51.210 | 537.36 | 27 518.21 | |
| 11 | 010503004005 | 圈梁 | C25 商品混凝土腰梁、窗台梁 | $m^3$ | 3.800 | 557.55 | 2 118.69 | |
| 12 | 010503004004 | 圈梁 | C25 商品混凝土止水带 | $m^3$ | 21.610 | 557.55 | 12 048.66 | |
| 13 | 010503005001 | 过梁 | C25 商品混凝土过梁 | $m^3$ | 11.860 | 598.06 | 7 092.99 | |
| 14 | 010504001001 | 直形墙 | C30 商品混凝土直形墙/墙厚 200 内 | $m^3$ | 318.390 | 567.17 | 180 581.26 | |
| 15 | 010504001002 | 直形墙 | C30 商品混凝土电梯井壁墙/墙厚 200 内 | $m^3$ | 48.300 | 611.28 | 29 524.82 | |
| 16 | 010505001001 | 有梁板 | C30 商品混凝土有梁板 | $m^3$ | 458.510 | 530.10 | 243 056.15 | |
| 17 | 010505001003 | 有梁板 | C30 商品混凝土有梁斜板 | $m^3$ | 78.450 | 530.10 | 41 586.35 | |
| 18 | 010505003001 | 平板 | C35 后浇商品混凝土平板(管井处) | $m^3$ | 1.440 | 558.81 | 804.69 | |
| 19 | 010508001003 | 后浇带 | 顶板及梁后浇带/C35 补偿收缩混凝土/掺抗裂防水剂，膨胀剂，掺量按图纸要求 | $m^3$ | 11.830 | 567.68 | 6715.65 | |

续　表

| 序号 | 项目编码 | 项目名称 | 项目特征描述 | 计量单位 | 工程量 | 金额(元) | | |
|---|---|---|---|---|---|---|---|---|
| | | | | | | 综合单价 | 合价 | 其中<br>暂估价 |
| 20 | 010505008003 | 雨篷、悬挑板、阳台板 | C30 商品混凝土阳台板 | $m^3$ | 63.120 | 527.90 | 33 321.05 | |
| 21 | 010506001001 | 直形楼梯 | C30 商品混凝土直形楼梯 | $m^2$ | 65.840 | 116.26 | 7 654.56 | |
| 22 | 010507007003 | 其他构件 | C30 商品混凝土线条 | $m^3$ | 3.340 | 595.81 | 1 990.01 | |
| 23 | 010507001001 | 散水、坡道 | 坡道/素土夯实/50 厚碎石或碎砖夯实/100 厚 C15 混凝土垫层/30 厚 1：2.5 水泥砂浆找平及结合层/8～10 厚防滑地砖，水泥砂浆擦缝撒素水泥面(洒适量清水) | $m^2$ | 42.720 | 194.33 | 8301.78 | |
| 24 | 010507001002 | 散水、坡道 | 散水/70 厚 C20 混凝土随打随抹/30～70 粒径碎石一层夯入土内 | $m^2$ | 90.450 | 106.07 | 9 594.03 | |
| 25 | 030206001001 | 烟道 | 烟道/详图集 16J916－1－A－C－12 | m | 92.800 | 150.00 | 13 920.00 | |
| 26 | 010514001003 | 风帽 | 成品风帽/成品防倒灌式风帽 | 套 | 4.000 | 209.12 | 836.48 | |
| 27 | 010515001001 | 现浇构件钢筋 | 找平钢筋网/直径 $\phi$4 mm 以内/HPB 300 综合 | t | 5.885 | 5 240.00 | 30 837.40 | |
| 28 | 010515001016 | 现浇构件钢筋 | 现浇混凝土构件钢筋/直径 $\phi$10 mm 以内/HPB 300 综合 | t | 4.788 | 5108.16 | 24 457.87 | |
| 29 | 010515001017 | 现浇构件钢筋 | 现浇混凝土构件钢筋/直径 $\phi$8 mm 以内/HRB 400 综合 | t | 73.949 | 5108.16 | 377 743.32 | |
| 30 | 010515001018 | 现浇构件钢筋 | 现浇混凝土构件钢筋/直径 $\phi$12 mm 以内/HRB 400 综合 | t | 34.853 | 5 055.35 | 176 194.11 | |
| 31 | 010515001019 | 现浇构件钢筋 | 现浇混凝土构件钢筋/直径 $\phi$25 mm 以内/HRB 400 综合 | t | 18.598 | 4 700.33 | 87 416.74 | |
| 32 | 010515001021 | 现浇构件钢筋 | 现浇混凝土构件钢筋/直径 $\phi$8 mm以内/HRB 400E 综合 | t | 4.017 | 5 240.00 | 21 049.08 | |
| 33 | 010515001022 | 现浇构件钢筋 | 现浇混凝土构件钢筋/直径 $\phi$12 mm 以内/HRB 400E 综合 | t | 0.163 | 5 055.35 | 824.02 | |
| 34 | 010515001020 | 现浇构件钢筋 | 现浇混凝土构件钢筋/直径 $\phi$25 mm 以内/HRB 400E 综合 | t | 31.220 | 4 700.33 | 146 744.30 | |
| 35 | 010515001009 | 现浇构件钢筋 | 砌体、板缝内加固钢筋 | t | 5.519 | 6 254.90 | 34 520.79 | |
| 36 | 010516003003 | 机械连接 | 直螺纹接头/ $\phi$25 以内 | 个 | 40.000 | 11.67 | 466.80 | |
| 37 | 010516004002 | 钢筋电渣压力焊接头 | 电渣压力焊 | 个 | 2 305.000 | 6.25 | 14 406.25 | |

**续 表**

| 序号 | 项目编码 | 项目名称 | 项目特征描述 | 计量单位 | 工程量 | 金额(元) | | |
|---|---|---|---|---|---|---|---|---|
| | | | | | | 综合单价 | 合价 | 其中 |
| | | | | | | | | 暂估价 |
| 38 | 010515009001 | 支撑钢筋(铁马) | 马凳钢筋/HRB 400 综合 | t | 1.000 | 5 055.35 | 5 055.35 | |
| | | 分部小计 | | | | | 1637 663.48 | |
| | | **装配式构件** | | | | | | |
| 39 | 010512902001 | 装配式混凝土叠合板(构件) | 装配式混凝土叠合板(成品)/混凝土等级:C30/含构件内钢筋、混凝土、预埋铁件等费用/含门窗框、电线管、套管及线盒等费用/含运输,运距、装卸自行考虑/按装配式构件混凝土体积计算 | $m^3$ | 196.270 | 3 273.71 | 642 531.06 | |
| 40 | 010512902002 | 装配式混凝土叠合板(安装) | 装配式混凝土叠合板安装/构件吊运、装配、套筒注浆、嵌缝打胶等 | $m^3$ | 196.270 | 585.78 | 114 971.04 | |
| 41 | 010513901001 | 装配式混凝土楼梯(构件) | 装配式混凝土楼梯(成品)/混凝土等级:C30/含构件内钢筋、混凝土、预埋铁件等费用/含门窗框、电线管、套管及线盒等费用/含运输,运距、装卸自行考虑/按装配式构件混凝土体积计算 | $m^3$ | 13.630 | 2 889.68 | 39 386.34 | |
| 42 | 010513901002 | 装配式混凝土楼梯(安装) | 装配式混凝土楼梯安装/构件吊运、装配、套筒注浆、嵌缝打胶等 | $m^3$ | 13.630 | 660.00 | 8 995.80 | |
| | | 分部小计 | | | | | 805 884.24 | |
| | | **金属结构工程** | | | | | | |
| 43 | 010606008001 | 钢梯 | 屋面检修上人钢梯/露明处红丹防锈漆一遍,调和漆二遍/具体做法及位置详图纸 | t | 0.150 | 7 511.08 | 1 126.66 | |
| 44 | 010516002002 | 预埋铁件 | 预埋铁件制作安装 | t | 0.040 | 12 435.15 | 497.41 | |
| 45 | 010607005001 | 砌块墙钢丝网 | 砌体墙与柱、梁、墙、板等混凝土交界墙体 300 宽钢丝网/展开宽 300 mm | $m^2$ | 2 004.710 | 9.86 | 19 766.44 | |
| 46 | 010607005002 | 砌块墙钢丝网 | 镀锌钢丝网/楼梯间和人流通道(公共部位) | $m^2$ | 1 127.740 | 11.16 | 12 585.58 | |
| | | 分部小计 | | | | | 33 976.09 | |
| | | **0108 门窗工程** | | | | | | |
| 47 | 010801004001 | 木质防火门 | 乙级木质防火门/含闭门器、顺序器、门锁等五金配件及灌浆/油漆/耐火极限满足设计及规范要求/详见设计图纸 | $m^2$ | 68.160 | 433.33 | 29 535.77 | |

续　表

| 序号 | 项目编码 | 项目名称 | 项目特征描述 | 计量单位 | 工程量 | 金额(元) | | |
|---|---|---|---|---|---|---|---|---|
| | | | | | | 综合单价 | 合价 | 其中<br>暂估价 |
| 48 | 010801004002 | 木质防火门 | 丙级木质防火门/含闭门器、顺序器、门锁等五金配件及灌浆/油漆/耐火极限满足设计及规范要求/详见设计图纸 | $m^2$ | 59.400 | 414.52 | 24 622.49 | |
| 49 | 010807003002 | 金属百叶窗 | 铝合金百叶窗/含五金、配件等 | $m^2$ | 52.920 | 361.54 | 19 132.70 | |
| | | 分部小计 | | | | | 73 290.96 | |
| | | **屋面及防水工程** | | | | | | |
| 50 | 010902002001 | 屋面涂膜防水 | 屋面一/1.5 mm 厚非固化橡胶沥青防水涂膜/展开面积 | $m^2$ | 648.820 | 47.11 | 30 565.91 | |
| 51 | 010902001009 | 屋面卷材防水 | 屋面一/1.5 厚沥青基高分子自粘卷材/展开面积 | $m^2$ | 648.820 | 67.14 | 43 561.77 | |
| 52 | 010902001010 | 屋面卷材防水 | 坡屋面/1.5 厚沥青基高分子自粘卷材/展开面积 | $m^2$ | 781.340 | 67.14 | 52 459.17 | |
| 53 | 010902002002 | 屋面涂膜防水 | 雨棚、设备平台/1.5 厚沥青基高分子自粘卷材/展开面积 | $m^2$ | 53.760 | 68.14 | 3 663.21 | |
| 54 | 010904002001 | 楼(地)面涂膜防水 | 楼面五(卫生间)/1.5 厚 JS－Ⅱ型聚合物水泥基防水涂料，四周上卷 350 高(距离装修完成面) | $m^2$ | 404.880 | 32.83 | 13 292.21 | |
| 55 | 010902003001 | 屋面刚性层 | 屋面一/最薄 30 厚 C20 细石混凝土找平找坡/20 厚 1：3 水泥砂浆找平层/10 厚低强度等级砂浆隔离层/50 厚 C30 细石混凝土面层，设分隔缝间距不宜大于 3 m，缝宽 20 mm，缝内油膏嵌缝 | $m^2$ | 553.780 | 77.17 | 42 735.20 | |
| 56 | 010902003004 | 屋面刚性层 | 雨棚、设备平台/最薄 30 厚 C25 细石混凝土找平找坡/50 厚 C30 细石混凝土面层，内配钢筋网片(钢筋网片另计) | $m^2$ | 53.760 | 76.97 | 4 137.91 | |
| 57 | 010902003003 | 屋面刚性层 | 瓦屋面/15 厚 1：3 水泥砂浆找平层/10 厚石灰砂浆隔离层/50 厚 C30 细石混凝土保护层找平 | $m^2$ | 716.670 | 49.04 | 35 145.50 | |
| 58 | 010901001001 | 瓦屋面 | 瓦屋面/深色水泥平板瓦/杉木挂瓦条 30×30 mm/杉木顺水条 30×25 mm/含脊瓦 | $m^2$ | 716.670 | 78.12 | 55 986.26 | |
| 59 | 011108004001 | 零星项目 | 节点 8 平坡屋面交界处填充泡沫混凝土 | $m^3$ | 0.790 | 199.88 | 157.91 | |
| | | 分部小计 | | | | | 281 705.05 | |

续　表

| 序号 | 项目编码 | 项目名称 | 项目特征描述 | 计量单位 | 工程量 | 金额(元) | | |
|---|---|---|---|---|---|---|---|---|
| | | | | | | 综合单价 | 合价 | 其中<br>暂估价 |
| | | 保温、隔热、防腐工程 | | | | | | |
| 60 | 011001001001 | 保温隔热屋面 | 屋面一/55 厚挤塑聚苯保温板(燃烧性能 B1 级)(500 宽 55 厚硬质岩棉版防火隔离带) | m² | 553.780 | 43.68 | 24 189.11 | |
| 61 | 011001005001 | 保温隔热楼地面 | 楼四、楼五、楼六/20 厚 B1 级挤塑聚苯板(XPS)保温层 | m² | 2814.280 | 22.88 | 64 390.73 | |
| 62 | 011001003002 | 保温隔热墙面 | 楼梯间隔墙/15 厚水泥基无机矿物轻集料保温砂浆(用于楼梯间隔墙)/铺设耐碱玻纤网格布一层 | m² | 280.590 | 23.31 | 6 540.55 | |
| 63 | 011001003001 | 保温隔热墙面 | 分户墙/6 厚水泥基无机矿物轻集料保温砂浆(用于分户墙)/铺设耐碱玻纤网格布一层 | m² | 345.280 | 13.11 | 4 526.62 | |
| 64 | 011001003003 | 保温隔热墙面 | 外墙一/20 厚 B1 级石墨聚苯板(楼层处设置 300 宽 20 厚 A 级岩棉防火隔离带)(锚固件与基层墙体连接)/防水透气膜 | m² | 695.380 | 80.50 | 55 978.09 | |
| | | 分部小计 | | | | | 155 625.10 | |
| | | 楼地面装饰工程 | | | | | | |
| 65 | 011101003001 | 细石混凝土楼地面 | 楼面一/20 厚 1∶2.5 水泥砂浆找平 | m² | 392.400 | 15.44 | 6 058.66 | |
| 66 | 011101003012 | 细石混凝土楼地面 | 楼面一/楼梯/20 厚 1∶2.5 水泥砂浆楼梯面 | m² | 124.950 | 17.97 | 2 245.35 | |
| 67 | 011101003003 | 细石混凝土楼地面 | 楼面四/40 厚 C25 细石混凝土,表面撒 1∶1 水泥沙子随打随抹光 | m² | 169.600 | 34.17 | 5 795.23 | |
| 68 | 011101003008 | 细石混凝土楼地面 | 楼面五/40 厚 C25 细石混凝土,表面撒 1∶1 水泥沙子随打随抹光/泡沫混凝土回填密实剩余厚度兼找坡层,1%坡向地漏/10 厚 1∶3 水泥砂浆保护层 | m² | 275.920 | 40.44 | 11 158.20 | |
| 69 | 011101003011 | 细石混凝土楼地面 | 楼面六/50 厚 C25 细石混凝土,表面撒 1∶1 水泥沙子随打随抹光/5 厚减振隔声板 | m² | 2 368.680 | 61.24 | 145 057.96 | |
| 70 | 011101003010 | 细石混凝土楼地面 | 楼面七/最薄 30 厚 C25 细石混凝土找平找坡 | m² | 387.320 | 25.29 | 9795.32 | |
| 71 | 011101003013 | 细石混凝土楼地面 | 管井/20 厚 1∶3 水泥砂浆压实抹光 | m² | 23.240 | 15.44 | 358.83 | |
| | | 分部小计 | | | | | 180 469.55 | |

续　表

| 序号 | 项目编码 | 项目名称 | 项目特征描述 | 计量单位 | 工程量 | 金额(元) | | |
|---|---|---|---|---|---|---|---|---|
| | | | | | | 综合单价 | 合价 | 其中<br>暂估价 |
| | | 墙、柱面装饰与隔断、幕墙工程 | | | | | | |
| 72 | 011201001014 | 墙面一般抹灰 | 内墙一、二、三、四(混凝土墙面)/6厚1∶2.5水泥砂浆粉面/12厚1∶3水泥砂浆打底/刷界面剂一道 | $m^2$ | 2787.960 | 29.33 | 81 770.87 | |
| 73 | 011201001015 | 墙面一般抹灰 | 内墙一、二、三、四(轻质墙面)/6厚1∶2.5水泥砂浆粉面/12厚1∶3水泥砂浆打底/界面剂一道 | $m^2$ | 2 612.680 | 30.70 | 80 209.28 | |
| 74 | 011201001016 | 墙面一般抹灰 | 内墙五(轻质墙面)/20厚1∶3水泥砂浆刮糙层/加气混凝土面刷界面剂一道 | $m^2$ | 309.270 | 26.17 | 8 093.60 | |
| 75 | 011201001018 | 墙面一般抹灰 | 内墙五(混凝土墙面)/20厚1∶3水泥砂浆刮糙层/混凝土面刷界面剂一道 | $m^2$ | 312.640 | 27.14 | 8 485.05 | |
| 76 | 011201001011 | 墙面一般抹灰 | 内墙六(混凝土墙面)/10厚1∶2.5水泥砂浆罩面 /混凝土面界面剂一道 | $m^2$ | 345.280 | 25.44 | 8 783.92 | |
| 77 | 011201001012 | 墙面一般抹灰 | 外墙一、二、三/20厚1∶2.5水泥砂浆找平层(内掺5%防水剂),刷界面砂浆一道 | $m^2$ | 2 574.750 | 35.13 | 90 450.97 | |
| 78 | 011201001013 | 墙面一般抹灰 | 外墙四/18厚1∶3水泥砂浆找平/混凝土面刷界面剂一道 | $m^2$ | 197.900 | 28.37 | 5 614.42 | |
| | | 油漆、涂料、裱糊工程 | | | | | | |
| 79 | 011407001006 | 墙面喷刷涂料 | 内墙五/批白色耐水腻子二度 | $m^2$ | 953.420 | 10.59 | 10 096.72 | |
| 80 | 011407001003 | 墙面喷刷涂料 | 外墙四/外墙涂料/2厚外墙腻子 | $m^2$ | 197.900 | 35.17 | 6 960.14 | |
| | | 分部小计 | | | | | 17 056.86 | |
| | | 其他装饰工程 | | | | | | |
| 81 | 011503001009 | 金属扶手、栏杆、栏板 | 楼梯栏杆扶手/硬木扶手,立杆 $\phi$28钢筋,$\phi$34套管,两端 $\phi$40 * 2钢管,高度900 mm/做法参见图集15J403 - 1 - B14 - A2,具体做法详见设计图纸 | m | 88.820 | 162.25 | 14 411.05 | |
| 82 | 011508004003 | 排气洞 | 厕所排气洞D1,洞口直径见图纸 | 个 | 56.000 | 8.00 | 448.00 | |
| 83 | 011508004004 | 排气洞 | 厨房排气洞D2,洞口直径见图纸 | 个 | 28.000 | 8.00 | 224.00 | |
| | | 分部小计 | | | | | 15 083.05 | |

# 分部分项工程和单价措施项目清单与计价表

工程名称：某住宅楼　　　　　　　　　　　　　　　标段：地上土建

| 序号 | 项目编码 | 项目名称 | 项目特征描述 | 计量单位 | 工程量 | 金额(元) | | |
|---|---|---|---|---|---|---|---|---|
| | | | | | | 综合单价 | 合价 | 其中 暂估价 |
| 1 | 011701001001 | 综合脚手架 | 综合脚手架/本工程施工所需综合脚手架费用 | 项 | 1.000 | 177 903.54 | 177 903.54 | |
| 2 | 011702001001 | 基础 | 设备基础模板/设备单体体积在 20 $m^3$ 以内 | $m^2$ | 24.240 | 50.23 | 1 217.58 | |
| 3 | 011702003001 | 构造柱 | 构造柱模板/塑料卡 | $m^2$ | 1 016.560 | 54.57 | 55 473.68 | |
| 4 | 011702003002 | 构造柱 | 门窗框柱模板/塑料卡 | $m^2$ | 1 091.900 | 58.39 | 63 756.04 | |
| 5 | 011702008001 | 圈梁 | 窗台梁、圈梁、压顶、止水导墙等模板/塑料卡 | $m^2$ | 4 393.300 | 45.57 | 200 202.68 | |
| 6 | 011702009001 | 过梁 | 过梁模板/塑料卡 | $m^2$ | 247.500 | 66.99 | 16 580.03 | |
| 7 | 011702011001 | 直形墙 | 直形墙模板/塑料卡 | $m^2$ | 4 414.570 | 55.21 | 243 728.41 | |
| 8 | 011702011002 | 直形墙 | 电梯井壁墙模板/塑料卡 | $m^2$ | 409.780 | 69.58 | 28 512.49 | |
| 9 | 011702014001 | 有梁板 | 有梁板模板/厚度 100 mm 内/塑料卡 | $m^2$ | 953.140 | 66.80 | 63 669.75 | |
| 10 | 011702014002 | 有梁板 | 有梁板模板/厚度 200 mm 内/塑料卡 | $m^2$ | 1 095.350 | 67.26 | 73 673.24 | |
| 11 | 011702014003 | 有梁板 | 有梁斜板模板/厚度 200 mm 内/塑料卡 | $m^2$ | 782.600 | 67.70 | 52 982.02 | |
| 12 | 011702016001 | 平板 | 平板模板/厚度 100 mm 以内/塑料卡 | $m^2$ | 18.000 | 66.80 | 1 202.40 | |
| 13 | 011702030004 | 后浇带 | 现浇构件 后浇板带模板、支撑增加费 | m | 92.210 | 176.94 | 16 315.64 | |
| 14 | 011702006001 | 矩形梁 | 现浇构件挑梁、单梁、连续梁、框架梁 模板/塑料卡 | $m^2$ | 596.920 | 62.57 | 37 349.28 | |
| 15 | 011702024001 | 楼梯 | 直形楼梯模板/塑料卡 | $m^2$ | 131.670 | 59.45 | 7 827.78 | |
| 16 | 011702025002 | 其他现浇构件 | 现浇构件混凝土线条模板/塑料卡 | $m^2$ | 58.600 | 64.53 | 3 781.46 | |
| 17 | 011703001003 | 垂直运输 | 本工程施工所需垂直运输机械费用 | 项 | 1.000 | 574.46 | 574.46 | |
| 18 | 011704001002 | 超高施工增加 | 本工程超高施工增加费 | 项 | 1.000 | 15 666.44 | 15 666.44 | |

# 分部分项工程综合单合计分析表

工程名称:某住宅楼　　　　　　　　　　标段:地上土建

| 序号 | 定额编号 | 定额名称 | 单位 | 工程量 | 综合合价组成(元) | | | | | 金额 | |
|---|---|---|---|---|---|---|---|---|---|---|---|
| | | | | | 人工费 | 材料费 | 机械费 | 管理费 | 利润 | 综合单价 | 合价 |
| 1 | | 砌筑工程 | | | | | | | | 941 265.58 | 941 265.58 |
| 2 | 010402001012 | 砌块墙【项目特征】<br>200 厚内墙/A 3.5 B 06 蒸压砂加气混凝土砌块/Ms 5 专用砂浆砌筑 | $m^3$ | 193.43 | 23 490.14 | 58 123.78 | | 2 818.28 | 1 410.10 | 443.79 | 8 5842.30 |
| 3 | 4 - 15 | 薄层砂浆砌筑加气混凝土砌块墙 200 厚 | $m^3$ | 193.43 | 23 490.14 | 58 123.78 | | 2 818.28 | 1 410.10 | 443.79 | 85 842.30 |
| 4 | 010402001013 | 砌块墙【项目特征】<br>100 厚内墙/A 3.5 B 06 蒸压砂加气混凝土砌块/Ms 5 专用砂浆砌筑 | $m^3$ | 200.32 | 24 326.86 | 60 194.16 | | 2 918.66 | 1 460.33 | 443.79 | 88 900.01 |
| 5 | 4 - 15 | 薄层砂浆砌筑加气混凝土砌块墙 100 厚 | $m^3$ | 200.32 | 24 326.86 | 60 194.16 | | 2 918.66 | 1 460.33 | 443.79 | 88 900.01 |
| 6 | 010402001011 | 砌块墙【项目特征】<br>200 厚/外墙/钢筋陶粒蒸压混凝土轻质墙板安装/含二次深化设计、预埋件、墙板安装、接缝处理等/符合设计及施工规范要求 | $m^3$ | 172.13 | | 602 568.61 | | | | 3 500.66 | 602 568.61 |
| 7 | D00007 | 装配式混凝土外墙板 200 厚 | $m^3$ | 172.13 | | 602 568.61 | | | | 3 500.66 | 602 568.61 |
| 8 | 010402001010 | 砌块墙【项目特征】<br>100 厚/外墙/钢筋陶粒蒸压混凝土轻质墙板安装/含二次深化设计、预埋件、墙板安装、接缝处理等/符合设计及施工规范要求 | $m^3$ | 14.62 | | 51 904.66 | | | | 3 550.25 | 51 904.66 |
| 9 | D00008 | 装配式混凝土外墙板 100 厚 | $m^3$ | 14.62 | | 51 904.66 | | | | 3 550.25 | 51 904.66 |

续 表

| 序号 | 定额编号 | 定额名称 | 单位 | 工程量 | 综合合价组成(元) | | | | | 金额 | |
|---|---|---|---|---|---|---|---|---|---|---|---|
| | | | | | 人工费 | 材料费 | 机械费 | 管理费 | 利润 | 综合单价 | 合价 |
| 10 | 010512904003 | 装配式混凝土外墙板(安装)【项目特征】<br>装配式混凝土外墙板安装/构件吊运、装配、套筒注浆、嵌缝打胶等 | $m^3$ | 186.75 | | 112 050.00 | | | | 600.00 | 112 050.00 |
| 11 | D00013 | 装配式混凝土外墙板(安装) | $m^3$ | 186.75 | | 112 050.00 | | | | 600.00 | 112 050.00 |
| 12 | | 混凝土及钢筋混凝土工程 | | | | | | | | 1 637 663.48 | 1 637 663.48 |
| 13 | 010501006001 | 设备基础【项目特征】<br>设备基础/C30 商品混凝土/单体体积在 20 $m^3$ 以内 | $m^3$ | 1.5 | 100.32 | 610.46 | 36.39 | 16.41 | 8.21 | 514.52 | 771.78 |
| 14 | 6－12 | 现浇构件　C30 现浇设备基础混凝土块体 20 $m^3$ 以内(商品混凝土)(非泵送) | $m^3$ | 1.5 | 100.32 | 610.46 | 36.39 | 16.41 | 8.21 | 514.52 | 771.78 |
| 15 | 010502001001 | 矩形柱【项目特征】<br>C30 商品混凝土矩形柱 | $m^3$ | 23.52 | 1 573.02 | 10 675.02 | 458.64 | 243.90 | 121.83 | 555.80 | 13 072.42 |
| 16 | 6－190 | 泵送现浇构件　C30 现浇矩形柱 | $m^3$ | 23.52 | 1 573.02 | 10 675.02 | 458.64 | 243.90 | 121.83 | 555.80 | 13 072.42 |
| 17 | 010502002001 | 构造柱【项目特征】<br>C25 商品混凝土构造柱 | $m^3$ | 67.6 | 11 838.11 | 29 099.77 | 127.76 | 1 435.82 | 717.91 | 639.34 | 43 219.38 |
| 18 | 6－316 | 非泵送现浇构件　C25 构造柱 | $m^3$ | 67.6 | 11 838.11 | 29 099.77 | 127.76 | 1 435.82 | 717.91 | 639.34 | 43 219.38 |
| 19 | 010502002002 | 构造柱【项目特征】<br>C25 商品混凝土门窗框柱 | $m^3$ | 60.9 | 6 538.22 | 26 366.05 | 116.32 | 798.40 | 399.50 | 561.88 | 34 218.49 |
| 20 | 6－346 | 非泵送现浇构件　C25 门框 | $m^3$ | 60.9 | 6 538.22 | 26 366.05 | 116.32 | 798.40 | 399.50 | 561.88 | 34 218.49 |
| 21 | 010503002002 | 矩形梁【项目特征】<br>C30 商品混凝土矩形梁 | $m^3$ | 51.21 | 2 523.63 | 23 404.51 | 962.75 | 418.39 | 208.94 | 537.36 | 27 518.21 |
| 22 | 6－194 | 泵送现浇构件　C30 现浇单梁 框架梁连续梁 | $m^3$ | 51.21 | 2 523.63 | 23 404.51 | 962.75 | 418.39 | 208.94 | 537.36 | 27 518.21 |
| 23 | 010503004005 | 圈梁【项目特征】<br>C25 商品混凝土腰梁、窗台梁 | $m^3$ | 3.8 | 391.25 | 1 651.67 | 4.52 | 47.50 | 23.75 | 557.55 | 2 118.69 |

续　表

| 序号 | 定额编号 | 定额名称 | 单位 | 工程量 | 综合合价组成(元) | | | | | 金额 | |
|---|---|---|---|---|---|---|---|---|---|---|---|
| | | | | | 人工费 | 材料费 | 机械费 | 管理费 | 利润 | 综合单价 | 合价 |
| 24 | 6－320 | 非泵送现浇构件　C25 圈梁 | $m^3$ | 3.8 | 391.25 | 1 651.67 | 4.52 | 47.50 | 23.75 | 557.55 | 2 118.69 |
| 25 | 010503004004 | 圈梁【项目特征】<br>C25 商品混凝土止水带 | $m^3$ | 21.61 | 2 224.97 | 9 392.79 | 25.72 | 270.13 | 135.06 | 557.55 | 12 048.66 |
| 26 | 6－320 | 非泵送现浇构件　C25 圈梁 | $m^3$ | 21.61 | 2 224.97 | 9 392.79 | 25.72 | 270.13 | 135.06 | 557.55 | 12 048.66 |
| 27 | 010503005001 | 过梁【项目特征】<br>C25 商品混凝土过梁 | $m^3$ | 11.86 | 1 617.70 | 5 167.40 | 14.11 | 195.81 | 97.96 | 598.06 | 7 092.99 |
| 28 | 6－321 | 非泵送现浇构件　C25 过梁 | $m^3$ | 11.86 | 1 617.70 | 5 167.40 | 14.11 | 195.81 | 97.96 | 598.06 | 7 092.99 |
| 29 | 010504001001 | 直形墙【项目特征】<br>C30 商品混凝土直形墙/墙厚 200 内 | $m^3$ | 318.39 | 19 052.46 | 146 297.02 | 10 000.63 | 3 486.37 | 1 744.78 | 567.17 | 180 581.26 |
| 30 | 6－201 | 泵送现浇构件　C30 现浇地面以上直(圆)形墙 厚在 200 mm 内 | $m^3$ | 318.39 | 19 052.46 | 146 297.02 | 10 000.63 | 3 486.37 | 1 744.78 | 567.17 | 180 581.26 |
| 31 | 010504001002 | 直形墙【项目特征】<br>C30 商品混凝土电梯井壁墙/墙厚 200 内 | $m^3$ | 48.3 | 4 845.46 | 22 017.07 | 1 517.10 | 763.62 | 381.57 | 611.28 | 29 524.82 |
| 32 | 6－204 | 泵送现浇构件　C30 现浇电梯井壁 | $m^3$ | 48.3 | 4 845.46 | 22 017.07 | 1 517.10 | 763.62 | 381.57 | 611.28 | 29 524.82 |
| 33 | 010505001001 | 有梁板【项目特征】<br>C30 商品混凝土有梁板 | $m^3$ | 458.51 | 17 753.51 | 211 726.16 | 8 798.81 | 3 186.64 | 1 591.03 | 530.10 | 243 056.15 |
| 34 | 6－207 | 泵送现浇构件　C30 现浇有梁板 | $m^3$ | 458.51 | 17 753.51 | 211 726.16 | 8 798.81 | 3 186.64 | 1 591.03 | 530.10 | 243 056.15 |
| 35 | 010505001003 | 有梁板【项目特征】<br>C30 商品混凝土有梁斜板 | $m^3$ | 78.45 | 3 037.58 | 36 225.86 | 1 505.46 | 545.23 | 272.22 | 530.10 | 41 586.35 |
| 36 | 6－207 | 泵送现浇构件　C30 现浇有梁板 | $m^3$ | 78.45 | 3 037.58 | 36 225.86 | 1 505.46 | 545.23 | 272.22 | 530.10 | 41 586.35 |
| 37 | 010505003001 | 平板【项目特征】<br>C35 后浇商品混凝土平板(管井处) | $m^3$ | 1.44 | 63.36 | 697.32 | 27.63 | 10.92 | 5.46 | 558.81 | 804.69 |
| 38 | 6－209 | 泵送现浇构件　C35 现浇平板 | $m^3$ | 1.44 | 63.36 | 697.32 | 27.63 | 10.92 | 5.46 | 558.81 | 804.69 |

续 表

| 序号 | 定额编号 | 定额名称 | 单位 | 工程量 | 综合合价组成(元) | | | | | 金额 | |
|---|---|---|---|---|---|---|---|---|---|---|---|
| | | | | | 人工费 | 材料费 | 机械费 | 管理费 | 利润 | 综合单价 | 合价 |
| 39 | 010508001003 | 后浇带【项目特征】<br>顶板及梁后浇带/C35 补偿收缩混凝土/掺抗裂防水剂，膨胀剂，掺量按图纸要求 | $m^3$ | 11.83 | 603.80 | 5 735.30 | 227.02 | 99.73 | 49.80 | 567.68 | 6 715.65 |
| 40 | 6－211 | 泵送现浇构件　C35 现浇后浇板带 | $m^3$ | 11.83 | 603.80 | 5 735.30 | 227.02 | 99.73 | 49.80 | 567.68 | 6 715.65 |
| 41 | 010505008003 | 雨篷、悬挑板、阳台板【项目特征】<br>C30 商品混凝土阳台板 | $m^3$ | 63.12 | 4 054.83 | 26 381.64 | 1 826.06 | 705.68 | 352.84 | 527.90 | 33 321.05 |
| 42 | 6－215 | 泵送现浇构件　C30 现浇水平挑檐 板式雨篷 | 10 $m^2$ 水平投影面积 | 63.12 | 4 054.83 | 26 381.64 | 1 826.06 | 705.68 | 352.84 | 527.90 | 33 321.05 |
| 43 | 010506001001 | 直形楼梯【项目特征】<br>C30 商品混凝土直形楼梯 | $m^2$ | 65.84 | 892.13 | 6 111.93 | 415.45 | 156.70 | 78.35 | 116.26 | 7 654.56 |
| 44 | 6－213 | 泵送现浇构件　C30 现浇楼梯 直形 | 10 $m^2$ 水平投影面积 | 6.584 | 892.26 | 6 111.60 | 415.38 | 156.90 | 78.48 | 1 162.61 | 7 654.62 |
| 45 | 010507007003 | 其他构件【项目特征】<br>C30 商品混凝土线条 | $m^3$ | 3.34 | 282.16 | 1 536.00 | 102.60 | 46.16 | 23.08 | 595.81 | 1 990.01 |
| 46 | 6－227 | 泵送现浇构件　C30 现浇小型构件 | $m^3$ | 3.34 | 282.16 | 1 536.00 | 102.60 | 46.16 | 23.08 | 595.81 | 1 990.01 |
| 47 | 010507001001 | 散水、坡道【项目特征】<br>坡道/素土夯实/50 厚碎石或碎砖夯实/100 厚 C15 混凝土垫层/30 厚 1：2.5 水泥砂浆找平及结合层/8～10 厚防滑地砖，水泥砂浆擦缝撒素水泥面(洒适量清水) | $m^2$ | 42.72 | 2 613.18 | 5 049.93 | 142.68 | 331.08 | 164.90 | 194.33 | 8 301.78 |
| 48 | 13－81 | 楼地面单块 0.4 $m^2$ 以内地砖 干硬性水泥砂浆 | 10 $m^2$ | 4.272 | 1 244.35 | 2 106.61 | 37.59 | 153.83 | 76.90 | 847.21 | 3 619.28 |
| 49 | 13－15 | 找平层　水泥砂浆(厚 30 mm)混凝土或硬基层上 | 10 $m^2$ | 4.272 | 251.88 | 506.53 | 20.63 | 32.68 | 16.36 | 193.84 | 828.08 |
| 50 | 6－1 | 现浇构件　C15 现浇垫层 | $m^3$ | 4.272 | 515.03 | 1 553.43 | 28.88 | 65.28 | 32.64 | 513.87 | 2 195.25 |

续　表

| 序号 | 定额编号 | 定额名称 | 单位 | 工程量 | 综合合价组成(元) | | | | | 金额 | |
|---|---|---|---|---|---|---|---|---|---|---|---|
| | | | | | 人工费 | 材料费 | 机械费 | 管理费 | 利润 | 综合单价 | 合价 |
| 51 | 13-8 | M2.5 碎砖 灌浆垫层 | $m^3$ | 8.544 | 563.90 | 883.36 | 51.35 | 73.82 | 36.91 | 188.36 | 1 609.35 |
| 52 | 1-99 | 原土打底夯 地面 | 10 $m^2$ | 4.272 | 37.59 | | 4.10 | 5.00 | 2.52 | 11.52 | 49.21 |
| 53 | 010507001002 | 散水、坡道【项目特征】<br>散水/70 厚 C20 混凝土随打随抹/30～70 粒径碎石一层夯入土内 | $m^2$ | 90.45 | 2 275.72 | 6 790.99 | 99.50 | 284.92 | 142.91 | 106.07 | 9 594.03 |
| 54 | 13-163 | C20 混凝土散水 | 10 $m^2$ 水平投影面积 | 9.045 | 1 854.59 | 4 949.79 | 91.72 | 233.54 | 116.77 | 801.15 | 7 246.40 |
| 55 | 13-9 | 垫层　碎石 干铺 | $m^3$ | 9.045 | 421.86 | 1 841.11 | 8.50 | 51.65 | 25.78 | 259.69 | 2 348.90 |
| 56 | 030206001001 | 烟道【项目特征】<br>烟道/详图集 16J916-1-A-C-12 | m | 92.8 | | 13 920.00 | | | | 150.00 | 13 920.00 |
| 57 | D00005 | 烟道 | m | 92.8 | | 13 920.00 | | | | 150.00 | 13 920.00 |
| 58 | 010514001003 | 风帽【项目特征】<br>成品风帽/成品防倒灌式风帽 | 套 | 4 | 135.52 | 676.56 | | 16.28 | 8.12 | 209.12 | 836.48 |
| 59 | 省补 17-4 | 建筑层数在六层以外风帽安装 | 10 套 | 0.4 | 135.52 | 676.56 | | 16.26 | 8.13 | 2 091.20 | 836.48 |
| 60 | 010515001001 | 现浇构件钢筋【项目特征】<br>找平钢筋网/直径 $\phi$4 mm 以内/HPB300 综合 | t | 5.885 | 5 593.10 | 23 728.61 | 431.31 | 722.91 | 361.46 | 5 240.00 | 30 837.40 |
| 61 | 5-1 | 现浇混凝土构件钢筋 直径 $\phi$12 mm 以内 | t | 5.885 | 5 593.10 | 23 728.61 | 431.31 | 722.91 | 361.46 | 5 240.00 | 30 837.40 |
| 62 | 010515001016 | 现浇构件钢筋【项目特征】<br>现浇混凝土构件钢筋/直径 $\phi$10 mm 以内/HPB300 综合 | t | 4.788 | 4 550.52 | 18 674.21 | 350.91 | 588.16 | 294.08 | 5 108.16 | 24 457.87 |
| 63 | 5-1 | 现浇混凝土构件钢筋 直径 $\phi$12 mm 以内 | t | 4.788 | 4 550.52 | 18 674.21 | 350.91 | 588.16 | 294.08 | 5 108.16 | 24 457.87 |
| 64 | 010515001017 | 现浇构件钢筋【项目特征】<br>现浇混凝土构件钢筋/直径 $\phi$8 mm 以内/HRB400 综合 | t | 73.949 | 70 281.13 | 288 416.63 | 5 419.72 | 9 083.90 | 4 541.95 | 5 108.16 | 377 743.32 |

续 表

| 序号 | 定额编号 | 定额名称 | 单位 | 工程量 | 综合合价组成(元) | | | | | 金额 | |
|---|---|---|---|---|---|---|---|---|---|---|---|
| | | | | | 人工费 | 材料费 | 机械费 | 管理费 | 利润 | 综合单价 | 合价 |
| 65 | 5－1 | 现浇混凝土构件钢筋 直径 $\phi$12 mm 以内 | t | 73.949 | 70 281.13 | 288 416.63 | 5 419.72 | 9 083.90 | 4 541.95 | 5 108.16 | 377 743.32 |
| 66 | 010515001018 | 现浇构件钢筋【项目特征】<br>现浇混凝土构件钢筋/直径 $\phi$12 mm 以内/HRB400 综合 | t | 34.853 | 33 124.29 | 134 093.43 | 2 554.38 | 4 281.34 | 2 140.67 | 5 055.35 | 176 194.11 |
| 67 | 5－1 | 现浇混凝土构件钢筋 直径 $\phi$12 mm 以内 | t | 34.853 | 33 124.29 | 134 093.43 | 2 554.38 | 4 281.34 | 2 140.67 | 5 055.35 | 176 194.11 |
| 68 | 010515001019 | 现浇构件钢筋【项目特征】<br>现浇混凝土构件钢筋/直径 $\phi$25 mm 以内/HRB400 综合 | t | 18.598 | 13 072.53 | 70 376.32 | 1 368.44 | 1 732.96 | 866.48 | 4 700.33 | 87 416.74 |
| 69 | 5－2 | 现浇混凝土构件钢筋 直径 $\phi$25 mm 以内 | t | 18.598 | 13 072.53 | 70 376.32 | 1 368.44 | 1 732.96 | 866.48 | 4 700.33 | 87 416.74 |
| 70 | 010515001021 | 现浇构件钢筋【项目特征】<br>现浇混凝土构件钢筋/直径 $\phi$8 mm 以内/HRB400E 综合 | t | 4.017 | 3 817.76 | 16 196.74 | 294.41 | 493.45 | 246.72 | 5 240.00 | 21 049.08 |
| 71 | 5－1 | 现浇混凝土构件钢筋 直径 $\phi$12 mm 以内 | t | 4.017 | 3 817.76 | 16 196.74 | 294.41 | 493.45 | 246.72 | 5 240.00 | 21 049.08 |
| 72 | 010515001022 | 现浇构件钢筋【项目特征】<br>现浇混凝土构件钢筋/直径 $\phi$12 mm 以内/HRB400E 综合 | t | 0.163 | 154.92 | 627.13 | 11.95 | 20.02 | 10.01 | 5 055.35 | 824.02 |
| 73 | 5－1 | 现浇混凝土构件钢筋 直径 $\phi$12 mm 以内 | t | 0.163 | 154.92 | 627.13 | 11.95 | 20.02 | 10.01 | 5 055.35 | 824.02 |
| 74 | 010515001020 | 现浇构件钢筋【项目特征】<br>现浇混凝土构件钢筋/直径 $\phi$25 mm 以内/HRB400E 综合 | t | 31.22 | 21 944.54 | 118 138.98 | 2 297.17 | 2 909.08 | 1 454.54 | 4 700.33 | 146 744.30 |
| 75 | 5－2 | 现浇混凝土构件钢筋 直径 $\phi$25 mm 以内 | t | 31.22 | 21 944.54 | 118 138.98 | 2 297.17 | 2 909.08 | 1 454.54 | 4 700.33 | 146 744.30 |

续　表

| 序号 | 定额编号 | 定额名称 | 单位 | 工程量 | 综合合价组成(元) | | | | | 金额 | |
|---|---|---|---|---|---|---|---|---|---|---|---|
| | | | | | 人工费 | 材料费 | 机械费 | 管理费 | 利润 | 综合单价 | 合价 |
| 76 | 010515001009 | 现浇构件钢筋【项目特征】<br>砌体、板缝内加固钢筋 | t | 5.519 | 10 291.39 | 22 022.47 | 300.40 | 1 271.03 | 635.51 | 6 254.90 | 34 520.79 |
| 77 | 5－25 | 砌体、板缝内加固钢筋 不绑扎 | t | 5.519 | 10 291.39 | 22 022.47 | 300.40 | 1 271.03 | 635.51 | 6 254.90 | 34 520.79 |
| 78 | 010516003003 | 机械连接【项目特征】<br>直螺纹接头/ $\phi$25 以内 | 个 | 40 | 197.20 | 231.60 | 2.00 | 24.00 | 12.00 | 11.67 | 466.80 |
| 79 | 5－33 | 直螺纹接头 $\phi$25 以内 | 每 10 个接头 | 4 | 197.12 | 231.40 | 2.08 | 23.92 | 11.96 | 116.62 | 466.48 |
| 80 | 010516004002 | 钢筋电渣压力焊接头【项目特征】<br>电渣压力焊 | 个 | 2 305 | 6 292.65 | 2 120.60 | 4 125.95 | 1 244.70 | 622.35 | 6.25 | 14 406.25 |
| 81 | 5－32 | 电渣压力焊 | 每 10 个接头 | 230.5 | 6 288.04 | 2 118.30 | 4 132.87 | 1 251.62 | 624.66 | 62.54 | 14 415.47 |
| 82 | 010515009001 | 支撑钢筋(铁马)【项目特征】<br>马凳钢筋/HRB400 综合 | t | 1 | 950.40 | 3 847.40 | 73.29 | 122.84 | 61.42 | 5 055.35 | 5 055.35 |
| 83 | 5－1 | 现浇混凝土构件钢筋 直径 $\phi$12 mm 以内 | t | 1 | 950.40 | 3 847.40 | 73.29 | 122.84 | 61.42 | 5 055.35 | 5 055.35 |
| 84 | | 装配式构件 | | | | | | | | 805 884.24 | 805 884.24 |
| 85 | 010512902001 | 装配式混凝土叠合板(构件)【项目特征】<br>装配式混凝土叠合板(成品)/混凝土等级:C30/含构件内钢筋、混凝土、预埋铁件等费用/含门窗框、电线管、套管及线盒等费用/含运输,运距、装卸自行考虑/按装配式构件混凝土体积计算 | $m^3$ | 196.27 | 5 526.96 | 599 610.74 | 30 845.79 | 4 365.04 | 2 182.52 | 3 273.71 | 642 531.06 |
| 86 | D00001 | 装配式混凝土叠合板 C30(构件) | $m^3$ | 196.27 | | 598 623.50 | | | | 3 050.00 | 598 623.50 |
| 87 | 8－4 | Ⅰ类预制混凝土构件 运输距离在15km 以内 | $m^3$ | 196.27 | 5 526.96 | 987.24 | 30 845.79 | 4 365.04 | 2 182.52 | 223.71 | 43 907.56 |

续 表

| 序号 | 定额编号 | 定额名称 | 单位 | 工程量 | 综合合价组成(元) | | | | | 金额 | |
|---|---|---|---|---|---|---|---|---|---|---|---|
| | | | | | 人工费 | 材料费 | 机械费 | 管理费 | 利润 | 综合单价 | 合价 |
| 88 | 010512902002 | 装配式混凝土叠合板(安装)【项目特征】<br>装配式混凝土叠合板安装/构件吊运、装配、套筒注浆、嵌缝打胶等 | $m^3$ | 196.27 | 54 761.29 | 49 356.02 | 843.96 | 6 673.18 | 3 336.59 | 585.78 | 114 971.04 |
| 89 | 8-90 | 混凝土构件　平板 塔式起重机起重机 | $m^3$ | 196.27 | 54 761.29 | 49 356.02 | 843.96 | 6 673.18 | 3 336.59 | 585.78 | 114 971.04 |
| 90 | 010513901001 | 装配式混凝土楼梯(构件)【项目特征】<br>装配式混凝土楼梯(成品)/混凝土等级:C30/含构件内钢筋、混凝土、预埋铁件等费用/含门窗框、电线管、套管及线盒等费用/含运输,运距、装卸自行考虑/按装配式构件混凝土体积计算 | $m^3$ | 13.63 | | 39 386.34 | | | | 2 889.68 | 39 386.34 |
| 91 | 04291411 | 预制混凝土楼梯 | $m^3$ | 13.63 | | 39 386.34 | | | | 2 889.68 | 39 386.34 |
| 92 | 010513901002 | 装配式混凝土楼梯(安装)【项目特征】<br>装配式混凝土楼梯安装/构件吊运、装配、套筒注浆、嵌缝打胶等 | $m^3$ | 13.63 | | 8 995.80 | | | | 660.00 | 8 995.80 |
| 93 | D00012 | 装配式混凝土楼梯(安装) | $m^3$ | 13.63 | | 8 995.80 | | | | 660.00 | 8 995.80 |
| 94 | | 金属结构工程 | | | | | | | | 33 976.09 | 33 976.09 |
| 95 | 010606008001 | 钢梯【项目特征】<br>屋面检修上人钢梯/露明处红丹防锈漆一遍,调和漆二遍/具体做法及位置详图纸 | t | 0.15 | 187.86 | 792.90 | 94.99 | 33.94 | 16.97 | 7 511.08 | 1 126.66 |
| 96 | 7-39 | 钢梯子 爬式 制作 | t | 0.15 | 187.18 | 792.33 | 94.99 | 33.86 | 16.93 | 7 501.90 | 1 125.29 |
| 97 | 17-135 备注 1 | 红丹防锈漆 第一遍 金属面 | 10 $m^2$ | 0.015 | 0.35 | 0.38 | | 0.04 | 0.02 | 52.89 | 0.79 |
| 98 | 17-133 备注 1 | 调和漆 第二遍 金属面 | 10 $m^2$ | 0.015 | 0.33 | 0.19 | | 0.04 | 0.02 | 38.82 | 0.58 |
| 99 | 010516002002 | 预埋铁件【项目特征】<br>预埋铁件制作安装 | t | 0.04 | 181.54 | 234.55 | 41.22 | 26.73 | 13.37 | 12 435.15 | 497.41 |

**续 表**

| 序号 | 定额编号 | 定额名称 | 单位 | 工程量 | 综合合价组成(元) | | | | | 金额 | |
|---|---|---|---|---|---|---|---|---|---|---|---|
| | | | | | 人工费 | 材料费 | 机械费 | 管理费 | 利润 | 综合单价 | 合价 |
| 100 | 5-27 | 铁件制作 | t | 0.04 | 98.56 | 225.07 | 27.13 | 15.08 | 7.54 | 9 334.63 | 373.39 |
| 101 | 5-28 | 铁件安装 | t | 0.04 | 82.98 | 9.48 | 14.09 | 11.65 | 5.82 | 3 100.52 | 124.02 |
| 102 | 010607005001 | 砌块墙钢丝网【项目特征】<br>砌体墙与柱、梁、墙、板等混凝土交界墙体 300 宽钢丝网/展开宽 300 mm | $m^2$ | 2 004.71 | 5 512.95 | 13 251.13 | | 661.55 | 340.80 | 9.86 | 19 766.44 |
| 103 | 16-补 14 | 柱梁板、墙交界处钉钢丝网 | 10 $m^2$ | 200.471 | 5 504.93 | 13 259.15 | | 661.55 | 330.78 | 98.55 | 19 756.42 |
| 104 | 010607005002 | 砌块墙钢丝网【项目特征】<br>镀锌钢丝网/楼梯间和人流通道(公共部位) | $m^2$ | 1 127.74 | 969.86 | 10 950.36 | 417.26 | 169.16 | 78.94 | 11.16 | 12 585.58 |
| 105 | 14-30 | 保温砂浆及抗裂基层　热镀锌钢丝网 | 10 $m^2$ | 112.774 | 967.60 | 10 948.10 | 419.52 | 166.91 | 83.45 | 111.60 | 12 585.58 |
| 106 | | 0108 门窗工程 | | | | | | | | 73 290.96 | 73 290.96 |
| 107 | 010801004001 | 木质防火门【项目特征】<br>乙级木质防火门/含闭门器、顺序器、门锁等五金配件及灌浆/油漆/耐火极限满足设计及规范要求/详见设计图纸 | $m^2$ | 68.16 | 2 177.03 | 26 966.14 | | 261.73 | 130.87 | 433.33 | 29 535.77 |
| 108 | 16-34 | 成品木门　门框安装 | 10 $m^2$<br>洞口面积 | 6.816 | 293.91 | 3 139.45 | | 35.24 | 17.65 | 511.48 | 3 486.25 |
| 109 | 9-32 | 特种门　成品门扇 木质防火门 | 10 $m^2$ | 6.816 | 1 883.40 | 23 826.55 | | 226.02 | 113.01 | 3 821.74 | 26 048.98 |
| 110 | 010801004002 | 木质防火门【项目特征】<br>丙级木质防火门/含闭门器、顺序器、门锁等五金配件及灌浆/油漆/耐火极限满足设计及规范要求/详见设计图纸 | $m^2$ | 59.4 | 1 897.24 | 22 383.11 | | 228.10 | 114.05 | 414.52 | 24 622.49 |
| 111 | 16-34 | 成品木门　门框安装 | 10 $m^2$<br>洞口面积 | 5.94 | 256.13 | 2 735.96 | | 30.71 | 15.38 | 511.48 | 3 038.19 |
| 112 | 9-32 | 特种门　成品门扇 木质防火门 | 10 $m^2$ | 5.94 | 1 641.34 | 19 647.26 | | 196.97 | 98.49 | 3 633.68 | 21 584.06 |
| 113 | 010807003002 | 金属百叶窗【项目特征】<br>铝合金百叶窗/含五金、配件等 | $m^2$ | 52.92 | 2 798.94 | 15 720.42 | 92.61 | 347.16 | 173.58 | 361.54 | 19 132.70 |

续 表

| 序号 | 定额编号 | 定额名称 | 单位 | 工程量 | 综合合价组成(元) | | | | | 金额 | |
|---|---|---|---|---|---|---|---|---|---|---|---|
| | | | | | 人工费 | 材料费 | 机械费 | 管理费 | 利润 | 综合单价 | 合价 |
| 114 | 16-49 | 百叶窗 普通铝型材 | 10 m$^2$ | 5.292 | 2 798.83 | 15 720.20 | 92.40 | 346.94 | 173.47 | 3 615.24 | 19 131.85 |
| 115 | | 屋面及防水工程 | | | | | | | | 281 705.05 | 281 705.05 |
| 116 | 010902002001 | 屋面涂膜防水【项目特征】<br>屋面一/1.5 mm 厚非固化橡胶沥青防水涂膜/展开面积 | m$^2$ | 648.82 | 7 785.84 | 19 464.60 | 1 622.05 | 1 128.95 | 564.47 | 47.11 | 30 565.91 |
| 117 | D00002 | 非固化沥青 | m$^2$ | 648.82 | 7 785.84 | 19 464.60 | 1 622.05 | 1 128.95 | 564.47 | 47.11 | 30 565.91 |
| 118 | 010902001009 | 屋面卷材防水【项目特征】<br>屋面一/1.5 厚沥青基高分子自粘卷材/展开面积 | m$^2$ | 648.82 | 4 282.21 | 38 507.47 | | 512.57 | 259.53 | 67.14 | 43 561.77 |
| 119 | 10-46 | 卷材屋面　自粘聚酯胎卷材 | 10 m$^2$ | 64.882 | 4 282.21 | 38 508.76 | | 513.87 | 256.93 | 671.40 | 43 561.77 |
| 120 | 010902001010 | 屋面卷材防水【项目特征】<br>坡屋面/1.5 厚沥青基高分子自粘卷材/展开面积 | m$^2$ | 781.34 | 5 156.84 | 46 372.53 | | 617.26 | 312.54 | 67.14 | 52 459.17 |
| 121 | 10-46 | 卷材屋面　自粘聚酯胎卷材 | 10 m$^2$ | 78.134 | 5 156.84 | 46 374.09 | | 618.82 | 309.41 | 671.40 | 52 459.17 |
| 122 | 010902002002 | 屋面涂膜防水【项目特征】<br>雨棚、设备平台/1.5 厚沥青基高分子自粘卷材/展开面积 | m$^2$ | 53.76 | 305.36 | 3 303.01 | | 36.56 | 18.28 | 68.14 | 3 663.21 |
| 123 | 10-49-[10-50]*0.5 | 卷材屋面 高聚物改性沥青防水卷材 APP 粘结剂 B 型 SBS 卷材 1.5 层 | 10 m$^2$ | 5.376 | 305.14 | 3 302.75 | | 36.61 | 18.33 | 681.33 | 3 662.83 |
| 124 | 010904002001 | 楼(地)面涂膜防水【项目特征】<br>楼面五(卫生间)/1.5 厚 JS-Ⅱ 型聚合物水泥基防水涂料，四周上卷 350 高(距离装修完成面) | m$^2$ | 404.88 | 1 068.88 | 11 871.08 | 133.61 | 145.76 | 72.88 | 32.83 | 13 292.21 |
| 125 | 10-120 | 刷水泥基渗透结晶防水材料 二～三遍(厚 1.5 mm) | 10 m$^2$ | 40.488 | 1 068.88 | 11 871.89 | 131.59 | 144.1[illegible] | 72.07 | 328.21 | 13 288.57 |

续　表

| 序号 | 定额编号 | 定额名称 | 单位 | 工程量 | 综合合价组成(元) | | | | | 金额 | |
|---|---|---|---|---|---|---|---|---|---|---|---|
| | | | | | 人工费 | 材料费 | 机械费 | 管理费 | 利润 | 综合单价 | 合价 |
| 126 | 010902003001 | 屋面刚性层【项目特征】<br>屋面一/最薄 30 厚 C20 细石混凝土找平找坡/20 厚 1∶3 水泥砂浆找平层/10 厚低强度等级砂浆隔离层/50 厚 C30 细石混凝土面层，设分隔缝间距不宜大于 3 m，缝宽 20 mm，缝内油膏嵌缝 | $m^2$ | 553.78 | 13 578.69 | 26 249.17 | 393.18 | 1 677.95 | 836.21 | 77.17 | 42 735.20 |
| 127 | 10－69 | 屋面找平层　C20 细石混凝土 有分格缝最薄处 30 mm 厚(商品混凝土)(非泵送) | 10 $m^2$ | 55.378 | 4 805.15 | 9 165.06 | 38.21 | 581.47 | 290.73 | 268.71 | 14 880.62 |
| 128 | 13－15 | 找平层　水泥砂浆(厚 20 mm)混凝土或硬基层上 | 10 $m^2$ | 55.378 | 3 265.09 | 4 076.93 | 267.48 | 423.64 | 212.10 | 148.89 | 8 245.23 |
| 129 | 10－90 | 刚性防水屋面　石灰砂浆隔离层 10 mm | 10 $m^2$ | 55.378 | 1 364.51 | 1 635.87 | 39.87 | 168.35 | 84.17 | 59.46 | 3 292.78 |
| 130 | 13－18＋[13－19]＊2 | C30 找平层 细石混凝土 厚 50 mm(商品混凝土)(非泵送) | 10 $m^2$ | 55.378 | 4 142.27 | 11 376.30 | 47.63 | 502.83 | 251.42 | 294.71 | 16 320.45 |
| 131 | 010902003004 | 屋面刚性层【项目特征】<br>雨棚、设备平台/最薄 30 厚 C25 细石混凝土找平找坡/50 厚 C30 细石混凝土面层，内配钢筋网片(钢筋网片另计) | $m^2$ | 53.76 | 1 383.78 | 2 495.54 | 7.53 | 167.19 | 83.87 | 76.97 | 4 137.91 |
| 132 | 10－69 | 屋面找平层　C35 细石混凝土 有分格缝 40 mm 厚(商品混凝土)(非泵送) | 10 $m^2$ | 5.376 | 466.48 | 970.85 | 3.71 | 56.45 | 28.22 | 283.80 | 1 525.71 |
| 133 | 10－77＋[10－79]＊2 | 刚性防水屋面 C30 细石混凝土 有分格缝 50 mm 厚(商品混凝土)(非泵送) | 10 $m^2$ | 5.376 | 916.88 | 1 524.74 | 3.82 | 110.48 | 55.27 | 485.71 | 2 611.18 |
| 134 | 010902003003 | 屋面刚性层【项目特征】<br>瓦屋面/15 厚 1∶3 水泥砂浆找平层/10 厚石灰砂浆隔离层/50 厚 C30 细石混凝土保护层找平 | $m^2$ | 716.67 | 11 473.89 | 20 783.43 | 702.34 | 1 454.84 | 731.00 | 49.04 | 35 145.50 |
| 135 | 13－15－[13－17] | 找平层 水泥砂浆(厚 15 mm)混凝土或硬基层上 | 10 $m^2$ | 71.667 | 3 405.62 | 3 948.85 | 259.43 | 440.04 | 220.02 | 115.45 | 8 273.96 |

**续 表**

| 序号 | 定额编号 | 定额名称 | 单位 | 工程量 | 综合合价组成(元) | | | | | 金额 | |
|---|---|---|---|---|---|---|---|---|---|---|---|
| | | | | | 人工费 | 材料费 | 机械费 | 管理费 | 利润 | 综合单价 | 合价 |
| 136 | 10-90 | 刚性防水屋面 石灰砂浆隔离层 10 mm | 10 $m^2$ | 71.667 | 1 765.87 | 2 117.04 | 51.60 | 217.87 | 108.93 | 59.46 | 4 261.32 |
| 137 | 13-18+[13-19]*2 | C30 找平层 细石混凝土 厚 50 mm | 10 $m^2$ | 71.667 | 6 306.70 | 14 722.55 | 395.60 | 804.10 | 402.05 | 315.78 | 22 631.01 |
| 138 | 010901001001 | 瓦屋面<br>【项目特征】<br>瓦屋面/深色水泥平板瓦/杉木挂瓦条 30×30 mm/杉木顺水条 30×25 mm/含脊瓦 | $m^2$ | 716.67 | 11 101.22 | 42 649.03 | 200.67 | 1 354.51 | 680.84 | 78.12 | 55 986.26 |
| 139 | 10-7 | 瓦屋面 水泥彩瓦 铺瓦 | 10 $m^2$ | 71.667 | 4 730.02 | 17 650.87 | 34.40 | 571.90 | 285.95 | 324.74 | 23 273.14 |
| 140 | 9-52 | 屋面木基层 檩木上钉椽子及挂瓦条 | 10 $m^2$ 斜面积 | 71.667 | 2 585.75 | 9 533.86 | | 310.32 | 154.80 | 175.60 | 12 584.73 |
| 141 | 10-8 | 瓦屋面 水泥彩瓦 脊瓦 | 10 m | 71.667 | 3 784.02 | 15 462.16 | 164.12 | 473.72 | 237.22 | 280.76 | 20 121.23 |
| 142 | 011108004001 | 零星项目【项目特征】<br>节点 8 平坡屋面交界处填充泡沫混凝土 | $m^3$ | 0.79 | 40.32 | 104.86 | 4.63 | 5.40 | 2.69 | 199.88 | 157.91 |
| 143 | 通 11-补 7 | 屋面、楼地面现浇泡沫混凝土 | $m^3$ | 0.79 | 40.32 | 104.86 | 4.63 | 5.40 | 2.69 | 199.88 | 157.91 |
| 144 | | 保温、隔热、防腐工程 | | | | | | | | 155 625.10 | 155 625.10 |
| 145 | 011001001001 | 保温隔热屋面【项目特征】<br>屋面一/55 厚挤塑聚苯保温板(燃烧性能 B1 级)(500 宽 55 厚硬质岩棉版防火隔离带) | $m^2$ | 553.78 | 3 898.61 | 19 526.28 | 49.84 | 476.25 | 238.13 | 43.68 | 24 189.11 |
| 146 | 11-15 备注 1 | 屋面、楼地面保温隔热 聚苯乙烯挤塑板(厚 25 mm) | 10 $m^2$ | 55.378 | 3 898.61 | 19 524.62 | 52.06 | 474.24 | 237.02 | 436.75 | 24 186.34 |
| 147 | 011001005001 | 保温隔热楼地面【项目特征】<br>楼四、楼五、楼六/20 厚 B1 级挤塑聚苯板(XPS)保温层 | $m^2$ | 2 814.28 | 19 812.53 | 41 004.06 | | 2 392.14 | 1 182.00 | 22.88 | 64 390.73 |

续　表

| 序号 | 定额编号 | 定额名称 | 单位 | 工程量 | 综合合价组成(元) | | | | | 金额 | |
|---|---|---|---|---|---|---|---|---|---|---|---|
| | | | | | 人工费 | 材料费 | 机械费 | 管理费 | 利润 | 综合单价 | 合价 |
| 148 | 11-15 | 屋面、楼地面保温隔热 聚苯乙烯挤塑板(厚 20 mm) | 10 m$^2$ | 281.428 | 19 812.53 | 41 001.25 | | 2 378.07 | 1 187.63 | 228.76 | 64 379.47 |
| 149 | 011001003002 | 保温隔热墙面【项目特征】<br>楼梯间隔墙/15 厚水泥基无机矿物轻集料保温砂浆(用于楼梯间隔墙)/铺设耐碱玻纤网格布一层 | m$^2$ | 280.59 | 2 864.82 | 3 064.04 | 81.37 | 353.54 | 176.77 | 23.31 | 6 540.55 |
| 150 | 通 11-补 15-[通 11-补 16]*2 | 墙面无机轻集料保温砂浆厚度 15 | 10 m$^2$ | 28.059 | 2 518.58 | 2 510.72 | 81.37 | 312.02 | 156.01 | 198.82 | 5 578.69 |
| 151 | 14-28 | 保温砂浆及抗裂基层　墙面耐碱玻纤网格布 一层 | 10 m$^2$ | 28.059 | 345.69 | 552.48 | | 41.53 | 20.76 | 34.23 | 960.46 |
| 152 | 011001003001 | 保温隔热墙面【项目特征】<br>分户墙/6 厚水泥基无机矿物轻集料保温砂浆(用于分户墙)/铺设耐碱玻纤网格布一层 | m$^2$ | 345.28 | 2 158.00 | 1 930.12 | 41.43 | 265.87 | 131.21 | 13.11 | 4 526.62 |
| 153 | 通 11-补 15-[通 11-补 16]*3.8 | 墙面无机轻集料保温砂浆厚度 6.0 | 10 m$^2$ | 34.528 | 1 731.92 | 1 248.19 | 40.05 | 212.69 | 106.35 | 96.71 | 3 339.20 |
| 154 | 14-28 | 保温砂浆及抗裂基层　墙面耐碱玻纤网格布 一层 | 10 m$^2$ | 34.528 | 425.38 | 679.86 | | 51.10 | 25.55 | 34.23 | 1 181.89 |
| 155 | 011001003003 | 保温隔热墙面【项目特征】<br>外墙一/20 厚 B1 级石墨聚苯板(楼层处设置 300 宽 20 厚 A 级岩棉防火隔离带)(锚固件与基层墙体连接)/防水透气膜 | m$^2$ | 695.38 | 19 338.52 | 32 474.25 | 577.17 | 2 392.11 | 1 196.05 | 80.50 | 55 978.09 |
| 156 | 11-39-[11-40] | 外墙外保温 聚苯乙烯挤塑板 厚度 20 mm 混凝土墙面 | 10 m$^2$ | 69.538 | 19 337.13 | 29 345.04 | 578.56 | 2 390.02 | 1 194.66 | 759.95 | 52 845.40 |
| 157 | D00002 | 防水透气膜 | m$^2$ | 695.38 | | 3 129.21 | | | | 4.50 | 3 129.21 |

续 表

| 序号 | 定额编号 | 定额名称 | 单位 | 工程量 | 综合合价组成(元) | | | | | 金额 | |
|---|---|---|---|---|---|---|---|---|---|---|---|
| | | | | | 人工费 | 材料费 | 机械费 | 管理费 | 利润 | 综合单价 | 合价 |
| 158 | | 楼地面装饰工程 | | | | | | | | 180 469.55 | 180 469.55 |
| 159 | 011101003001 | 细石混凝土楼地面【项目特征】<br>楼面一/20 厚 1∶2.5 水泥砂浆找平 | $m^2$ | 392.4 | 2 315.16 | 3 103.88 | 188.35 | 302.15 | 149.11 | 15.44 | 6 058.66 |
| 160 | 13－15 | 找平层　水泥砂浆(厚 20 mm)混凝土或硬基层上 | 10 $m^2$ | 39.24 | 2 313.59 | 3 105.45 | 189.53 | 300.19 | 150.29 | 154.41 | 6 059.05 |
| 161 | 011101003012 | 细石混凝土楼地面【项目特征】<br>楼面一/楼梯/20 厚 1∶2.5 水泥砂浆楼梯面 | $m^2$ | 124.95 | 989.60 | 1 007.10 | 59.98 | 126.20 | 62.48 | 17.97 | 2 245.35 |
| 162 | 13－22 | 水泥砂浆 楼地面 厚 20 mm | 10 $m^2$ | 12.495 | 989.60 | 1 007.22 | 60.35 | 125.95 | 62.97 | 179.76 | 2 246.10 |
| 163 | 011101003003 | 细石混凝土楼地面【项目特征】<br>楼面四/40 厚 C25 细石混凝土,表面撒 1∶1 水泥沙子随打随抹光 | $m^2$ | 169.6 | 2 192.93 | 3 093.50 | 96.67 | 274.75 | 137.38 | 34.17 | 5 795.23 |
| 164 | 13－18 | C25 细石混凝土找平层 厚 40 mm | 10 $m^2$ | 16.96 | 1 253.68 | 2 720.72 | 75.47 | 159.42 | 79.71 | 252.89 | 4 289.01 |
| 165 | 13－26 | 水泥砂浆 加浆抹光随捣随抹厚 5 mm | 10 $m^2$ | 16.96 | 940.26 | 373.12 | 20.52 | 115.33 | 57.66 | 88.85 | 1 506.90 |
| 166 | 011101003008 | 细石混凝土楼地面【项目特征】<br>楼面五/40 厚 C25 细石混凝土,表面撒 1∶1 水泥沙子随打随抹光/泡沫混凝土回填密实剩余厚度兼找坡层,1%坡向地漏/10 厚 1∶3 水泥砂浆保护层 | $m^2$ | 275.92 | 4 257.45 | 5 995.74 | 118.65 | 524.25 | 262.12 | 40.44 | 11 158.20 |
| 167 | 13－18 | C25 细石混凝土找平层 厚 40 mm(商品混凝土)(非泵送) | 10 $m^2$ | 27.592 | 1 733.61 | 4 426.31 | 19.04 | 210.25 | 105.13 | 235.37 | 6 494.33 |
| 168 | 13－26 | 水泥砂浆 加浆抹光随捣随抹厚 5 mm | 10 $m^2$ | 27.592 | 1 529.70 | 559.01 | 33.39 | 187.33 | 93.81 | 87.11 | 2 403.54 |
| 169 | 13－15－[13－17]＊2 | 找平层 水泥砂浆(厚 10 mm)混凝土或硬基层上 | 10 $m^2$ | 27.592 | 995.52 | 1 009.32 | 66.77 | 127.48 | 63.74 | 82.01 | 2 262.82 |

续　表

| 序号 | 定额编号 | 定额名称 | 单位 | 工程量 | 综合合价组成(元) | | | | | 金额 | |
|---|---|---|---|---|---|---|---|---|---|---|---|
| | | | | | 人工费 | 材料费 | 机械费 | 管理费 | 利润 | 综合单价 | 合价 |
| 170 | 011101003011 | 细石混凝土楼地面【项目特征】楼面六/50厚C25细石混凝土，表面撒1∶1水泥沙子随打随抹光/5厚减振隔声板 | $m^2$ | 2 368.68 | 39 130.59 | 98 300.22 | 497.42 | 4 761.05 | 2 368.68 | 61.24 | 145 057.96 |
| 171 | 13－18+[13－19]*2 | C25找平层 细石混凝土 厚50 mm(商品混凝土)(非泵送) | 10 $m^2$ | 236.868 | 17 717.73 | 50 457.62 | 203.71 | 2 150.76 | 1 075.38 | 302.30 | 71 605.20 |
| 172 | 13－26 | 水泥砂浆 加浆抹光随捣随抹厚5 mm | 10 $m^2$ | 236.868 | 13 131.96 | 5 211.10 | 286.61 | 1 610.70 | 805.35 | 88.85 | 21 045.72 |
| 173 | D00006 | 5 mm减振隔声板 | $m^2$ | 2 368.68 | 8 290.38 | 42 636.24 | | 994.85 | 497.42 | 22.13 | 52 418.89 |
| 174 | 011101003010 | 细石混凝土楼地面【项目特征】楼面七/最薄30厚C25细石混凝土找平找坡 | $m^2$ | 387.32 | 2 862.29 | 6 212.61 | 174.29 | 364.08 | 182.04 | 25.29 | 9 795.32 |
| 175 | 13－18 | C25细石混凝土找平层 厚40 mm | 10 $m^2$ | 38.732 | 2 863.07 | 6 213.39 | 172.36 | 364.08 | 182.04 | 252.89 | 9 794.94 |
| 176 | 011101003013 | 细石混凝土楼地面【项目特征】管井/20厚1∶3水泥砂浆压实抹光 | $m^2$ | 23.24 | 137.12 | 183.83 | 11.16 | 17.89 | 8.83 | 15.44 | 358.83 |
| 177 | 13－15 | 找平层　水泥砂浆(厚20 mm)混凝土或硬基层上 | 10 $m^2$ | 2.324 | 137.02 | 183.92 | 11.22 | 17.78 | 8.90 | 154.41 | 358.85 |
| 178 | | 墙、柱面装饰与隔断、幕墙工程 | | | | | | | | 283 408.11 | 283 408.11 |
| 179 | 011201001014 | 墙面一般抹灰【项目特征】内墙一、二、三、四(混凝土墙面)/6厚1∶2.5水泥砂浆粉面/12厚1∶3水泥砂浆打底/刷界面剂一道 | $m^2$ | 2 787.96 | 45 387.99 | 26 485.62 | 1 449.74 | 5 631.68 | 2 815.84 | 29.33 | 81 770.87 |
| 180 | 14－11 | 抹水泥砂浆混凝土墙内墙 | 10 $m^2$ | 278.796 | 38 763.80 | 22 713.51 | 1 446.95 | 4 825.96 | 2 411.59 | 251.66 | 70 161.80 |
| 181 | 省补13－16 | 刷界面剂混凝土面 | 10 $m^2$ | 278.796 | 6 624.19 | 3 755.38 | | 794.57 | 398.68 | 41.51 | 11 572.82 |
| 182 | 011201001015 | 墙面一般抹灰【项目特征】内墙一、二、三、四(轻质墙面)/6厚1∶2.5水泥砂浆粉面/12厚1∶3水泥砂浆打底/界面剂一道 | $m^2$ | 2 612.68 | 39 320.83 | 31 796.32 | 1 724.37 | 4 911.84 | 2 455.92 | 30.70 | 80 209.28 |

续 表

| 序号 | 定额编号 | 定额名称 | 单位 | 工程量 | 综合合价组成(元) | | | | | 金额 | |
|---|---|---|---|---|---|---|---|---|---|---|---|
| | | | | | 人工费 | 材料费 | 机械费 | 管理费 | 利润 | 综合单价 | 合价 |
| 183 | 14－12 | 抹水泥砂浆 轻质墙 | 10 $m^2$ | 261.268 | 33 567.71 | 27 106.56 | 1 734.82 | 4 235.15 | 2 118.88 | 263.19 | 68 763.12 |
| 184 | 省补 13－17 | 刷界面剂 加气混凝土面 | 10 $m^2$ | 261.268 | 5 747.90 | 4 671.47 | | 689.75 | 344.87 | 43.84 | 11 453.99 |
| 185 | 011201001016 | 墙面一般抹灰【项目特征】<br>内墙五(轻质墙面)/20 厚 1：3 水泥砂浆刮糙层/加气混凝土面刷界面剂一道 | $m^2$ | 309.27 | 4 654.51 | 2 452.51 | 126.80 | 572.15 | 287.62 | 26.17 | 8 093.60 |
| 186 | 14－25 | 水泥砂浆刮糙（毛坯)砖墙 | 10 $m^2$ | 30.927 | 3 973.50 | 1 897.37 | 126.80 | 492.05 | 245.87 | 217.79 | 6 735.59 |
| 187 | 省补 13－17 | 刷界面剂 加气混凝土面 | 10 $m^2$ | 30.927 | 680.39 | 552.97 | | 81.65 | 40.82 | 43.84 | 1 355.84 |
| 188 | 011201001018 | 墙面一般抹灰【项目特征】<br>内墙五(混凝土墙面)/20 厚 1：3 水泥砂浆刮糙层/混凝土面刷界面剂一道 | $m^2$ | 312.64 | 5 089.78 | 2 329.17 | 125.06 | 628.41 | 312.64 | 27.14 | 8 485.05 |
| 189 | 14－26 | 水泥砂浆刮糙（毛坯)混凝土墙 | 10 $m^2$ | 31.264 | 4 346.95 | 1 907.73 | 124.43 | 536.49 | 268.25 | 229.78 | 7 183.84 |
| 190 | 省补 13－16 | 刷界面剂混凝土面 | 10 $m^2$ | 31.264 | 742.83 | 421.13 | | 89.10 | 44.71 | 41.51 | 1 297.77 |
| 191 | 011201001011 | 墙面一般抹灰【项目特征】<br>内墙六(混凝土墙面)/10 厚 1：2.5 水泥砂浆罩面 /混凝土面刷界面剂一道 | $m^2$ | 345.28 | 5 621.16 | 1 937.02 | 179.55 | 697.47 | 348.73 | 25.44 | 8 783.92 |
| 192 | 14－11 | 抹水泥砂浆混凝土墙内墙 | 10 $m^2$ | 34.528 | 4 800.77 | 1 471.58 | 179.20 | 597.68 | 298.67 | 212.81 | 7 347.90 |
| 193 | 省补 13－16 | 刷界面剂混凝土面 | 10 $m^2$ | 34.528 | 820.39 | 465.09 | | 98.40 | 49.38 | 41.51 | 1 433.26 |
| 194 | 011201001012 | 墙面一般抹灰【项目特征】<br>外墙一、二、三/20 厚 1：2.5 水泥砂浆找平层(内掺 5%防水剂),刷界面砂浆一道 | $m^2$ | 2 574.75 | 46 216.76 | 34 244.18 | 1 390.37 | 5 741.39 | 2 857.97 | 35.13 | 90 450.97 |
| 195 | 14－10 | 抹水泥砂浆混凝土墙外墙 | 10 $m^2$ | 257.475 | 40 330.88 | 29 916.02 | 1 398.09 | 5 007 89 | 2 502.66 | 307.43 | 79 155.54 |
| 196 | 14－31 | 保温砂浆及抗裂基层　刷界面剂混凝土面 | 10 $m^2$ | 257.475 | 5 891.03 | 4 330.73 | | 708.96 | 352.74 | 43.82 | 11 282.55 |
| 197 | 011201001013 | 墙面一般抹灰【项目特征】<br>外墙四/18 厚 1：3 水泥砂浆找平/混凝土面刷界面剂一道 | $m^2$ | 197.9 | 3 204.00 | 1 709.86 | 102.91 | 397.78 | 199.88 | 28.37 | 5 614.42 |

续　表

| 序号 | 定额编号 | 定额名称 | 单位 | 工程量 | 综合合价组成(元) | | | | | 金额 | |
|---|---|---|---|---|---|---|---|---|---|---|---|
| | | | | | 人工费 | 材料费 | 机械费 | 管理费 | 利润 | 综合单价 | 合价 |
| 198 | 14-11 | 抹水泥砂浆混凝土墙内墙 | 10 $m^2$ | 19.79 | 2 751.60 | 1 377.38 | 102.71 | 342.56 | 171.18 | 239.79 | 4 745.44 |
| 199 | 14-31 | 保温砂浆及抗裂基层　刷界面剂混凝土面 | 10 $m^2$ | 19.79 | 452.80 | 332.87 | | 54.42 | 27.11 | 43.82 | 867.20 |
| 200 | | 油漆、涂料、裱糊工程 | | | | | | | | 17 056.86 | 17 056.86 |
| 201 | 011407001006 | 墙面喷刷涂料【项目特征】<br>内墙五/批白色耐水腻子二度 | $m^2$ | 953.42 | 6 959.97 | 1 878.24 | | 839.01 | 419.50 | 10.59 | 10 096.72 |
| 202 | 17-170 | 901 胶白水泥满批腻子 刮糙面 二遍 | 10 $m^2$ | 95.342 | 6 963.78 | 1 873.47 | | 835.20 | 417.60 | 105.83 | 10 090.04 |
| 203 | 011407001003 | 墙面喷刷涂料【项目特征】<br>外墙四/外墙涂料/2 厚外墙腻子 | $m^2$ | 197.9 | 2 125.45 | 4 450.77 | | 255.29 | 128.64 | 35.17 | 6 960.14 |
| 204 | 17-197 | 外墙弹性涂料 二遍 | 10 $m^2$ | 19.79 | 1 567.37 | 4 395.56 | | 188.01 | 94.00 | 315.56 | 6 244.93 |
| 205 | 17-169 | 901 胶白水泥满批腻子 抹灰面增减批白水泥腻子 一遍 | 10 $m^2$ | 19.79 | 557.29 | 55.61 | | 66.89 | 33.45 | 36.04 | 713.23 |
| 206 | | 其他装饰工程 | | | | | | | | 15 083.05 | 15 083.05 |
| 207 | 011503001009 | 金属扶手、栏杆、栏板【项目特征】<br>楼梯栏杆扶手/硬木扶手,立杆 $\phi$28 钢筋,$\phi$34 套管,两端 $\phi$40 * 2 钢管,高度 900 mm/做法参见图集 15J403-1-B14-A2,具体做法详见设计图纸 | m | 88.82 | 6 323.10 | 5 366.50 | 1 341.18 | 920.18 | 460.09 | 162.25 | 14 411.05 |
| 208 | 13-153 备注 1 | 型钢栏杆　木扶手断面 150×50 制作安装 | 10 m | 8.882 | 6 323.27 | 5 366.77 | 1 341.09 | 919.73 | 459.82 | 1 622.46 | 14 410.69 |
| 209 | 011508004003 | 排气洞【项目特征】<br>厕所排气洞 D1,洞口直径见图纸 | 个 | 56 | | 448.00 | | | | 8.00 | 448.00 |
| 210 | D00003 | 排气洞 D1 | 个 | 56 | | 448.00 | | | | 8.00 | 448.00 |
| 211 | 011508004004 | 排气洞【项目特征】<br>厨房排气洞 D2,洞口直径见图纸 | 个 | 28 | | 224.00 | | | | 8.00 | 224.00 |
| 212 | D00004 | 排气洞 D2 | 个 | 28 | | 224.00 | | | | 8.00 | 224.00 |
| 合　计 | | | | | | | | | | | 4 425 428.07 |

# 总价措施项目清单与计价表

工程名称:某住宅楼　　　　　　　　　　　　　　标段:地上土建

| | 项目编码 | 项目名称 | 计算基础 | 费率(%) | 金额(元) | 调整费率(%) | 调整后金额(元) | 备注 |
|---|---|---|---|---|---|---|---|---|
| 1 | 011707001001 | 安全文明施工费 | | | | 100.000 | 196 941.83 | |
| 1.1 | | 基本费 | 分部分项合计+单价措施项目合计一除税工程设备费 | | | 3.100 | 170 061.19 | |
| 1.2 | | 增加费 | 分部分项合计+单价措施项目合计一除税工程设备费 | | | 0.490 | 26 880.64 | |
| 2 | 011707002001 | 夜间施工 | 分部分项合计+单价措施项目合计一除税工程设备费 | | | 0.080 | 4 388.68 | |
| 3 | 011707003001 | 非夜间施工照明 | 分部分项合计+单价措施项目合计一除税工程设备费 | | | | | |
| 4 | 011707004001 | 二次搬运 | 分部分项合计+单价措施项目合计一除税工程设备费 | | | | | |
| 5 | 011707005001 | 冬雨季施工 | 分部分项合计+单价措施项目合计一除税工程设备费 | | | 0.180 | 9 874.52 | |
| 6 | 011707006001 | 地上、地下设施、建筑物的临时保护设施 | 分部分项合计+单价措施项目合计一除税工程设备费 | | | | | |
| 7 | 011707007001 | 已完工程及设备保护 | 分部分项合计+单价措施项目合计一除税工程设备费 | | | 0.050 | 2 742.92 | |
| 8 | 011707008001 | 临时设施 | 分部分项合计+单价措施项目合计一除税工程设备费 | | | 2.100 | 115 202.74 | |
| 9 | 011707009001 | 赶工措施 | 分部分项合计+单价措施项目合计一除税工程设备费 | | | | | |
| 10 | 011707010001 | 工程按质论价 | 分部分项合计+单价措施项目合计一除税工程设备费 | | | 1.100 | 60 344.29 | |
| 11 | 011707011001 | 住宅分户验收 | 分部分项合计+单价措施项目合计一除税工程设备费 | | | 0.400 | 21 943.38 | |
| 12 | 011707012001 | 特殊条件下施工增加费 | 分部分项合计+单价措施项目合计一除税工程设备费 | | | | | |
| 合　计 | | | | | | | 411 438.36 | |

# 其他项目清单与计价汇总表

工程名称:某住宅楼　　　　　　　　　　　　　标段:地上土建

| 序号 | 项目名称 | 金额(元) | 结算金额(元) | 备注 |
|---|---|---|---|---|
| 1 | 暂列金额 | | | |
| 2 | 暂估价 | | | |
| 2.1 | 材料暂估价 | | | |
| 2.2 | 专业工程暂估价 | | | |
| 3 | 计日工 | | | |
| 4 | 总承包服务费 | | | |
| | | | | |
| | | | | |
| | | | | |
| | | | | |
| | | | | |
| | | | | |
| | | | | |
| | | | | |
| | | | | |
| | | | | |
| 合　计 | | | | |

# 规费、税金项目计价表

工程名称:某住宅楼　　　　　　　　　　　　　标段:地上土建

| 序号 | 项目名称 | 计算基础 | 计算基数 | 费率(%) | 金额(元) |
|---|---|---|---|---|---|
| 1 | 规费 | 工程排污费+社会保险费+住房公积金 | 225 865.95 | 100.000 | 225 865.95 |
| 1.1 | 社会保险费 | 分部分项工程费+措施项目费+其他项目费-工程设备费 | 5 897 283.35 | 3.200 | 188 713.07 |
| 1.2 | 住房公积金 | 分部分项工程费+措施项目费+其他项目费-工程设备费 | 5 897 283.35 | 0.530 | 31 255.60 |
| 1.3 | 环境保护税 | 分部分项工程费+措施项目费+其他项目费-工程设备费 | 5 897 283.35 | 0.100 | 58 97.28 |
| 2 | 税金 | 分部分项工程费+措施项目费+其他项目费+规费-甲供材料费_含设备/1.01 | 6 123 149.30 | 10.000 | 612 314.93 |
| 合　计 | | | | | 838 180.88 |

# 承包人供应主要材料一览表

工程名称：某住宅楼　　　　　　　　　　　　　　标段：地上土建

| 序号 | 材料编码 | 材料名称 | 规格、型号等要求 | 单位 | 数量 | 单价(元) | 合价(元) | 备注 |
|---|---|---|---|---|---|---|---|---|
| 1 | 04150156～1 | A3.5B06 蒸压砂加气混凝土砌块 | | m³ | 410.287 5 | 258.62 | 106 108.55 | |
| 2 | 04010611 | 水泥 | 32.5 级 | kg | 178 388.212 857 | 0.32 | 57 619.39 | |
| 3 | 04030107 | 中砂 | | t | 527.935 584 | 136.00 | 71 799.24 | |
| 4 | 31150101 | 水 | | m³ | 3078.253 183 | 4.57 | 14 067.62 | |
| 5 | 80090303～1 | Mb5 专用砂浆 | | m³ | 6.6937 5 | 1 086.00 | 7269.41 | |
| 6 | 03590706 | L 型铁件 | L150×80×1.5 | 块 | 1 535.625 | 1.03 | 1 581.69 | |
| 7 | 03070114 | 膨胀螺栓 | M8×80 | 套 | 3 102.75 | 0.51 | 1 582.40 | |
| 8 | 03510701 | 铁钉 | | kg | 2 769.734 788 | 3.60 | 9 971.05 | |
| 9 | CL－D00007 | 装配式混凝土外墙板 200 厚 | | m³ | 172.13 | 3 500.66 | 602 568.61 | |
| 10 | CL－D00008 | 装配式混凝土外墙板 100 厚 | | m³ | 14.62 | 3 550.25 | 51 904.66 | |
| 11 | CL－D00013 | 装配式混凝土外墙板(安装) | | m³ | 186.75 | 600.00 | 112 050.00 | |
| 12 | 80210135～1 | C30 粒径 31.5 混凝土 42.5 级坍落度 35～50(商品砼)(非泵送) | | m³ | 1.522 5 | 397.13 | 604.63 | |
| 13 | 02090101 | 塑料薄膜 | | m² | 3 585.594 5 | 0.69 | 2 474.06 | |
| 14 | 80212105 | 预拌混凝土(泵送型) C30 | | m³ | 1 062.017 64 | 440.00 | 467 287.76 | |
| 15 | 80212116 | 预拌混凝土(非泵送型) C25 | | m³ | 167.057 4 | 416.84 | 69 636.21 | |
| 16 | 80212106 | 预拌混凝土(泵送型) C35 | | m³ | 13.535 4 | 460.35 | 6 231.02 | |
| 17 | 06650101 | 同质地砖 | | m² | 43.574 4 | 35.00 | 15 25.10 | |
| 18 | 04010701 | 白水泥 | | kg | 1 103.826 46 | 0.60 | 662.30 | |
| 19 | 03652403 | 合金钢切割锯片 | | 片 | 3.698 694 | 68.60 | 253.73 | |
| 20 | 05250502 | 锯(木)屑 | | m³ | 0.256 32 | 47.17 | 12.09 | |
| 21 | 31110301 | 棉纱头 | | kg | 0.427 2 | 5.57 | 2.38 | |
| 22 | 04050207 | 碎石 | 5～40 mm | t | 20.683 152 | 115.00 | 2 378.56 | |
| 23 | 04090120 | 石灰膏 | | m³ | 4.848 905 | 180.00 | 872.80 | |

续 表

| 序号 | 材料编码 | 材料名称 | 规格、型号等要求 | 单位 | 数量 | 单价(元) | 合价(元) | 备注 |
|---|---|---|---|---|---|---|---|---|
| 24 | 04135512 | 碎砖 | | t | 14.097 6 | 34.00 | 479.32 | |
| 25 | 04050203 | 碎石 | 5～16 mm | t | 79.305 03 | 115.00 | 9 120.08 | |
| 26 | 04050203 - 1 | 碎石 | 30～70 mm | t | 1.085 4 | 115.00 | 124.82 | |
| 27 | 04050207 - 1 | 碎石 | 30～70 mm | t | 14.924 25 | 115.00 | 1 716.29 | |
| 28 | CL - D00005 | 烟道 | | m | 92.8 | 150.00 | 13 920.00 | |
| 29 | 302303 | 成品风帽 | 450×350 孔 | 套 | 4.04 | 167.22 | 675.57 | |
| 30 | 01010100～1 | 钢筋≤6 | 综合 | t | 6.002 7 | 3 912.06 | 23 482.92 | |
| 31 | 03570237 | 镀锌铁丝 | 22# | kg | 1 001.522 55 | 4.72 | 4 727.19 | |
| 32 | 03410205 | 电焊条 | J422 | kg | 385.178 331 | 4.97 | 1 914.34 | |
| 33 | 01010100～6 | 钢筋≤10 | 综合 | t | 80.311 74 | 3 782.80 | 303 803.25 | |
| 34 | 01010100～4 | 钢筋≤12 | 综合 | t | 36.736 32 | 3 731.03 | 137 064.31 | |
| 35 | 01010100～5 | 钢筋≤25 | 综合 | t | 50.814 36 | 3 653.45 | 185 647.62 | |
| 36 | 01010100～3 | 钢筋≤8 | 综合 | t | 4.097 34 | 3 912.06 | 16 029.04 | |
| 37 | 01010100 | 钢筋 | 综合 | t | 5.859 88 | 3 912.06 | 22 924.20 | |
| 38 | 03610207～1 | 直螺纹套筒接头≤25 | $\phi$25 以内 | 个 | 40.8 | 6.47 | 263.98 | |
| 39 | 03450200 | 焊剂 | | kg | 721.465 | 3.43 | 2 474.62 | |
| 40 | 13010303 | 石棉板 | | $m^2$ | 46.1 | 5.15 | 237.42 | |
| 41 | CL - D00001 | 装配式混凝土叠合板 C30(构件) | | $m^3$ | 196.27 | 3 050.00 | 598 623.50 | |
| 42 | 32090101 | 周转木材 | | $m^3$ | 71.816 783 | 1 548.00 | 111 172.38 | |
| 43 | 01050101 | 钢丝绳 | | kg | 5.888 1 | 5.75 | 33.86 | |
| 44 | 03570216 | 镀锌铁丝 | 8# | kg | 598.255 4 | 4.20 | 2 512.67 | |
| 45 | 32030121 | 钢支架、平台及连接件 | | kg | 41.216 7 | 3.57 | 147.14 | |
| 46 | 02290301 | 麻绳 | | kg | 18.302 374 | 5.75 | 105.24 | |
| 47 | 04291411 | 预制混凝土楼梯 | | $m^3$ | 13.63 | 2 889.68 | 39 386.34 | |
| 48 | CL - D00012 | 装配式混凝土楼梯(安装) | | $m^3$ | 13.63 | 660.00 | 8 995.80 | |
| 49 | 01270100 | 型钢 | | t | 0.199 933 | 4 800.00 | 959.68 | |
| 50 | 12370305 | 氧气 | | $m^3$ | 2.219 938 | 2.83 | 6.28 | |
| 51 | 12370336 | 乙炔气 | | $m^3$ | 0.964 794 | 14.05 | 13.56 | |
| 52 | 11030303 | 防锈漆 | | kg | 0.934 798 | 12.86 | 12.02 | |
| 53 | 12030107 | 油漆溶剂油 | | kg | 0.104 153 | 12.01 | 1.25 | |

续 表

| 序号 | 材料编码 | 材料名称 | 规格、型号等要求 | 单位 | 数量 | 单价(元) | 合价(元) | 备注 |
|---|---|---|---|---|---|---|---|---|
| 54 | 11030304 | 红丹防锈漆 | | kg | 0.022 338 | 12.86 | 0.29 | |
| 55 | 03270202 | 砂纸 | | 张 | 11.889 3 | 0.94 | 11.18 | |
| 56 | 02270105 | 白布 | | $m^2$ | 0.000 45 | 3.43 | | |
| 57 | 11112503 | 调和漆 | | kg | 0.014 076 | 11.15 | 0.16 | |
| 58 | 510168 | 合金钢钻头 | 一字型 | 个 | 324.763 02 | 16.29 | 5 290.39 | |
| 59 | 503138 | 钢板网(钢丝网) | 0.8 mm | $m^2$ | 2 104.945 5 | 3.58 | 7 535.70 | |
| 60 | 511533 | 铁钉 | | kg | 10.023 55 | 3.09 | 30.97 | |
| 61 | 401029 | 普通成材 | | $m^3$ | 0.200 471 | 1 670.00 | 334.79 | |
| 62 | 510122 | 镀锌铁丝 | 8# | kg | 16.037 68 | 4.20 | 67.36 | |
| 63 | 03550101 | 钢丝网 | | $m^2$ | 1 240.514 | 7.89 | 9 787.66 | |
| 64 | 03032113 | 塑料胀管螺钉 | | 套 | 6 351.478 | 0.09 | 571.63 | |
| 65 | 15371708 | 镀锌铁丝 U 形卡 | | 个 | 1 578.836 | 0.18 | 284.19 | |
| 66 | 03633315 | 合金钢钻头 | 一字型 | 根 | 55.259 26 | 6.86 | 379.08 | |
| 67 | 09010921 | 成品木门框 | | $m^2$ | 123.733 2 | 42.88 | 5 305.68 | |
| 68 | 05250402 | 木砖与拉条 | | $m^3$ | 0.408 192 | 1 286.32 | 525.07 | |
| 69 | 09010234～1 | 木质乙级防火门 | | $m^2$ | 68.841 6 | 344.48 | 23 714.55 | |
| 70 | 09010234～2 | 木质丙级防火门 | | $m^2$ | 59.994 | 325.86 | 19 549.64 | |
| 71 | 01530101～1 | 铝合金百叶窗 | | $m^2$ | 52.92 | 263.63 | 13 951.30 | |
| 72 | 12333551 | PU 发泡剂 | | L | 13.891 5 | 25.73 | 357.43 | |
| 73 | 11590914 | 硅酮密封胶 | | L | 7.6734 | 68.60 | 526.40 | |
| 74 | 09493560 | 镀锌铁脚 | | 个 | 412.776 | 1.46 | 602.65 | |
| 75 | 03031206 | 自攻螺钉 | M4×15 | 十个 | 120.128 4 | 0.26 | 31.23 | |
| 76 | CL-D00002-1 | 非固化沥青中的材料费 | | $m^2$ | 648.82 | 30.00 | 19 464.60 | |
| 77 | 11572103 | 自粘聚脂胎乙烯膜卷材 | δ2 mm | $m^2$ | 1 787.7 | 45.00 | 80 446.50 | |
| 78 | 12410142 | 改性沥青粘结剂 | | kg | 507.706 8 | 6.77 | 3 437.18 | |
| 79 | 11592505 | SBS 封口油膏 | | kg | 88.669 92 | 6.00 | 532.02 | |
| 80 | 10031503 | 钢压条 | | kg | 77.163 84 | 4.29 | 331.03 | |
| 81 | 03510201 | 钢钉 | | kg | 5.795 76 | 6.00 | 34.77 | |
| 82 | 11570503～1 | SBS 卷材 | δ1.5 mm | $m^2$ | 127.464 96 | 24.70 | 3 148.38 | |
| 83 | 12410144 | 高强 APP 粘结剂 | B 型 | kg | 60.748 8 | 10.29 | 625.11 | |
| 84 | 11030760 | 高强 APP 基底处理剂 | | kg | 13.601 28 | 15.44 | 210.00 | |

续　表

| 序号 | 材料编码 | 材料名称 | 规格、型号等要求 | 单位 | 数量 | 单价(元) | 合价(元) | 备注 |
|---|---|---|---|---|---|---|---|---|
| 85 | 12413518 | 901胶 |  | kg | 781.220 664 | 2.14 | 1 671.81 |  |
| 86 | 04030111 | 绿豆砂 |  | t | 0.430 08 | 112.10 | 48.21 |  |
| 87 | 11570503 | SBS卷材 |  | $m^2$ | −30.481 92 | 24.70 | −752.90 |  |
| 88 | 11030746 | 水泥基渗透结晶防水涂料 |  | kg | 728.784 | 16.29 | 11 871.89 |  |
| 89 | 80210105～1 | C20粒径16混凝土32.5级坍落度35～50(商品砼)(非泵送) |  | $m^3$ | 25.773 031 | 379.29 | 9 775.45 |  |
| 90 | 11592705 | APP高强嵌缝膏 |  | kg | 244.019 7 | 7.55 | 1 842.35 |  |
| 91 | 80210108～1 | C30粒径16混凝土32.5级坍落度35～50(商品砼)(非泵送) |  | $m^3$ | 24.544 616 | 407.52 | 10 002.42 |  |
| 92 | 80210110～1 | C35粒径16混凝土42.5级坍落度35～50(商品砼)(非泵送) |  | $m^3$ | 1.900 416 | 421.97 | 801.92 |  |
| 93 | 11573505 | 石油沥青油毡 | 350＃ | $m^2$ | 56.448 | 4.20 | 237.08 |  |
| 94 | 04030105 | 细砂 |  | t | 0.166 656 | 136.00 | 22.67 |  |
| 95 | 04170302～1 | 水泥平板瓦 | 420×332 | 百块 | 71.667 | 235.83 | 16 901.23 |  |
| 96 | 05030600 | 普通木成材 |  | $m^3$ | 6.104 976 | 1 670.00 | 10 195.31 |  |
| 97 | 04170413 | 水泥脊瓦 | 432×228 | 百块 | 21.500 1 | 458.79 | 9 864.03 |  |
| 98 | 28115509 | 圆脊封 | T－D | 块 | 17.200 08 | 17.49 | 300.83 |  |
| 99 | 28111309 | 双向圆脊 | L－D | 块 | 17.200 08 | 58.29 | 1 002.59 |  |
| 100 | 28111311 | 三向圆脊 | M－D | 块 | 17.200 08 | 48.57 | 835.41 |  |
| 101 | 11430317 | 氧化铁红 |  | kg | 13.616 73 | 5.57 | 75.85 |  |
| 102 | 28115510 | 圆脊斜封 | S－D | 块 | 34.400 16 | 19.43 | 668.40 |  |
| 103 | 11452113 | 松香 |  | kg | 0.157 837 | 8.23 | 1.30 |  |
| 104 | 12413549 | 水胶 |  | kg | 0.290 753 | 3.67 | 1.07 |  |
| 105 | 12300327 | 氢氧化钠 |  | kg | 0.058 15 | 6.86 | 0.40 |  |
| 106 | 02110301 | XPS聚苯乙烯挤塑板 |  | $m^3$ | 31.366 938 | 560.34 | 17 576.15 |  |
| 107 | 02110301～2 | 20厚XPS聚苯乙烯挤塑板 |  | $m^3$ | 73.171 28 | 560.34 | 41 000.80 |  |
| 108 | TB000005 | 无机轻集料保温砂浆 |  | $m^3$ | 6.532 188 | 557.41 | 3 641.11 |  |

续 表

| 序号 | 材料编码 | 材料名称 | 规格、型号等要求 | 单位 | 数量 | 单价(元) | 合价(元) | 备注 |
|---|---|---|---|---|---|---|---|---|
| 109 | 08230105 | 玻璃纤维网格布 | | $m^2$ | 688.457 | 1.79 | 1 232.34 | |
| 110 | 02110301～3 | B1级石墨聚苯板 | | $m^3$ | 18.079 88 | 560.34 | 10 130.88 | |
| 111 | 08230121 | 耐碱玻璃纤维网格布 | | $m^2$ | 966.578 2 | 1.79 | 1 730.17 | |
| 112 | 12330309 | 专用界面剂 | | kg | 55.6304 | 18.52 | 1 030.28 | |
| 113 | 12410121 | 专用粘结剂 | | kg | 2 781.52 | 2.74 | 7 621.36 | |
| 114 | 80090311 | 聚合物砂浆 | | kg | 2 781.52 | 1.07 | [illegible] | |
| 115 | 03510911 | 塑料保温螺钉 | | 套 | 4 867.66 | 1.46 | 7 106.78 | |
| 116 | 03633307 | 合金钢钻头 | $\phi$20 | 根 | 53.544 26 | 13.03 | 697.68 | |
| 117 | CL-D00002 | 防水透气膜 | | $m^2$ | 695.38 | 4.50 | 3 129.21 | |
| 118 | 80210106-1 | C25粒径16混凝土32.5级坍落度35～50(商品砼)(非泵送) | | $m^3$ | 11.147 168 | 392.54 | 4 375.71 | |
| 119 | 80212116-1 | 预拌混凝土(非泵送型)C25细石 | | $m^3$ | 119.855 208 | 416.84 | 49 960.44 | |
| 120 | CL-D00006 | 5 mm减振隔声板中的材料费 | | $m^2$ | 2 368.68 | 18.00 | 42 636.24 | |
| 121 | 610136-1 | 界面剂(混凝土面) | | kg | 4 445.1852 | 1.03 | 4 578.54 | |
| 122 | 613206 | 水 | | $m^3$ | 28.393 27 | 4.57 | 129.76 | |
| 123 | 610137-1 | 界面剂(加气混凝土面) | | kg | 5 008.222 3 | 1.03 | 5 158.47 | |
| 124 | 04230108 | 防水剂 | | kg | 1 437.214 893 | 4.29 | 6 165.65 | |
| 125 | 12330300 | 界面剂 | | kg | 3 576.718 5 | 1.29 | 4 613.97 | |
| 126 | 11430327 | 大白粉 | | kg | 125.797 86 | 0.73 | 91.83 | |
| 127 | 04090801 | 石膏粉 | 325目 | kg | 125.797 86 | 0.36 | 45.29 | |
| 128 | 11112505 | 高渗透性表面底漆 | | kg | 23.748 | 30.01 | 712.68 | |
| 129 | 11010362 | 外墙弹性乳胶涂料(中涂) | | kg | 118.74 | 21.44 | 2 545.79 | |
| 130 | 11010363 | 外墙弹性乳胶涂料(面涂) | | kg | 39.58 | 25.73 | 1 018.39 | |
| 131 | 05030615 | 硬木成材 | | $m^3$ | 0.843 79 | 2 229.63 | 1 881.34 | |
| 132 | 01130143 | 扁钢 | -30×4～50×5 | kg | 424.559 6 | 3.64 | 1 545.40 | |
| 133 | 01090174 | 圆钢 | $\phi$15～24 | kg | 483.091 98 | 3.45 | 1 666.67 | |
| 134 | 03030115 | 木螺钉 | M4×30 | 十个 | 92.372 8 | 0.26 | 24.02 | |

续　表

| 序号 | 材料编码 | 材料名称 | 规格、型号等要求 | 单位 | 数量 | 单价(元) | 合价(元) | 备注 |
|---|---|---|---|---|---|---|---|---|
| 135 | 03070123 | 膨胀螺栓 | M10×110 | 套 | 88.82 | 0.69 | 61.29 | |
| 136 | 03590700 | 铁件 | | kg | 11.102 5 | 5.66 | 62.84 | |
| 137 | 03633301 | 合金钢钻头 | | 根 | 1.154 66 | 12.86 | 14.85 | |
| 138 | CL－D00003 | 排气洞 D1 | | 个 | 56 | 8.00 | 448.00 | |
| 139 | CL－D00004 | 排气洞 D2 | | 个 | 28 | 8.00 | 224.00 | |
| 140 | 32030105 | 工具式金属脚手 | | kg | 393.679 | 4.08 | 1 606.21 | |
| 141 | 32030303 | 脚手钢管 | | kg | 5 708.345 5 | 3.59 | 20 492.96 | |
| 142 | 32030504 | 底座 | | 个 | 15.747 16 | 4.12 | 64.88 | |
| 143 | 32030513 | 脚手架扣件 | | 个 | 984.197 5 | 4.89 | 4 812.73 | |
| 144 | 32010502 | 复合木模板 | 18 mm | $m^2$ | 3 668.683 37 | 40.00 | 146 747.33 | |
| 145 | 32020115 | 卡具 | | kg | 1 702.388 72 | 4.18 | 7 115.98 | |
| 146 | 32020132 | 钢管支撑 | | kg | 5 242.566 72 | 3.59 | 18 820.81 | |
| 147 | 03052109 | 对拉螺栓(止水螺栓) | | kg | 2 274.693 37 | 5.66 | 12 874.76 | |
| 148 | 14310106 | 塑料管 | dn20 | m | 1 905.129 | 3.11 | 5 924.95 | |
| 149 | 03550411 | 钢板网 | δ0.8 | $m^2$ | 48.410 25 | 14.40 | 697.11 | |
| 合　计 | | | | | | | 3 792 484.09 | |

## 单元测试

# 单元七　全过程计价与管理

## 第一节　设计概算的编制

### 一、设计概算的概念及作用

（一）设计概算的概念

设计概算是以初步设计文件为依据，按照规定的程序、方法和依据，对建设项目总投资及其构成进行的概略计算。设计概算的成果文件称为设计概算书，简称设计概算。设计概算书是设计文件的重要组成部分，在报批设计文件时，必须同时报批设计概算。采用两阶段设计的建设项目，初步设计阶段必须编制设计概算；采用三阶段设计的建设项目，扩大初步设计阶段必须编制修正概算。

经审核批准后的设计概算是施工图设计控制投资的限额依据。施工图是设计单位的最终产品，也是工程现场施工的主要依据。由于我国的工程建设投资限额采用概算审批制，经批准的工程概算投资额是建设工程项目的最高投资限额，所以设计单位要掌握施工图设计的造价变化情况，要求其严格控制在批准的设计概算内，并有所节余。

设计概算额度的控制、审批、调整应遵循国家、各省市地方政府或行业有关规定。如果设计概算值超过项目决策时所确定的投资估算额允许的幅度以至于因概算投资额度变化影响项目的经济效益，使经济效益达不到预定收益目标值时，必须修改设计或重新立项审批。

（二）设计概算的作用

(1) 设计概算是编制固定资产投资计划，确定和控制建设项目投资的依据。《国家发展改革委关于印发〈中央预算内直接投资项目概算管理暂行办法〉的通知》（发改投资〔2015〕482 号）规定，编制年度固定资产投资计划，确定计划投资总额及其构成数额，要以批准的初步设计概算为依据，没有批准的初步设计及其概算，建设工程就不能列入年度固定资产投资计划。

(2) 设计概算是控制施工图设计和施工图预算的依据。设计单位必须按照批准的初步设计和设计概算进行施工图设计，施工图预算不得突破设计概算，如确需突破时，应按规定程序报批。

(3) 设计概算是衡量设计方案经济合理性和选择最佳设计方案的依据。设计部门在初步设计阶段要选择最佳设计方案，设计概算是从经济角度衡量设计方案经济合理性的重要依据。

(4) 设计概算是编制招标控制价(标底)和投标报价的依据。以设计概算进行招投标的工程,招标人以设计概算作为编制招标控制价(标底)及评标定标的依据。投标人也必须以设计概算为依据,编制投标报价,以合适的投标报价在投标竞争中取胜。

(5) 设计概算是签订建设工程施工合同和贷款合同的依据。《中华人民共和国合同法》明确规定,建设工程合同价款是以设计概、预算价为依据,且总承包合同不得超过设计概算的投资额。银行贷款或各单项工程的拨款累计总额不能超过设计概算,如果项目投资计划所列支投资额与贷款突破设计概算时,必须查明原因,之后由建设单位报请上级主管部门调整或追加设计概算总投资,凡未批准之前,银行对其超支部分拒不拨付。

(6) 设计概算是考核建设项目投资效果的依据。通过设计概算与竣工结算对比,可以分析和考核投资效果,同时还可以验证设计概算的准确性,有利于加强设计概算管理和建设项目的造价管理工作。

## 二、设计概算的编制内容

设计概算可分为单位工程概算、单项工程综合概算和建设项目总概算三级。各级概算之间的相互关系如图 7-1 所示。

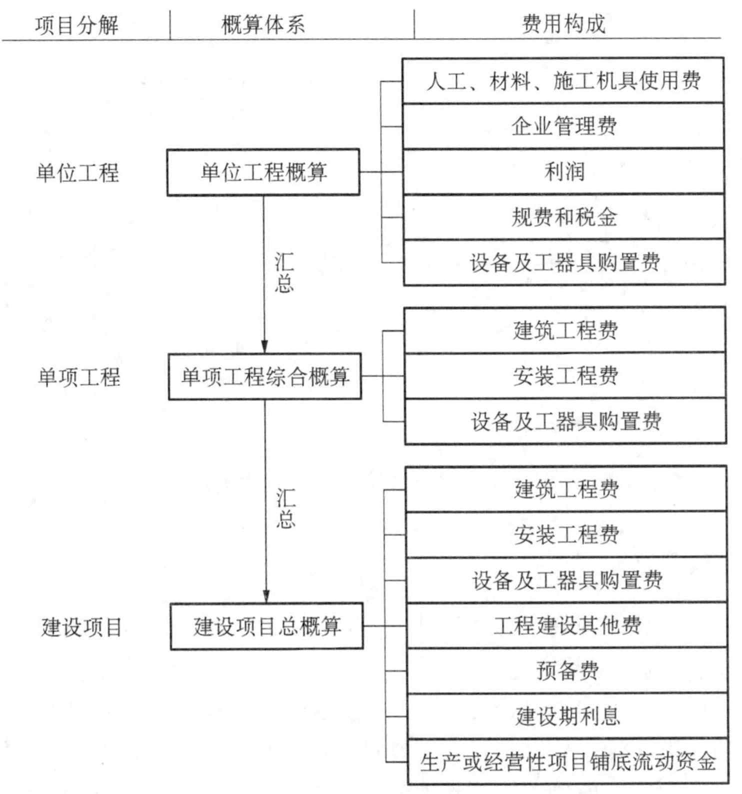


**图 7-1 三级概算之间的相互关系和费用构成**

### (一) 单位工程概算

单位工程是指具有独立的设计文件,承包单位可以独立组织施工,但是建成后不能独立发挥生产能力或者使用效益的工程。单位工程概算是确定单位工程建设投资费用的造价文件,它以初步设计文件为依据,是反映各单位工程的工程费用的成果文件,是编制单项工程综合概算的基础,是设计概算书的组成部分。

单位工程概算分为建筑工程概算、设备及安装工程概算。建筑工程概算包括一般土建工程概算,给排水、采暖工程概算,通风、空调工程概算,电气、照明工程概算,弱电工程概算,特殊构筑物工程概算等;设备及安装工程概算包括机械设备及安装工程概算、电气设备及安装工程概算、热力设备及安装工程概算、工器具及生产家具购置费用概算等。

### (二)单项工程综合概算

单项工程是指具有独立的设计文件,承包单位可以独立组织施工,建成后可以独立发挥生产能力或具有使用效益的工程,是建设项目的组成部分。如生产车间、办公楼、食堂、图书馆、学生宿舍、住宅楼等。单项工程综合概算是确定一个单项工程(设计单元)费用的文件,是建设项目总概算的组成部分。

单项工程综合概算的组成内容如图 7-2 所示。

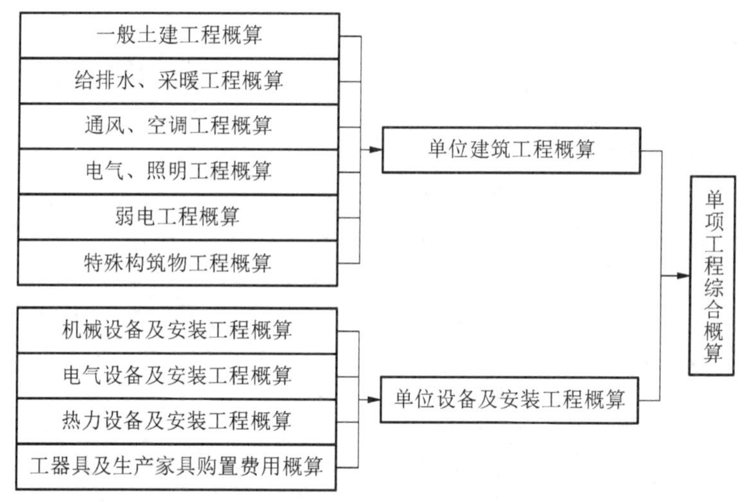


**图 7-2　单项工程综合概算的组成内容**

### (三)建设项目总概算

建设项目是指按总体规划或总体设计进行建设的由一个或若干个有内在联系的单项工程组成的工程总和,也称为基本建设项目。

建设项目总概算是以初步设计文件为依据,在单项工程综合概算的基础上计算建设项目概算总投资的成果文件。建设项目总概算是建设项目设计概算书的最终成果。非生产和非经营性建设项目的建设项目总概算是由各单项工程综合概算、工程建设其他费用概算、预备费概算和建设期利息概算汇总制而成。生产或经营性建设项目还包括铺底流动资金概算。

若干个单位工程概算汇总后成为单项工程综合概算,若干个单项工程综合概算和工程建设其他费用、预备费、建设期利息以及铺底流动资金等概算汇总成为建设项目总概算,如

图 7－3 所示。单项工程综合概算和建设项目总概算仅是一种归纳、汇总性文件，因此最基本的计算文件是单位工程概算。

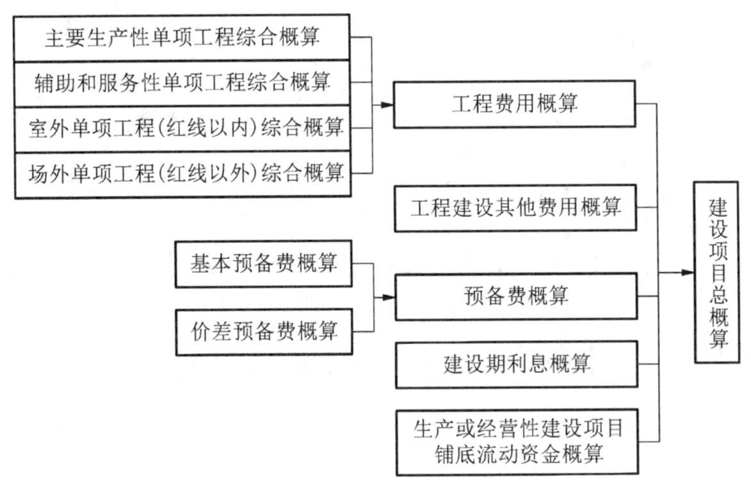


**图 7－3　建设项目总概算的组成内容**

## 三、设计概算的编制方法

建设项目总概算的编制，一般情况下，在工程项目实施领域反映的是建设项目固定资产总投资的编制。按照《建设项目经济评价方法与参数》(第三版)的规定，建设项目固定资产总投资由工程费用、工程建设其他费用、预备费、建设期利息和固定资产投资方向调节税(目前已暂停征收)组成，其中工程费用又包括了建筑安装工程费和设备及工器具购置费。建设工程项目总概算的编制，实际上是完成建设项目中所有单项工程等组成部分的上述费用计算。

### (一) 建筑安装工程费的计算

编制单位工程的概算建筑安装工程费，目前依旧采用的是传统的定额计价法。以建筑工程为例，多采用单价法编制单位工程概算建筑安装工程费。计算思路是：根据概算编制地区统一发布的相关专业工程的各概算分项工程定额基价，乘以相应的各概算分项工程的工程量，汇总相加得到单位工程的人工费、材料费和施工机具使用费后，再加上按地区规定程序和方法计算出来的企业管理费、利润、规费和税金，便可得出相应专业单位工程的概算建筑安装工程费。用单价法编制概算建筑安装工程费的主要计算公式为

$$\text{单位工程人工、材料、施工机具使用费} = \sum(\text{概算分项工程工程量} \times \text{相应概算分项工程定额基价})$$

$$\text{单位工程企业管理费、利润、规费和税金} = \text{各费用规定的计算基数} \times \text{各费用规定的费率(税率)}$$

$$\text{单位工程概算建筑安装工程费} = \text{人工费} + \text{材料费} + \text{施工机具使用费} + \text{管理费} + \text{利润} + \text{规费} + \text{税金}$$

单价法编制概算建筑安装工程费的步骤如图 7-4 所示

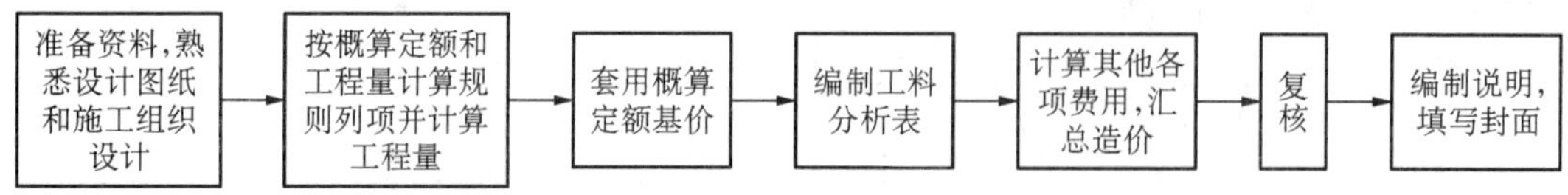


**图 7-4　单价法编制概算建筑安装工程费的步骤**

（二）设备及工器具购置费的计算

设备及工器具购置费由设备购置费和工器具及生产家具购置费组成。

设备购置费是指为建设项目购置或自制的达到固定资产标准的各种国产或进口设备、工具、器具的购置费用。

**1. 设备原价**

国产设备原价一般指的是设备制造厂的交货价或订货合同价。它一般根据生产厂或供应商的询价、报价、合同价确定。

进口设备原价是指进口设备的抵岸价,通常由进口设备到岸价(CIF)和进口从属费构成。进口设备到岸价,即抵达买方边境港口或边境车站的价格。在国际贸易中,交易双方所使用的交货类别不同,则交易价格的构成内容也有所差异。进口从属费包括银行财务费、外贸手续费、关税、消费税、进口环节增值税等,进口车辆的还需缴纳车辆购置税。

在国际贸易中,较为广泛使用的交易价格术语有 FOB,CFR 和 CIF。

(1) FOB(Free On Board),意为装运港船上交货,亦称离岸价格。FOB 是指当货物在指定的装运港越过船舷,卖方即完成交货义务。风险转移以在指定的装运港货物越过船舷时为分界点。费用划分与风险转移的分界点相一致。

(2) CFR(Cost and Freight),意为成本加运费,或称为运费在内价。CFR 是指在装运港货物超过船舷后卖方即完成交货,但是卖方还必须支付将货物运至指定的目的港所需的国际运费,但交货后货物灭失或损坏的风险以及由于各种事件造成的任何额外费用,却由卖方转移到买方。与 FOB 相比,CFR 的费用划分与风险转移的分界点是不一致的。

(3) CIF(Cost Insurance and Freight),意为成本加保险费、运费,习惯称为到岸价格。在 CIF 术语中,卖方除负有与 CFR 相同的义务外,还应办理货物在运输途中最低险别的海运保险,并应支付保险费。如买方需要更高的保险险别,则需要与卖方明确地达成协议,或者自行做出额外的保险安排。除保险这项义务外,买方的义务与 CFR 相同。

我国在采购进口设备时,一般情况下多基于装运港船上交货(FOB)计算进口设备原价,计算公式如下:

进口设备到岸价(CIF)=离岸价格(FOB)+国际运费+运输保险费

进口从属费=银行财务+外贸手续费+关税+消费税+进口环节增值税+车辆购置税

进口设备抵岸价格=进口设备到岸价(CIF)+进口从属费

其中:

离岸价格(FOB)是指在 FOB 交易术语下设备的购置价格,由设备厂家报价;

国际运费(海、陆、空)=原币货价(FOB)×运费率(%);

运输保险费＝{[原币货价(FOB)＋国际运费]/[1－保险费率(%)]}×保险费率(%)
银行财务费＝离岸价格(FOB)×人民币外汇汇率×银行财务费率
外贸手续费＝到岸价格(CIF)×人民币外汇汇率×外贸手续费率；
关税＝到岸价格(CIF)×人民币外汇汇率×进口关税税率
消费税＝[到岸价格(CIF)×人民币外汇汇率＋关税]/[1－消费税税率(%)]×消费税税率(%)；
进口环节增值税＝[到岸价格(CIF)＋关税＋消费税]×增值税税率(%)
进口车辆购置税＝[到岸价格(CIF)＋关税＋消费税]×车辆购置税率(%)。

这里需要说明的是，我国建设工程项目采购进口设备一般不涉及消费税和进口车辆购置税。

**2. 设备运杂费**

设备运杂费是指所购买的设备在国内的运杂费，通常由设备在国内的运费和装卸费、包装费、设备供销部门的手续费、采购与仓库保管费构成。设备运杂费按设备原价乘以设备运杂费率计算，其公式为：

设备运杂费＝设备原价×设备运杂费率(%)

其中，设备运杂费率按各部门及省、市有关规定计取。

**3. 工器具及生产家具购置费**

工器具及生产家具购置费是指新建或扩建项目初步设计规定的，保证初期正常生产必须购置的没有达到固定资产标准的设备、仪器、工卡模具、器具、生产家具和备品备件等的购置费用。一般以设备购置费为计算基数，按照部门或行业规定的工具、器具及生产家具费率计算。计算公式为：

工器具及生产家具购置费＝设备购置费×规定费率

### （三）工程建设其他费用的计算

工程建设其他费用是指从工程筹建起到工程竣工验收交付使用止的整个建设期间，除建筑安装工程费用和设备及工器具购置费用以外的，为保证工程建设顺利完成和交付使用后能够正常发挥效用而发生的各项费用，包括建设用地费、与项目建设有关的其他费用和与未来生产经营有关的其他费用。

**1. 建设用地费**

工程项目建设用地费主要由土地征用费、拆迁补偿费和城市基础设施建设费组成。相关费用的计算方法按照地区土地管理部门的规定执行，一般可采用所征用、拆迁的土地面积乘以单位单价计算。

**2. 与项目建设有关的其他费用**

该类别的费用是指为了保证项目的顺利建设，按照国家、地区的相关规定，发包人在项目实施过程中对项目进行管理、完成与建设项目实施有关的工作，以及在工程前期进行相关工作、办理相关业务所支出的费用。例如，建设管理费、可行性研究费、施工招投标交易服务费、研究试验费、勘察设计费、工程监理费、环境影响评价费、劳动安全卫生评价费、场地准备及临时设施费等费用。

一般情况下，这些费用的计算需要按照涉及的相关行业或者部门的规定进行。例如，工程监理费、勘察设计费需要按照监理行业、勘察设计行业的取费规定进行计算；施工招投标交易服务费、环境影响评价费等需要按照政府相关部门的规定进行计算。

**3. 与未来生产经营有关的其他费用**

该类别的费用包括生产型项目在项目完成之后，营运初期所支出的相关费用，如生产准备及开办费、联合试运转费等。该项费用按照项目的实际情况预测费用支出即可。

### （四）预备费的计算

按我国现行规定，预备费包括基本预备费和价差预备费。

**1. 基本预备费**

基本预备费是指针对在项目实施过程中可能发生的难以预料的支出，需要事先预留的费用。基本预备费又称为工程建设不可预见费，主要指设计变更及施工过程中可能增加工程量的费用。基本预备费一般由以下3个部分构成：

(1) 在批准的初步设计范围内，技术设计、施工图设计及施工过程中增加的工程费用，设计变更、工程变更、材料代用、局部地基处理等增加的费用。

(2) 一般自然灾害造成的损失和预防自然灾害采取的措施费用。实行工程保险的工程项目，该费用应适当降低。

(3) 竣工验收时，为鉴定工程质量，对隐蔽工程进行的必要的挖掘和修复费用。

基本预备费是以工程费用和工程建设其他费用二者之和为计取基础，乘以基本预备费费率进行计算。

基本预备费＝(工程费用＋工程建设其他费用)×基本预备费费率

基本预备费费率的取值应执行国家及相关部门的有关规定。

**2. 价差预备费**

价差预备费是指针对建设项目在建设期间，由于材料、人工、设备等价格可能发生变化引起工程造价变化而事先预留的费用，亦称为价格变动不可预见费。

价差预备费一般根据国家规定的投资综合价格指数，以估算年份价格水平的投资额为基数，采用复利方法计算。计算公式为：

$$PF = \sum_{t=1}^{n} I_t \left[ (1+f)^m (1+f)^{0.5} (1+f)^{t-1} - 1 \right]$$

式中：$PF$——价差预备费；

$n$——建设期年份数；

$I_t$——建设期中第 $t$ 年的投资计划额，包括工程费用、工程建设其他费用及基本预备费，即第 $t$ 年的静态投资；

$f$——年均投资价格上涨率；

$m$——建设前期年限(从编制估算起到开工建设止)。

### （五）建设期利息的计算

建设期利息包括向国内银行和其他非银行金融机构贷款、出口信贷、外国政府贷款、国际商业银行贷款以及在境内外发行债券等在建设期间应计的贷款利息。

当总贷款是分年均衡发放时，建设期利息的计算可按当年贷款在年中支用考虑，即当年贷款按半年计息，上年贷款按全年计息。计算公式为：

$$Q=\sum_{t=1}^{n}(P_{j-1}+A_j/2)i$$

式中：$Q$——建设期利息；

$P_{j-1}$——建设期第 $j-1$ 年末累计贷款本金与利息之和；

$A_j$——建设期第 $j$ 年贷款金额；

$i$——年利率。

## 四、设计概算的审查

### （一）设计概算审查的作用

（1）有利于合理分配投资资金、加强投资计划管理，有助于合理确定和有效控制工程造价。设计概算编制偏高或偏低，不仅影响工程造价的控制，也会影响投资计划的真实性，影响投资资金的合理分配。

（2）有利于促进概算编制单位严格执行国家有关概算的编制规定和取费标准，从而提高概算的编制质量。

（3）有利于促进设计的技术先进性与经济合理性。概算中的技术经济指标是概算的综合反映，与同类工程对比，便可看出它的先进与合理程度。

（4）有利于核定建设项目的投资规模，使建设项目总投资力求做到准确、完整，防止任意扩大投资规模或出现漏项，从而减少投资缺口，缩小概算与预算之间的差距；避免故意压低概算投资，搞“钓鱼”项目，最后导致实际造价大幅度地突破概算。

（5）有利于为建设项目投资的落实提供可靠依据。打足投资，不留缺口，有助于提高建设项目的投资效益。

### （二）设计概算审查的内容

#### 1. 审查设计概算的编制依据

（1）审查编制依据的合法性。采用的各种编制依据必须经过国家和授权机关的批准，符合国家有关的编制规定，未经批准的不能采用。不能强调情况特殊，擅自提高概算定额、指标或取费标准。

（2）审查编制依据的时效性。各种编制依据，如定额、指标、价格、取费标准等都应依据国家有关部门的现行规定，注意有无调整或新的规定，如有调整或新的规定，应按新的调整办法或规定执行。

（3）审查编制依据的适用范围。各种编制依据都有规定的适用范围，如各主管部门规定的各种专业定额及其取费标准，只适用于该部门的专业工程；各地区规定的各种定额及其取费标准，只适用于该地区范围内。特别是地区的材料预算价格区域性更强，如某市有该市区的材料预算价格，又编制了郊区内一个矿区的材料预算价格，在编制该矿区某工程概算时，应采用该矿区的材料预算价格。

2. **审查设计概算的编制深度**

(1) 审查编制说明。审查编制说明，可以检查概算的编制方法、深度和编制依据等最大原则问题，若编制说明有差错，则具体概算必有差错。

(2) 审查编制深度。一般大中型项目的设计概算应有完整的编制说明和“三级概算”(即总概算表、单项工程综合概算表、单位工程概算表)，并按有关规定的深度进行编制。审查是否有符合规定的“三级概算”，各级概算的编制、核对、审核是否按规定签署，有无随意简化，有无把“三级概算”简化为“二级概算”。

(3) 审查编制范围及具体内容。审查概算的编制范围及具体内容是否与主管部门批准的建设项目范围及具体工程内容一致；审查分期建设项目的实施范围及具体工程内容有无重复交叉，是否重复计算或漏算；审查其他费用应列的项目是否符合规定，静态投资、动态投资和经营性项目铺底流动资金是否分别列出等。

3. **审查设计概算的编制内容**

(1) 审查设计概算的编制是否符合国家的方针、政策，是否根据工程所在地的自然条件编制。

(2) 审查建设规模(投资规模、生产能力等)、建设标准(用地指标、建筑标准等)、配套工程、设计定员等是否符合原批准的可行性研究报告或立项批文的标准。对建设项目总概算投资超过批准投资估算 10%以上的，应查明原因，重新上报审批。

(3) 审查编制方法、计价依据和程序是否符合现行规定，包括定额或指标的适用范围和调整方法是否正确；补充定额或指标的项目划分、内容组成、编制原则等是否与现行定额的要求相一致等。

(4) 审查工程量是否正确。工程量的计算是否根据初步设计图纸、概算定额工程量计算规则进行，是否结合了工程项目所在地区的实际情况，有无多算、重算和漏算，尤其是对工程量大、造价高的项目，要重点审查。

(5) 审查材料用量和价格。审查主要材料(钢材、木材、水泥、砖)的用量数据是否正确，材料预算价格是否符合工程所在地的价格水平，材料价差调整是否符合现行规定及其计算是否正确等。

(6) 审查设备规格、数量和配置是否符合设计要求，是否与设备清单相一致，设备预算价格是否真实，设备原价和设备运杂费的计算是否正确，非标准设备原价的计价方法是否符合规定，进口设备的各项费用组成及其计算程序、方法是否符合国家主管部门的规定。

(7) 审查建筑安装工程各项费用的计取是否符合国家或地方有关部门的现行规定，计算程序和取费标准是否正确。

(8) 审查单项工程综合概算、建设项目总概算的编制内容和方法是否符合现行规定和设计文件的要求，有无设计文件外项目，有无将非生产性项目以生产性项目列入。

(9) 审查总概算文件的组成内容，是否完整地包括了建设项目从筹建起到竣工投产止的全部费用组成。

(10) 审查工程建设其他费用项目。这部分费用内容多、弹性大，占项目总投资的15%～25%，要按国家和地区规定逐项审查，不属于总概算范围的费用项目不能列入概算，具体费率或计取标准是否按国家、行业有关部门的规定计算，有无随意列项，有无多列项、交叉列项和漏项等。

(11) 审查项目的"三废"治理。拟建项目必须同时安排"三废"(废水、废气、废渣)的治理方案和投资,对于未作安排或漏项或多算、重算的项目,要按国家有关规定核实投资,以保证"三废"排放达到国家标准。

(12) 审查技术经济指标审查。技术经济指标的计算方法和程序是否正确,综合指标和单项指标与同类型工程指标相比是偏高还是偏低,其原因是什么,并予以纠正。

(13) 审查投资经济效果。设计概算是初步设计经济效果的反映,要按照生产规模、工艺流程、产品品种和质量,从企业的投资效益和投产后的运营效益出发,全面分析其是否达到了先进可靠、经济合理的要求。

### (三) 设计概算审查的基本方法

**1. 对比分析法**

对比分析法主要是通过建设规模、标准与立项批文对比,工程数量与设计图纸对比,综合范围、内容与编制方法、规定对比,各项取费与规定标准对比,人工、材料价格与统一信息价格对比,引进设备、技术投资与报价要求对比,技术经济指标与同类工程对比等,发现设计概算存在的主要问题和偏差。

**2. 查询核实法**

查询核实法是对一些投资额相对较大的关键设备和设施、重要生产装置等,若存在图纸不全或者难以核算的情况时,进行多方查询核对,逐项落实的方法。主要设备的市场价向设备供应商查询核实,重要生产装置、设施向同类企业(工程)查询了解,引进设备价格及有关费税向进出口公司调查落实,复杂的建筑安装工程向同类工程的项目参与方征求意见,深度不够或不清楚的问题直接同原概算编制人员、设计者询问清楚。

**3. 联合会审法**

联合会审前,可先采取多种形式分头审查,包括设计单位自审,主管、建设、承包单位初审,工程造价咨询公司评审,邀请同行专家预审,审批部门复审等,经层层审查把关后,由有关单位和专家进行联合会审。在会审大会上,由设计单位概算编制部门介绍概算编制情况及有关问题,各有关单位、专家汇报初审、预审意见;然后进行认真分析、讨论,结合对各专业技术方案的审查意见所产生的投资增减,逐一核实概算出现的问题;经过充分协商,认真听取设计单位意见后,实事求是地处理和调整。

对审查中发现的问题和偏差,按照单位工程概算、单项工程综合概算、建设项目总概算的顺序,按设备费、安装工程费、建筑工程费和工程建设其他费分类整理;然后按照静态投资、动态投资和铺底流动资金三大类,汇总核增或核减的项目及其投资额;最后将具体审核数据按照"原编概算""增减投资""增减幅度""调整原因"四栏列表,并按照原总概算表汇总顺序将增减项目逐一列出,相应调整所属项目投资合计,再依次汇总审核后的总投资及增减投资额。对于差错较多、问题较大或不能满足要求的,责成编制单位按审查意见修改后,重新报批。

## 五、设计概算的调整

设计概算批准后,一般不得调整。但由于以下 3 个原因引起的设计和投资变化,可以调整概算,并应严格按照调整概算的有关程序执行。

(1) 超出原设计范围的重大变更。凡涉及建设规模、产品方案、总平面布置、主要工艺流程、主要设备型号与规格、建筑面积、设计定员等方面的修改,必须由原批准立项单位认可,原设计审批单位复审,经复核批准后方可变更。

(2) 超出预备费规定的范围,属于不可抗拒的重大自然灾害引起的工程变动或费用增加。

(3) 超出预备费规定的范围,属于国家重大政策性变动因素引起的调整。

由于上述原因需要调整概算时,应由建设单位调查分析变更原因并报原概算审批部门,审批同意后,由原设计单位概算编制部门核实并编制调整概算,并按有关审批程序报批。由于第一个原因(设计范围的重大变更)而需要调整概算时,还需要重新编制可行性研究报告,经论证、评审以及审批后,才能调整概算。建设单位(项目业主)自行扩大建设规模、提高建设标准等而增加费用不予调整。

需要调整概算的工程项目,影响工程概算的主要因素已经清楚,工程量完成一定量后方可进行调整,一个工程只允许调整一次概算。

调整概算的编制深度、要求、文件组成及表格形式同原设计概算。调整概算还应对工程概算调整的原因做详尽分析和说明,所调整的内容在调整概算总说明中要逐项与原批准概算对比,并编制调整前后概算对比表,分析主要变更原因;当调整变化内容较多时,调整前后概算对比表以及主要变更原因分析应单独成册,也可以与设计文件调整原因分析一起编制成册。在上报调整概算时,应同时提供原设计的批准文件、重大设计变更的批准文件、工程已发生的影响工程投资的主要设备和大宗材料采购合同等,作为调整概算的附件。

## 第二节　施工图预算的编制

### 一、招标控制价与投标报价的区别

招标控制价是招标人根据国家或省级、行业建设主管部门颁发的有关计价依据和办法,以及拟定的招标文件和招标工程量清单,结合工程具体情况编制的招标工程的最高投标限价。《建设工程工程量清单计价规范》(GB 50500—2013)规定,国有资金投资的建设工程招标,招标人必须编制招标控制价。投标报价主要是投标人对拟建工程所要发生的各种费用的计算。同时规范规定,投标价是投标人投标时报出的工程造价。由此可以看出,招标控制价是对投标报价的限制价,因此招标控制价又称为最高限价,是投标报价的最高上限,如果超过这个控制价,投标文件将被视为废标。

招标控制价应该由具有编制能力的招标人或受其委托具有相应资质的工程造价咨询人员编制,其内容的准确性、严密性由招标人负责;投标报价则是投标人为进行投标而编制的报价,其内容由投标人负责。

相对而言,招标控制价主要依据国家或省级、行业建设主管部门颁发的有关计价依据和办法进行编制,其中的各项费用依据规定不可调整。而投标报价由投标人自主确定,但必须执行《建设工程工程量清单计价规范》的强制性规定;投标人的投标报价不得低于成本;投标报价要以招标文件中设定的承发包双方责任划分，作为考虑投标报价费用项目和费用计算的基础，承发包双方的责任划分不同，其合同风险的分摊也不同，从而导致投标人选择不同的报价。

## 二、招标控制价的编制

### （一）招标控制价的编制依据

(1)《建设工程工程量清单计价规范》(GB 50500—2013)。
(2) 国家或省级、行业建设主管部门颁发的计价定额和计价办法。
(3) 建设工程设计文件及相关资料。
(4) 拟定的招标文件及招标工程量清单。
(5) 与建设项目相关的标准、规范、技术资料。
(6) 施工现场情况、工程特点及常规施工方案；
(7) 工程造价管理机构发布的工程造价信息；工程造价信息没有发布的，参照市场价。
(8) 其他的相关资料。

### （二）招标控制价编制的注意事项

按上述依据进行招标控制价编制时，应注意以下事项：

(1) 使用的计价标准、计价政策应是国家或省级、行业建设主管部门颁发的计价定额、计价办法和相关政策规定；

(2) 采用的材料价格应是工程造价管理机构通过工程造价信息发布的材料单价，工程造价信息未发布材料单价的，其材料价格应通过市场调查确定；

(3) 国家或省级、行业建设主管部门对工程造价计价中费用或费用标准有规定的，应按规定执行。

### （三）招标控制价的编制内容

**1. 分部分项工程费**

分部分项工程费应根据招标文件中分部分项工程量清单的项目特征描述及有关要求，按规定确定综合单价进行计算。综合单价应包括招标文件中要求投标人承担的风险费用。

计算综合单价，管理费和利润可根据人工费、材料费、施工机具使用费之和按照一定的费率取费计算。招标文件提供了暂估单价的材料，按暂估的单价计入综合单价。

**2. 措施项目费**

措施项目费应按招标文件中提供的措施项目清单确定，采用分部分项工程综合单价形式进行计价的工程量，应按措施项目清单中的工程量并按规定确定综合单价；以“项”为单位计价的，如安全文明施工费、夜间施工费、二次搬运费、冬雨季施工费，都是以某一计算基础为基数乘以相应的费率计算。措施项目费中的安全文明施工费应按照国家或省级、行业建设主管部门的规定计价，不得作为竞争性费用。

**3. 其他项目费**

其他项目费应按下列规定计价：

(1) 暂列金额。暂列金额由招标人根据工程特点，按有关计价规定进行估算确定。为保证工程建设的顺利实施，在编制招标控制价时，应对施工过程中可能出现的各种不确定因素对工程造价的影响进行估算，列出一笔暂列金额。暂列金额可以根据工程的复杂程度、设计深度、工程环境条件(包括地质、水文、气候条件等)进行估算，一般可按分部分项工程费的10%～15%作为参考。

(2) 暂估价。暂估价包括材料暂估单价、工程设备暂估单价和专业工程暂估价。暂估价中的材料、工程设备暂估价应根据工程造价管理机构发布的工程造价信息或参考市场价格估算；暂估价中的专业工程暂估价应分不同专业，按有关计价规定估算。

(3) 计日工。计日工包括计日工人工、材料和施工机具。在编制招标控制价时，对计日工中的人工单价和施工机械台班单价，应按省级、行业建设主管部门或其授权的工程造价管理机构公布的单价计算；材料应按工程造价管理机构发布的工程造价信息中的材料单价计算，工程造价信息未发布材料单价的，其材料价格应按市场调查确定的单价计算。

(4) 总承包服务费。招标人应根据招标文件中列出的内容和向总承包人提出的要求，参照下列标准计算总承包服务费：

① 招标人要求对分包的专业工程进行总承包管理和协调时，按分包的专业工程估算造价的1.5%计算；

② 招标人要求对分包的专业工程进行总承包管理和协调，并同时要求提供配合服务时，根据招标文件中列出的配合服务内容和提出的要求，按分包的专业工程估算造价的3%～5%计算；

③ 招标人自行供应材料的，按招标人供应材料价值的1%计算。

**4. 规费和税金**

招标控制价的规费和税金必须按照国家或省级、行业建设主管部门的规定计算。

## 三、投标报价的编制

### (一) 投标报价的编制依据

(1)《建设工程工程量清单计价规范》(GB 50500—2013)；

(2) 国家或省级、行业建设主管部门颁发的计价办法；

(3) 企业定额，国家或省级、行业建设主管部门颁发的计价定额；

(4) 招标文件、工程量清单及其补充通知、答疑纪要；

(5) 建设工程设计文件及相关资料；

(6) 施工现场情况、工程特点及拟定的投标施工组织设计或施工方案；

(7) 与建设项目相关的标准、规范等技术资料；

(8) 市场价格信息或工程造价管理机构发布的工程造价信息；

(9) 其他的相关资料。

### (二) 投标报价的编制原则

(1) 投标报价由投标人自己确定，但是必须执行《建设工程工程量清单计价规范》的强制性规定；

(2) 投标人的投标报价不得低于工程成本；

(3) 投标人必须按招标工程量清单填报价格；

(4) 投标报价要以招标文件中设定的承发包双方责任划分，作为设定投标报价费用项目和费用计算的基础；

(5) 投标报价应以施工方案、技术措施等作为投标报价计算的基本条件；

(6) 报价方法要科学严谨、简明适用。

### (三) 投标报价的编制内容

#### 1. 分部分项工程费

分部分项工程的工程量依据招标文件中提供的分部分项工程量清单所列内容确定，综合单价中应包含招标文件要求的投标人承担的风险费。投标报价以工程量清单项目特征描述为准确定综合单价的组价。

分部分项工程综合单价确定的步骤和方法如下：

(1) 确定计算基础。主要包括消耗量的指标和生产要素的单价。

(2) 分析每一清单项目的工程内容。确定依据：项目特征描述、施工现场情况、拟定的施工方案、《建设工程工程量清单计价规范》(GB 50500—2013)中提供的工程内容以及可能发生的规范列表之外的特殊工程内容。

(3) 计算工程内容的工程数量与清单单位含量。每一项工程内容都应根据所选定额的工程量计算规则计算其工程数量。当定额的工程量计算规则与清单的工程量计算规则相一致时，可直接以工程量清单中的工程量作为工程内容的工程数量。

(4) 当采用清单单位含量计算人工费、材料费、施工机具使用费时，还需要计算每一计量单位的清单项目所分摊的工程内容的工程数量，即清单单位含量。

确定分部分项工程综合单价时的注意事项：

(1) 以项目特征描述为依据。当招标文件中分部分项工程量清单的项目特征描述与设计图纸不符时，投标人应以分部分项工程量清单的项目特征描述为准。

(2) 材料暂估价的处理。其他项目清单中的暂估单价材料，应按其暂估的单价计入分部分项工程量清单项目的综合单价中。

(3) 应包括承包人承担的合理风险。

(4) 根据工程承发包模式，考虑投标报价的费用内容和计算深度，以施工方案、技术措施等作为投标报价计算的基本条件；以反映企业技术和管理水平的企业定额作为计算人工、材料和机械台班消耗量的基本依据；充分利用现场考察、调研成果、市场价格信息和行情资料编制投标报价。

#### 2. 措施项目费

措施项目费中的安全文明施工费按国家或省级、行业建设主管部门规定计价，不得作为竞争性费用。对其他措施项目，投标报价时，投标人可以根据工程实际情况，结合施工组织设计对招标人所列的措施项目进行增补。

#### 3. 其他项目费

暂列金额由招标人填写，投标报价时，投标人按照招标人列项的金额填写，不允许改动。

专业工程暂估价按不同专业进行设定。投标报价时，专业工程暂估价完全按照招标人设定的价格计入，不能进行调整。

计日工的单价由投标人自主报价，用单价与招标工程量清单相乘，即可得出计日工费用。

总承包服务费应由投标人视招标范围，招标人供应的材料、设备情况，招标人暂估材料、设备价格情况，参照下列标准计算：招标人仅要求对分包的专业工程进行总承包管理和协调时，按分包的专业工程造价（不含设备费）的1.5%～2%计算；招标人要求对分包的专业工程进行总承包管理和协调，并同时要求提供配合服务时，根据招标文件中列出的配合服务内容和提出的要求，按分包的专业工程造价的3%～5%计算。

4. **企业管理费和利润**

企业管理费和利润应根据企业年度管理费收支和利润标准以及企业的发展要求，同时考虑本项目的投标策略综合确定。随着合理低价中标的逐步推行，市场竞争日趋激烈，企业管理费和利润率可在一定范围内进行调整。

### （四）投标报价编制的注意事项

(1) 基础数据准确性及可竞争性。投标报价编制人员不仅要熟悉业务知识，而且要富有管理经验，还要全面理解招标文件的内容。基础数据的可竞争性是指报价中所列材料费、人工费、机械费的单价有可竞争性。

(2) 投标报价的确定。最终报价的确定是能否中标的关键，也是企业中标后获利的关键。未中标，则前期的一切经营成果等于“零”；中标后，报价低、利润小，可能出现亏损，给企业增加经济负担。因此，投标报价的确定不仅是投标报价过程，而且是企业决策过程。

### （五）投标报价的技巧

常用投标报价技巧有不平衡报价法、扩大标价法、逐步升级法、突然袭击法、先亏后盈法、多方案报价法、增加建议方案法等。在投标报价编制过程中，结合项目特点及企业自身状况，选取恰当的报价技巧，以争取更高的中标率。

下面以不平衡报价法为例，介绍其报价方法。

在工程投标报价中，在投标总价不变的情况下，每个综合单价的高低要根据具体情况来确定，即通常所说的不平衡报价。通过不平衡报价，投标人对分部分项报价作适当调整，从而使承包商尽早收回工程费用，增加流动资金，同时尽可能获取较高的利润。以下几点意见可供参考：

(1) 预计工程量会增加的分部分项工程，其综合单价可提高一些；工程量可能减少的，其单价可适当降低一些。

(2) 能够早收到钱款的项目，如土方、基础等，其单价可定得高一些，以提早收回工程款，利于承包商的资金周转。后期的工程项目单价，如粉刷、油漆、电气等，可适当降低一些。

(3) 图纸不明确或有错误的，估计今后要修改或取消的项目，其单价可适当降低一些。

(4) 没有工程量，只报单价的项目，由于不影响投标总价，其单价可适当提高，今后若出现这些项目时，则可获得较多的利润。

(5) 计日工和零星施工机械台班/小时单价报价时，可稍高于工程单价中的相应单价，因为这些单价不包括在投标价格中，发生时按实计算。

在投标报价时，根据招标项目的不同特点采取不同的投标报价技巧。对于施工难度高但可操控的项目，可适当抬高报价；对于施工技术含量低的项目，则可以适当降低报价。

投标报价的技巧来自经验的总结和对工作的熟悉，这就要求我们不断地从投标实践活动中去总结和积累。

总之，招标控制价和投标报价无论从编制委托还是编制内容上都是不一样的，招标控制价更注重政策及法规要求；而投标报价除了按照现行计价要求，还需要从企业的实际情况和施工组织方案出发，但不能突破招标控制价。

## 第三节　竣工结算的编制

### 一、竣工结算的概念

工程竣工结算是指某单项工程、单位工程或分部分项工程完工后，经验收质量合格并符合合同要求后，承包人向发包人进行的最终工程价款结算的过程。建设工程竣工结算的主要工作是发包人和承包人双方根据合同约定的计价方式，并依据招投标的相关文件、施工合同、竣工图纸、设计变更通知书、现场签证等，对承发包双方确认的工程量进行计价。

工程竣工结算是工程造价管理的最后一环，也是最重要的一环。它是承包人总结工作经验教训、考核工程成本和进行经济核算的依据，也是总结、提高和衡量企业管理水平的标准。工程竣工结算一般分为单位工程竣工结算、单项工程竣工结算和建设项目竣工总结算 3 种。

工程竣工结算依据合同内容划分为合同内结算和合同外结算。合同内结算包括分部分项、措施项目、其他项目、人材机价差、规费、税金；合同外结算包括变更、签证、工程量偏差、索赔、人材机调差等。

办理工程竣工结算，要遵循以下基本原则：

(1) 任何工程的竣工结算，必须在工程全部完工、经提交验收并提出竣工验收报告以后方可进行。对于未完工程或质量不合格者，一律不得办理工程竣工结算。对竣工验收过程中提出的问题，未经整改或已整改而未经重新验收认可者，也不得办理工程竣工结算。

(2) 工程竣工结算的各方，应共同遵守国家有关法律、法规、政策方针和各项规定。

(3) 应强调合同的严肃性。合同是工程竣工结算最直接、最主要的依据之一，应全面履行工程合同条款，包括双方根据工程实际情况共同确认的补充条款；同时，应严格执行双方签订的合同内容，包括综合单价、工料单价及取费标准和材料、设备价格及计价方法等，不得随意变更，变相违反合同以达到某种不正当目的。

(4) 办理工程竣工结算必须依据充分、基础资料齐全，包括设计图纸、设计修改手续、现场签证单、价格确认书、会议记录、验收报告和验收单、其他施工资料、原施工图预算和报价单、设备清单等，保证工程竣工结算建立在事实基础之上。

### 二、竣工结算的工作内容

#### (一) 竣工结算的主要工作

(1) 整理结算依据；

(2) 计算和核对结算工程量；

(3) 对合同内外各种项目计价(人材机调差,签证、变更资料上报等);

(4) 按要求格式汇总整理形成上报文件。

### (二) 竣工结算的重点工作

进行工程竣工结算,需要进行工程量量差、材料价差和费用调整。

**1. 工程量量差的调整**

工程量的量差是指实际完成工程量与合同工程量的偏差,包括施工情况与地勘报告不同,设计修改与漏项而增减的工程量,现场工程签证、变更等。工程量的量差是编制竣工结算的主要部分。

这部分量差一般由以下原因造成:

(1) 设计单位提出的设计变更。工程开工后,由于某种原因,设计单位要求改变某些施工方法,经与建设单位协商后,填写"设计变更通知单",作为结算时增减工程量的依据。

(2) 施工单位提出的设计变更。此种情况比较多见,由于施工方面的原因,如施工条件发生变化、某种材料缺货需改用其他材料代替等,要求设计单位进行设计变更。经设计单位和建设单位同意后,填写"设计变更洽商记录",作为结算时增减工程量的依据。

(3) 建设单位提出的设计变更。工程开工后,建设单位根据自身的意向和资金到位情况,增减某些具体工程项目或改变某些施工方法。经与设计单位、施工单位、监理单位协商后,填写"设计变更洽商记录",作为结算时增减工程量的依据。

(4) 监理单位或建设单位工程师提出的设计变更。此种情况是因为发现有设计错误或不足之处,经设计单位同意提出设计变更。

(5) 施工中遇到某种特殊情况引起的设计变更。在施工中由于遇到一些原设计无法预计的情况,如基础开挖后遇到古墓、枯井、孤石等要进行处理。设计单位、建设单位、施工单位、监理单位要共同研究,提出具体处理意见,同时填写"设计变更洽商记录",作为结算时增减工程量的依据。

**2. 材料价差的调整**

材料价差是指由于人材机市场价的波动、由于工艺变更导致综合单价的变化、由于清单工程量超过风险幅度约定范围导致的综合单价的调整(由量差导致的价差)。在工程竣工结算中,材料价差的调整范围应严格按照合同约定办理,不允许擅自调整。

由建设单位供应并按材料预算价格转给施工单位的材料,在工程竣工结算时不得调整。由施工单位采购的材料进行价差调整,必须在签订合同时明确材料价差的调整方法。

**3. 费用调整**

费用调整是指以直接费或人工费为计费基础计算的其他直接费、现场经费、间接费、利润和税金等费用的调整。工程量的增减变化会引起措施费、间接费、利润和税金等费用的增减,这些费用应按当地费用定额的规定作相应调整。

各种材料价差一般不调整间接费。因为费用定额是在正常条件下制定的,不能随材料价格的变化而变动。但各种材料价差应列入工程预算成本,按当地费用定额的规定,计取利润和税金。

其他费用,如属于政策性的调整费、因建设单位原因发生的窝工费用、建设单位向施工单位的清工和借工费用等,应按当地规定的计算方式在结算时一次清算。

## 三、竣工结算的主要流程

结算计价的主要流程如图 7－5 所示。

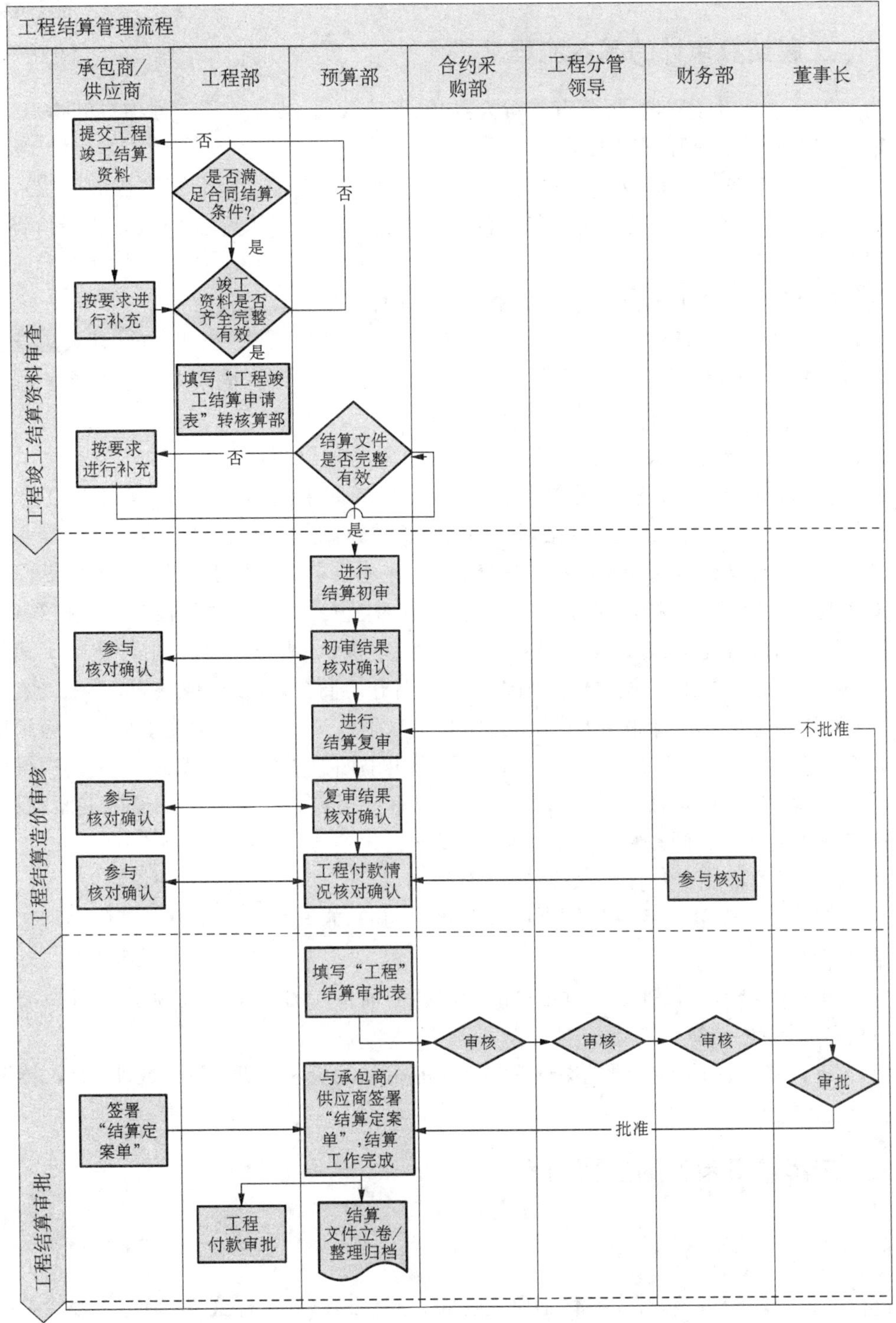


图 7－5 结算计价的主要流程

# 第四节　工程结算审计

## 一、工程结算审计的基本流程

为了提高结算审核质量，规范审核行为，加强审核管理，结合结算工程项目的特点，工程结算审计应按照以下流程开展工作：

(1) 建设单位通过招标或其他方式确定工程造价咨询单位(以下简称咨询单位)，咨询单位接受委托单位送达的"工程项目审计委托书"(附件 7-1)，并签订"建设工程造价咨询审计合同书"。

(2) 建设单位与咨询单位签订"廉政责任书"(附件 7-2)。

(3) 咨询单位交接资料，填写"结算资料交接单"(附件 7-3)。在此之前，建设单位应要求施工单位签署"工程项目结算送审须知"和"新建工程项目结算承诺书"或"维修工程项目结算承诺书"(附件 7-4、附件 7-5 和附件 7-6)。

(4) 咨询单位熟悉资料，提交"建设工程咨询实施方案"(附件 7-7)。

(5) 建设单位组织召开有建设单位、施工单位和咨询单位(简称三方)参加的工程结算审计审前工作会议，形成"工程造价结算审前会议纪要"(附件 7-8)。

(6) 咨询单位向建设单位通报初步审核意见，在建设单位主持下，与施工单位见面核对初步审核意见。为了督促核对双方遵守时间，双方对账人员须填写"工程结算审核签到表"(附件 7-9)。对每日已核对认可的量价，须双方签字确认(附件 7-10、附件 7-11 和附件 7.12)。对有争议的项目，建设单位组织相关部门召开协商会，以便达成共识。

(7) 咨询单位出具审计报告及"结算经济指标"(附件 7-13)，下达施工单位。施工单位可在收到初稿 15 日内提出书面意见，15 日内不提出书面意见的，视为默认。在初稿得到认可后，三方签署"造价咨询成果确认表"，以便形成审计报告。如施工单位提出书面意见，建设单位组织相关部门共同复审确认，以便形成共识。

(8) 咨询单位提交审计报告，归还送审资料。

(9) 建设单位填写"工程项目结算单"(附件 7-14)，转至建设单位财务部门办理工程尾款的结算工作。

(10) 审计费结清。根据结算承诺书的约定和咨询合同的相关条款，确定审计费的支付单位，进行审计费的结算。

(11) 审计资料存档。按照档案管理办法，将相关的资料整理、装订成册，归入档案馆存放。

## 二、工程结算审计的主要内容

### (一) 对合同、补充协议、招投标文件的审核

进行工程价款的审核，首先要仔细研究合同、补充协议、招投标文件，确定工程价款的结算方式。依据计价方式的不同，合同可分为总价合同、单价合同和成本加酬金合同。其中，

总价合同又分为固定总价合同和调价总价合同；单价合同又分为估计工程量单价合同、纯单价合同和单价与包干混合式合同。先确定合同的计价类型，再仔细研究其中的调价条款，例如：

合同中约定双方价款的其他调整因素为：1. 图纸会审纪要、工程联系单、工程设计变更、现场经济签证，承包人按实际增减，经发包人和监理工程师审核确认后，列入工程结算；2. 根据省市工程造价管理部门公布的价格调整文件进行调整；3.执行法律、行政法规和国家及地方有关政策性调整的规定。根据施工合同约定，其他价款调整因素包括省市造价管理部门要求公布的价格调整文件（包括人工费调整文件、机械费调整文件、新定额的执行），但图纸变更送审结算中，装饰工程套用了新定额《建筑与工程预算定额》(2013)，本定额的实施日期为 2014 年 1 月 1 日。经审查相关资料，其合同竣工日期是 2014 年 1 月 2 日，竣工验收报告中 2014 年 3 月 20 日施工单位进行了自检，是否将装饰工程所有项目均执行 2013 定额标准有待进一步落实。

此案例告诉我们，应该根据合同条款对工程结算造价进行审核。

### （二）对人工及材料价差的审核

进行工程价款的审核，应注意工程材料价格调整办法，一是注意调整时间段，二是注意调差的工料项目，三是注意调差的方法。

例如，案例工程合同约定的调整时间段：从工程投标截止日到工程竣工期间；调差的工料项目（人工及材料价差调价项目）：钢材、混凝土、电缆、电线材料及人工费；调差的方法：可调价项目的价格波动风险幅度约定为基准价的±5%（即调差的工料项目价格波动幅度在基准价±5%以内的材料价格不作调整）。

材料价格调整示例：

(1) 如某种材料的基准价为 100 元/单位。投标人在投标时报价为 80 元/单位。

若在采购过程中该材料涨价，只有当价格高于基准价 5%的部分才能按实调整，即只调整高于 100×(1+5%)=105(元/单位)的部分，如该材料当期信息价格为 15 元/单位，则调增(115−105)=10 元/单位。

若在采购过程中该材料降价，只有当价格低于基准价 5%的部分才能按实调整，即只调整低于 100×(1−5%)=95(元/单位)的部分，如该材料当期信息价格为 70 元/单位，即调整 95−70=25(元/单位)，扣除报价低于基准价 100−80=20(元/单位)部分，最终调减 25−20=5(元/单位)。

(2) 如某种材料的基准价为 100 元/单位。投标人在投标时报价为 110 元/单位。

若在采购过程中该材料涨价，只有当价格高于基准价 5%的部分才能按实调整，即只调整高于 100×(1+5%)=105(元/单位)的部分，如该材料当期信息价格为 125 元/单位，即调整 125−105=20(元/单位)，扣除报价高于基准价 110−100=10(元/单位)部分，最终调增 20−10=10(元/单位)。

若在采购过程中该材料降价，只有当价格低于基准价 5%的部分才能按实调整，即只调整低于 100×(1−5%)=95(元/单位)的部分，如该材料当期信息价格为 85 元/单位，则调减 95−85=10(元/单位)。

如某项工程已实施或正在实施，且无法核定材料采购数量及日期。如其中某种材料的基准价为100元/单位，投标人在投标时报价为80元/单位。如施工期为5个月，对比基准价，各月该材料的信息价涨幅或跌幅依次为15%，10%，20%，5%，－10%，则平均涨幅为(15%＋10%＋20%＋5%－10%)/5＝8%，则调增100×(8%－5%)＝3(元/单位)

（三）对工程量的审核

工程量的审核是重中之重。施工单位一般会通过重复计算工程量来提高工程造价。工程量的审减是核减工程造价的基本途径之一。

对工程量进行审核，首先要熟悉图纸，知道工艺。其次要知道自己需要算什么项目，再根据目录在定额中找到相应的项目，在项目前面的具体编制说明中找到该项目的一些重点说明，按工程量计算规则进行工程量计算(这只是初步的计算)。现场勘察是工程量计算的最后阶段，通过现场勘察可以确定图纸中不明确的部分及其现场未施工部分，与此同时对其隐蔽工程通过查阅隐蔽验收资料来确定。另外，部分施工内容如大型机械种类、型号、进退场费，土方的开挖方式、堆放地点、运距，排水措施，混凝土品种的采用及其浇筑方式，以及涉及造价的措施方法等，可依据施工组织设计和技术资料做出判断。

（四）对定额子目套用的审核

施工单位一般会通过高套定额、重复套用定额、调整定额子目、补充定额子目来提高工程造价。在审核定额子目套用时，应注意以下几个问题：

(1) 对直接套用定额单价的审核，首先要注意采用的项目名称和内容与设计图纸的要求是否一致，如构件名称、断面形式、强度等级(混凝土或砂浆强度等级)、位置等；其次要注意工程项目是否重复套用。

(2) 对换算的定额单价的审核，要注意换算内容是否允许换算，允许换算的内容是定额中的人工、材料或机械中的全部还是部分，换算的方法是否正确，采用的系数是否正确。

(3) 对补充定额单价的审核，主要是审核材料种类、含量、预算价格、人工工日含量、单价及机械台班种类、含量、台班单价是否合理。

（五）对材料价格的审核

材料价格是工程造价的重要组成部分，直接影响工程造价的高低。原则上应根据合同约定方法，再结合工程施工现场签证确定材料价格。特别注意施工过程中替换的材料价格是否征得监理单位及建设单位的书面确认。合同约定不予调整的或未经审批的材料价格，审核时不应调整；合同约定按施工期间信息价格调整的，可按照各种材料使用期间的平均指导价作为审核依据。对信息价中没有发布的或甲方没有签证的材料价格，需要对材料价格进行询价、对比分析。审核材料价格时，应重视材料价格的调查。

（六）对计价取费的审核

工程结算计价取费应根据工程造价管理部门颁发的定额、文件及规定，结合工程相关文件(合同、招标投标文件等)来确定费率。审核时，应注意取费文件的时效性，执行的取费标准是否与工程性质相符，费率计算是否正确、是否符合文件规定。如取费基数是否正确,是以人工费为基础还是以直接费为基础;对于费率下浮或总价下浮的工程,在结算审核时,要注意对合同外增加造价部分是否执行合同内工程造价的同比例下浮等问题进行核实。

### (七) 对签证的审核

施工单位通过低价中标、高价结算的策略,在工程结算时通过增加签证来达到合理的利润。大多数工程的报审结算价都比合同价款高很多,有的甚至成倍增长。因此,要审核签证的合理性、有效性。

一是看手续是否符合程序要求、签字是否齐全有效,例如索赔是否是在规定的时间内提出、证明资料是否具有足够的说服力。

二是看其内容是否真实合理,工程项目内容及工程量是否存在虚列,签证项目涉及的费用是否应该由甲方承担。有些签证虽然程序合法、手续齐全,但究其内容并不合理,违背合同协议条款,对于此类签证则不应作为结算费用的依据。例如正常气象条件下施工排除雨水的费用、施工单位为确保工程质量的措施费用等。

三是复核计算方法是否正确、工程量计算是否正确属实、单价的采用是否合理。例如对索赔项目的计算,在计算闲置费时,应注意机械费不能按机械台班单价乘以闲置天数计算,而只能计算机械闲置损失或租赁费等。

### (八) 对其他项目的审核

工程结算审核时,还应注意:施工资料的齐全性与真实性;结算项目与现场踏勘情况的吻合度(如合同内约定的材料是普通 PVC 线管,结算时套用著名品牌高等级的线管;普通卫浴洁具,结算时套用高端品牌等);利用计算机软件录入工程量时是否存在小数点输入错误(如将 125.8 录入 1258)等。

## 三、工程结算审计的常用方法

### (一) 全面审计法

全面审计法是指按照国家或行业建筑工程预算定额的编制顺序或施工的先后顺序,逐一地对全部项目进行审查的方法。其具体计算方法和审查过程与编制施工图预算基本相同。此方法的优点是全面、细致,经审计的工程造价差错比较少、质量比较高;缺点是工作量较大。对于工程量比较小、工艺比较简单、造价编制或报价单位技术力量薄弱,甚至信誉度较低的单位,须采用全面审计法。

### (二) 标准图审计法

标准图审计法是指对利用标准图纸或通用图纸施工的工程项目,先集中审计力量编制标准预算或决算造价,以此为标准进行对比审计的方法。按标准图纸设计或通用图纸施工的工程,一般地面以上结构相同,可集中审计力量细审一份预决算造价,作为这种标准图纸的标准造价;或用这种标准图纸的工程量为标准,对照审计。而对局部不同的部分和设计变更部分作单独审查即可。这种方法的优点是时间短、效果好、定案容易;缺点是只适用于按标准图纸设计或施工的工程，适用范围小。

### （三）分组计算审计法

分组计算审计法是指把分项工程划分为若干组，并把相邻且有一定内在联系的项目编为一组，审计时先计算同一组中某个分项工程量，利用工程量间具有相同或相似计算基础的关系，再判断同组中其他几个分项工程量。这是一种加快工程量审计速度的方法。例如，对一般土建工程可以分为以下几个组：

（1）地槽挖土、基础砌体、基础垫层、槽坑回填土、运土分为一组。这一分组中，先将挖地槽土方、基础砌体体积（室外地坪以下部分）、基础垫层计算出来，而槽坑回填土、外运土的体积按下式确定：

回填土量＝挖土量－（基础砌体＋垫层体积）

余土外运量＝基础砌体＋垫层体积

（2）底层建筑面积、地面面层、地面垫层、楼面面层、楼面找平层、楼板体积、顶棚抹灰、顶棚刷浆、屋面层分为一组。在这一分组中，先把底层建筑面积、楼（地）面面积计算出来。而楼面找平层、顶棚抹灰、顶棚饰面的工程量与楼（地）面面积相同；垫层工程量等于地面面积乘以地面厚度；楼面工程量乘以楼板的折算厚度（查表）为空心楼板工程量；底层建筑面积加挑檐面积，乘以坡度系数（平屋面不乘）就是屋面工程量；底层建筑面积乘以坡度系数（平屋面不乘）再乘以保温层的平均厚度就是保温层的工程量。

（3）内墙外抹灰、外墙内抹灰、外墙内面刷浆、外墙上的门窗和圈过梁、外墙砌体分为一组。在这一组中，首先把各种厚度的内外墙上的门窗面积和过梁体积分别列表填写，然后再计算工程量。在求出墙体面积的基础上，减去门窗面积，再乘以墙厚并减去圈、过梁体积等于墙体积。各项数据均可借鉴使用，从而大大提高了审计的工作效率。

### （四）对比审计法

对比审计法是指用已经审计的工程造价同拟审类似工程进行对比审计的方法。这种方法一般应根据工程的不同条件和特点区别对待。一是两个工程采用同一个施工图，但基础部分和现场条件及变更不尽相同，则拟审计工程基础以上部分可采用对比审计法；不同部分可分别计算或采用相应的审计方法进行审计。二是两个工程设计相同，但建筑面积不同，则可以根据两个工程建筑面积之比与两个工程分部分项工程量之比基本一致的特点，将两个工程每平方米建筑面积造价以及每平方米建筑面积的各分部分项工程量进行对比审查。如果基本相同，说明拟审计工程造价是正确的，或拟审计的分部分项工程量是正确的；反之，说明拟审计工程造价存在问题，应找出差错原因，加以更正。三是拟审计工程与已审工程的面积相同，但设计图纸不完全相同时，可把相同部分，如厂房中的柱子、屋架、屋面板、砖墙等进行工程量的对比审计，不能对比的分部分项工程按图纸或签证计算。

### （五）筛选审计法

建筑工程虽然有建筑面积和高度的不同，但是它们的各个分部分项工程的工程量、造价、用工量在每个单位面积上的数值变化不大，把过去审计积累的这些数据加以汇集、优选，归纳为工程量、造价(价值)、用工等几个单方基本值表,并注明其适用的建筑标准。这些基本值犹如"筛子孔",用来筛选各分部分项工程,筛下去的就不予审计;没有筛下去的就意味着此分部分项的单位建筑面积数值不在基本值范围之内,应对该分部分项工程进行详细审计。此方法的优点是简单易懂,便于掌握,审计速度和发现问题快,适用于住宅工程或不具备全面审计审查条件的工程。

### (六) 重点抽查审计法

重点抽查审计法是指抓住工程造价中的重点进行审计。在审计时,可以确定工程量大或造价较高、工程结构复杂的工程为重点,确定监理工程师签证的变更工程为重点,确定基础隐蔽工程为重点,确定采用新工艺、新材料的工程为重点,确定甲乙双方自行协商增加的工程项目为重点。

## 单元测试

# 单元八　建筑面积计算规范

## 第一节　建筑面积计算规则

### 一、建筑面积的有关知识

#### (一) 建筑面积的概念

建筑面积,也称建筑展开面积,指建筑物的各层水平投影面积相加后的总面积。它包括建筑使用面积、辅助面积和结构面积。

(1) 使用面积是指建筑物各层平面布置中,可直接为生产或生活使用的净面积之和,如居住生活间、工作间和生产间等的净面积。

(2) 辅助面积是指建筑物各层平面布置中为辅助生产或生活所占净面积的总和,如楼梯间、走道间、电梯井等。使用面积与辅助面积的总和为“有效面积”。

(3) 结构面积是指建筑物各层平面布置中的墙体、柱等结构构件所占面积的总和。

#### (二) 建筑面积的作用

(1) 建筑面积反映了建筑规模的大小,它是国家编制基本建设计划、控制投资规模的一项重要技术指标。根据项目批准文件所核定的建筑面积,是初步设计的重要控制指标。按规定,施工图的建筑面积不得超过初步设计的5%,否则需要重新审批。

(2) 建筑面积是确定各项技术经济指标的基础,如确定每平方米造价、每平方米用工量、材料用量、机械台班用量等都是以建筑面积为依据的。

工程单位面积造价＝工程造价/建筑面积

人工消耗指标＝工程人工工日耗用量/建筑面积

(3) 建筑面积是检查、控制施工进度和竣工任务的重要指标。如已完工面积、竣工面积、在建面积和拟建面积等都是以建筑面积指标来衡量的。

(4) 建筑面积是确定工程概算指标、规划设计方案的重要依据。

(5) 建筑面积是计算有关分项工程量的依据。应用统筹计算方法,根据底层建筑面积,即可很方便地推算出楼(地)面面积和天棚面积。此外,建筑面积还是计算平整场地、脚手架、垂直运输机械及超高补贴费用等的依据。

(6) 房屋竣工以后以建筑面积为依据进行出售、租赁及折旧等房产交易活动。

### (三) 建筑面积计算的步骤

**1. 读图分析**

读图分析是计算建筑面积的重要环节，在分析图纸时，应注意以下几个方面：

(1) 注意高跨多层与低跨单层的分界线及其尺寸，以便分开计算建筑面积；

(2) 看清剖面图中和平面图中底层与标准层的外墙有无变化，以便确定水平方向的尺寸；

(3) 仔细查找建筑物内有无技术层、夹层和回廊，以便确定是否增算建筑面积；

(4) 检查外廊、阳台、篷(棚)顶等的结构布置情况，以便确定使用哪条规则；

(5) 最后查看一下房屋的顶上、地下、前后及左右等有无附属建筑物。

**2. 分类列项**

根据图纸平面的具体情况，按照单层、多层、走廊、阳台和附属建筑等进行分类列项。在设计图纸中，一般横向轴线用①、②、③……表示；纵轴线用 $A$、$B$、$C$……表示。应该计算建筑面积的项目一般都以横轴的起止编号和纵轴的起止编号加以标注，以便查找和核对。

**3. 选取尺寸计算**

根据所列项目和标注的轴线编号查取尺寸，按横轴相关尺寸乘以纵轴相关尺寸，得出计算建筑面积的计算式，并计算出结果。计算形式要统一，排列要有规律，以便检查，纠正错误。

### (四) 建筑面积计算的注意事项

(1) 计算建筑面积时，要按墙的外边线取定尺寸，而设计图纸以轴线标注尺寸，因此要特别注意底层和标准层的墙厚尺寸，以便于与轴线尺寸的转换。

(2) 在同一外墙上有墙、柱时，要查看墙柱外边线是否一致，不一致时要按墙的外边线取定尺寸计算建筑面积。

(3) 当建筑物内留有天井时，应扣除无盖天井的面积。即计算建筑面积时，不要将无盖天井面积一并计算。

(4) 层高的取定是以下层楼地面上表面至上层楼面的上表面的高度取定的，不是下层楼地面至上层楼板底面的净高。

## 二、建筑面积的计算规则

### (一) 建筑面积计算的相关术语

(1) 建筑面积 construction area：

定义：建筑物(包括墙体)所形成的楼地面面积。

说明：建筑面积包括附属于建筑物的室外阳台、雨篷、檐廊、室外走廊、室外楼梯等。

(2) 自然层 floor：按楼地面结构分层的楼层。

(3) 结构层高 structure story height：

楼面或地面结构层上表面至上部结构层上表面之间的垂直距离。

(4) 围护结构 building enclosure：围合建筑空间的墙体、门。

(5) 建筑空间 space:以建筑界面限定的、供人们生活和活动的场所。

说明:具备可出入、可利用条件(设计中可能标明了使用用途,也可能没有标明使用用途或使用用途不明确)的围合空间,均属于建筑空间。

(6) 结构净高 structure net height:

楼面或地面结构层上表面至上部结构层下表面之间的垂直距离。

(7) 围护设施 enclosure facilities:

为保障安全而设置的栏杆、栏板等围挡。

(8) 地下室 basement:

室内地平面低于室外地平面的高度超过室内净高的 1/2 的房间。

(9) 半地下室 semi-basement:

室内地平面低于室外地平面的高度超过室内净高的 1/3,且不超过 1/2 的房间。

(10) 架空层 stilt floor

仅有结构支撑而无外围护结构的开敞空间层。

(11) 走廊 corridor

建筑物中的水平交通空间。

(12) 架空走廊 elevated corridor

专门设置在建筑物的二层或二层以上,作为不同建筑物之间水平交通的空间。

(13) 结构层 structure layer:整体结构体系中承重的楼板层。

说明:特指整体结构体系中承重的楼层,包括板、梁等构件。结构层承受整个楼层的全部荷载,并对楼层的隔声、防火等起主要作用。

(14) 落地橱窗 french window:突出外墙面且根基落地的橱窗。

说明:落地橱窗是指在商业建筑临街面设置的下槛落地、可落在室外地坪也可落在室内首层地板,用来展览各种样品的玻璃窗。

(15) 凸窗(飘窗) bay window:凸出建筑物外墙面的窗户。

说明:凸窗(飘窗)既作为窗,就有别于楼(地)板的延伸,也就是不能把楼(地)板延伸出去的窗称为凸窗(飘窗)。凸窗(飘窗)的窗台应只是墙面的一部分且距(楼)地面应有一定的高度。

(16) 檐廊 eaves gallery:建筑物挑檐下的水平交通空间。

说明:檐廊是附属于建筑物底层外墙有屋檐作为顶盖,其下部一般有柱或栏杆、栏板等的水平交通空间。

(17) 挑廊 overhanging corridor:挑出建筑物外墙的水平交通空间。

(18) 门斗 air lock:建筑物入口处两道门之间的空间。

(19) 雨篷 canopy:建筑出入口上方为遮挡雨水而设置的部件。

说明:雨篷是指建筑物出入口上方、凸出墙面、为遮挡雨水而单独设立的建筑部件。雨篷划分为有柱雨篷(包括独立柱雨篷、多柱雨篷、柱墙混合支撑雨篷、墙支撑雨篷)和无柱雨篷(悬挑雨篷)。如凸出建筑物,且不单独设立顶盖,利用上层结构板(如楼板、阳台底板)进行遮挡,则不视为雨篷,不计算建筑面积。对于无柱雨篷,如顶盖高度达到或超过两个楼层时,也不视为雨篷,不计算建筑面积。

(20) 门廊 porch:建筑物入口前有顶棚的半围合空间。

说明:门廊是在建筑物出入口,无门、三面或二面有墙,上部有板(或借用上部楼板)围护的部位。

(21) 楼梯 stairs:由连续行走的梯级、休息平台和维护安全的栏杆(或栏板)、扶手以及相应的支托结构组成的作为楼层之间垂直交通使用的建筑部件。

(22) 阳台 balcony:附设于建筑物外墙,设有栏杆或栏板,可供人活动的室外空间。

(23) 主体结构 major structure:接受、承担和传递建设工程所有上部荷载,维持上部结构整体性、稳定性和安全性的有机联系的构造。

(24) 变形缝 deformation joint:防止建筑物在某些因素作用下引起开裂甚至破坏而预留的构造缝。

说明:变形缝是指在建筑物因温差、不均匀沉降以及地震而可能引起结构破坏变形的敏感部位或其它必要的部位,预先设缝将建筑物断开,令断开后建筑物的各部分成为独立的单元,或者是划分为简单、规则的段,并令各段之间的缝达到一定的宽度,以能够适应变形的需要。根据外界破坏因素的不同,变形缝一般分为伸缩缝、沉降缝、抗震缝三种。

(25) 骑楼 overhang:建筑底层沿街面后退且留出公共人行空间的建筑物。

说明:骑楼是指沿街二层以上用承重柱支撑骑跨在公共人行空间之上,其底层沿街面后退的建筑物。

(26) 过街楼 overhead building:跨越道路上空并与两边建筑相连接的建筑物。

说明:过街楼是指当有道路在建筑群穿过时为保证建筑物之间的功能联系,设置跨越道路上空使两边建筑相连接的建筑物。

(27) 建筑物通道 passage :为穿过建筑物而设置的空间。

(28) 露台 terrace:设置在屋面、首层地面或雨篷上的供人室外活动的有围护设施的平台。

说明:露台应满足四个条件:一是位置,设置在屋面、地面或雨篷顶,二是可出入,三是有围护设施,四是无盖,这四个条件须同时满足。如果设置在首层并有围护设施的平台,且其上层为同体量阳台,则该平台应视为阳台,按阳台的规则计算建筑面积。

(29) 勒脚 plinth:在房屋外墙接近地面部位设置的饰面保护构造。

(30) 台阶 step:联系室内外地坪或同楼层不同标高而设置的阶梯形踏步。

说明:台阶是指建筑物出入口不同标高地面或同楼层不同标高处设置的供人行走的阶梯式连接构件。室外台阶还包括与建筑物出入口连接处的平台。

### (二) 建筑面积的计算范围

(1) 建筑物的建筑面积应按自然层外墙结构外围水平面积之和计算。结构层高在 2.20 m 及以上的,应计算全面积;结构层高在 2.20 m 以下的,应计算 1/2 面积。

说明:建筑面积计算,在主体结构内形成的建筑空间,满足计算面积结构层高要求的均应按本条规定计算建筑面积。主体结构外的室外阳台、雨篷、檐廊、室外走廊、室外楼梯等按相应条款计算建筑面积。当外墙结构本身在一个层高范围内不等厚时,以楼地面结构标高处的外围水平面积计算。

注意:

① 勒脚是墙根部很矮的一部分墙体加厚,不能代表整个外墙结构,因此要扣除勒脚墙体加厚的部分。

② 外墙上的装饰层厚度不计算建筑面积。

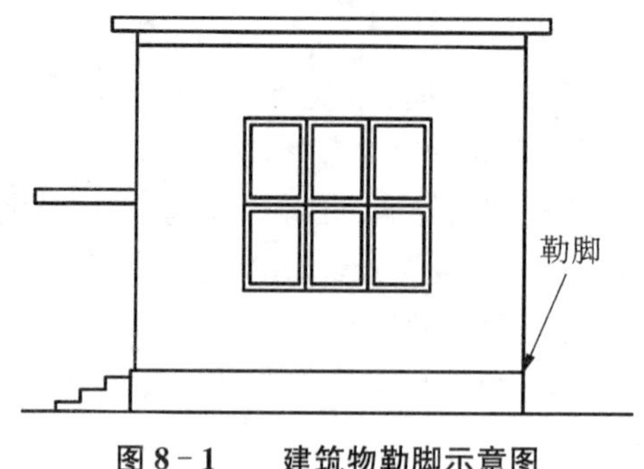


图 8-1　建筑物勒脚示意图

**例 8-1**　求图 8-2 所示建筑物的建筑面积。

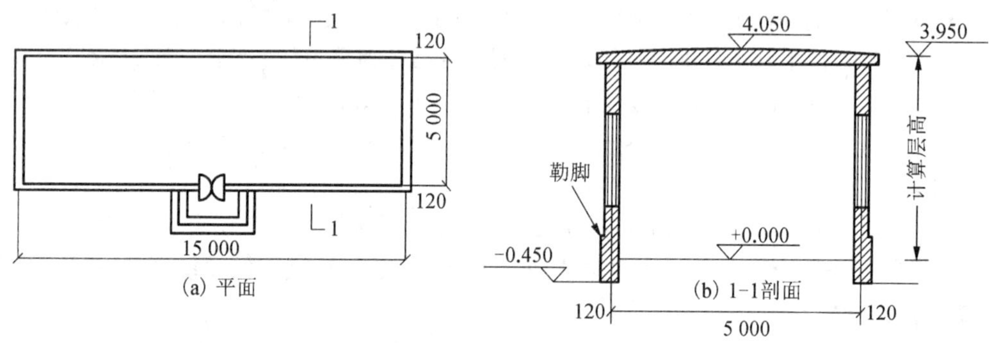


图 8-2　单层建筑物示意图

**解**　$S=(15+0.24)\times(5+0.24)=79.86\ m^2$

(2) 建筑物内设有局部楼层时，对于局部楼层的二层及以上楼层，有围护结构的应按其围护结构外围水平面积计算，无围护结构的应按其结构底板水平面积计算，且结构层高在 2.20 m 及以上的，应计算全面积，结构层高在 2.20 m 以下的，应计算 1/2 面积。

**例 8-2**　求图 8-3 所示建筑物的建筑面积。

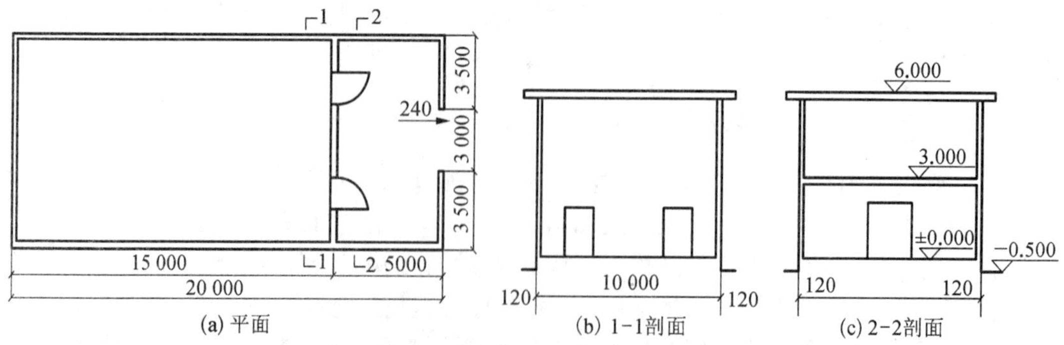


图 8-3　有局部楼层的单层建筑物平屋顶房屋示意图

**解**
$$S=(20+0.24)\times(10+0.24)+(5+0.24)\times(10+0.24)$$
$$=260.92\ m^2$$

(3) 对于形成建筑空间的坡屋顶，结构净高在 2.10 m 及以上的部位应计算全面积；结构净高在 1.20 m 及以上至 2.10 m 以下的部位应计算 1/2 面积；结构净高在 1.20 m 以下的部位不应计算建筑面积。如图 8－4 所示。

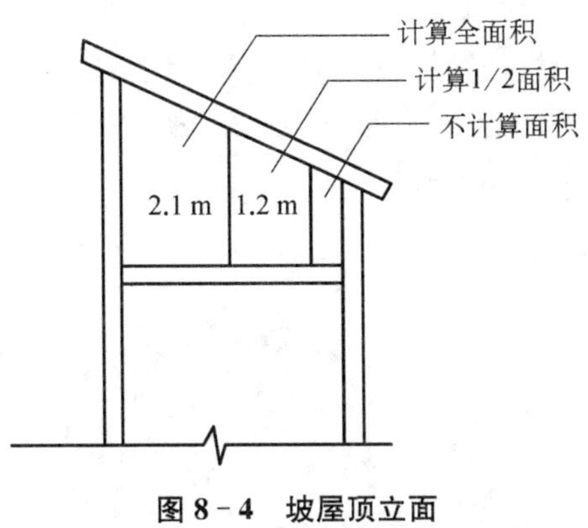


图 8－4　坡屋顶立面

**例 8－3**　求图 8－5 所示建筑物的建筑面积。

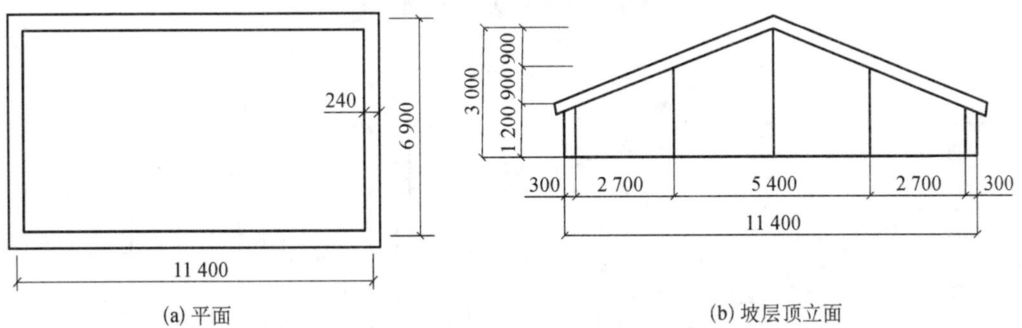


(a) 平面　　(b) 坡层顶立面

图 8－5　坡屋顶阁楼层示意图

**解**　$S=5.4\times(6.9+0.24)+2.7\times(6.9+0.24)\times0.5\times2$

$=57.83\ m^2$

(4) 对于场馆看台下的建筑空间，结构净高在 2.10 m 及以上的部位应计算全面积；结构净高在 1.20 m 及以上至 2.10 m 以下的部位应计算 1/2 面积；结构净高在 1.20 m 以下的部位不应计算建筑面积。室内单独设置的有围护设施的悬挑看台，应按看台结构底板水平投影面积计算建筑面积。有顶盖无围护结构的场馆看台应按其顶盖水平投影面积的 1/2 计算面积。

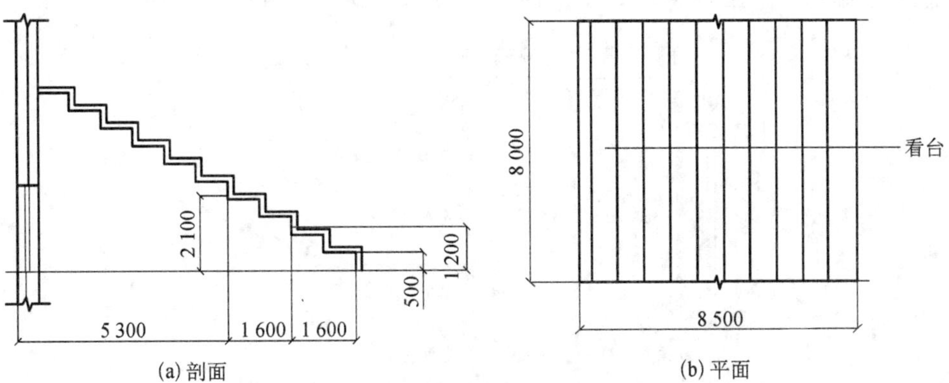


(a) 剖面　　(b) 平面

图 8－6　场馆看台下的建筑空间计算建筑面积示意图(单位：mm)

说明：场馆看台下的建筑空间因其上部结构多为斜板，所以采用净高的尺寸划定建筑面积的计算范围和对应规则。室内单独设置的有围护设施的悬挑看台，因其看台上部设有顶盖且可供人使用，所以按看台板的结构底板水平投影计算建筑面积。

“有顶盖无围护结构的场馆看台”所称的“场馆”为专业术语，指各种“场”类建筑，如：体育场、足球场、网球场、带看台的风雨操场等。

**图 8－7　有顶盖无围护结构的场馆看台示意图**

**例 8－4**　求图 8－8 所示建筑物的建筑面积。

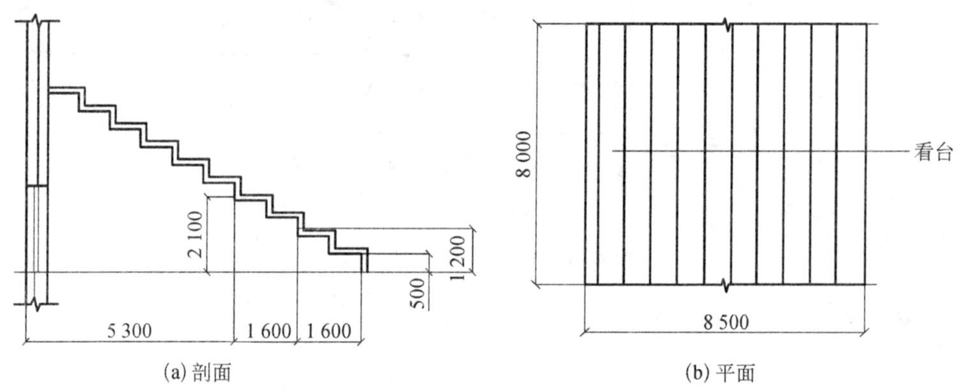


**图 8－8　利用建筑物场馆看台下的空间示意**

**解**　$S=8\times(5.3+1.6\times0.5)=48.8\ \text{m}^2$

（5）地下室、半地下室应按其结构外围水平面积计算。结构层高在 2.20 m 及以上的，应计算全面积；结构层高在 2.20 m 以下的，应计算 1/2 面积。如图 8－9 所示。

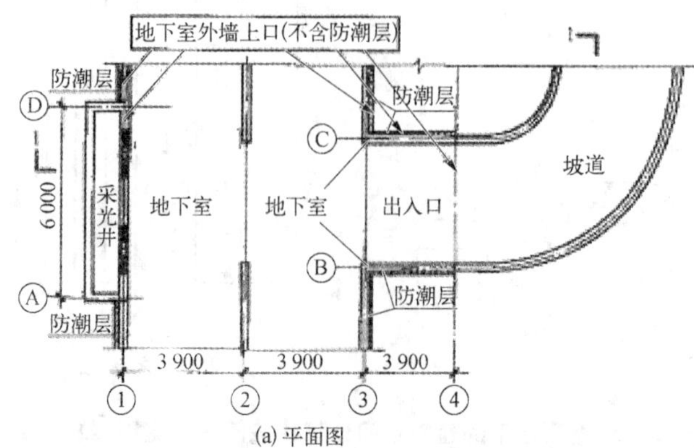


(a) 平面图

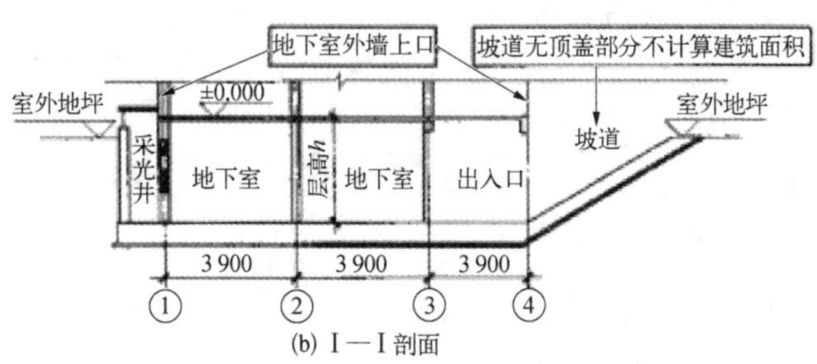

(b) Ⅰ—Ⅰ剖面

**图 8-9　地下室局部示意图**

说明：

① 地下室作为设备、管道层的建筑面积计算规定：

设备层、管道层虽然其具体功能与普通楼层不同，但在结构上及施工消耗上并无本质区别，且本规范定义自然层为"按楼地面结构分层的楼层"，因此设备、管道楼层归为自然层，其计算规则与普通楼层相同。在吊顶空间内设置管道的，则吊顶空间部分不能被视为设备层、管道层。

**图 8-10　管道层示意图**

设备层、管道层、避难层等有结构层的楼层(如图 8-10 所示)，结构层高在 2.20 m 及以上的，应计算全面积；结构层高在 2.20 m 以下的计算 1/2 面积。

② 地下室的各种竖向井道，有顶盖的采光井应按一层计算面积，结构层高在 2.10 m 及以上的，计算全面积，结构层高在 2.10 m 以下的，应计算 1/2 面积。如图 8-11 所示。

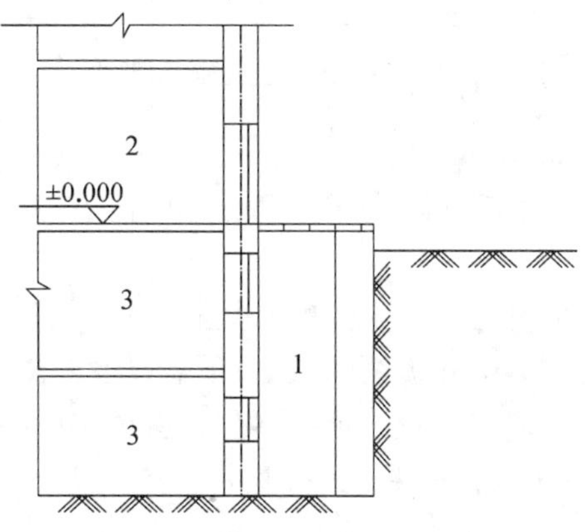

1—采光井　2—室内　3—地下室

**图 8-11　地下室采光井示意图**

③ 地下室的围护结构不垂直于水平面时建筑面积计算规定：

围护结构不垂直于水平面的楼层，应按其底板面的外墙外围水平面积计算。结构净高在 2.10 m 及以下的部位，应计算全面积；结构净高在 1.20 m 及以上至 2.10 m 以下的部位，应计算 1/2 面积；结构净高在 1.20 m 以下的，不应计算建筑面积。图 8－12 所示。

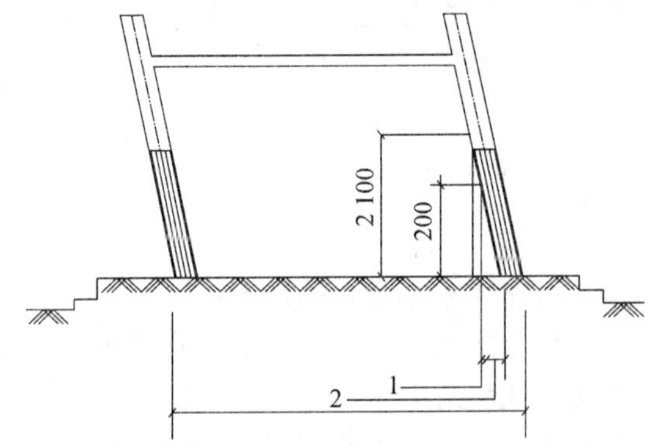


1—计算 1/2 建筑面积部位　2—不计算建筑面积部位

**图 8－12　斜围护结构示意图**

**例 8－5**　求图 8－13 所示建筑物的建筑面积。

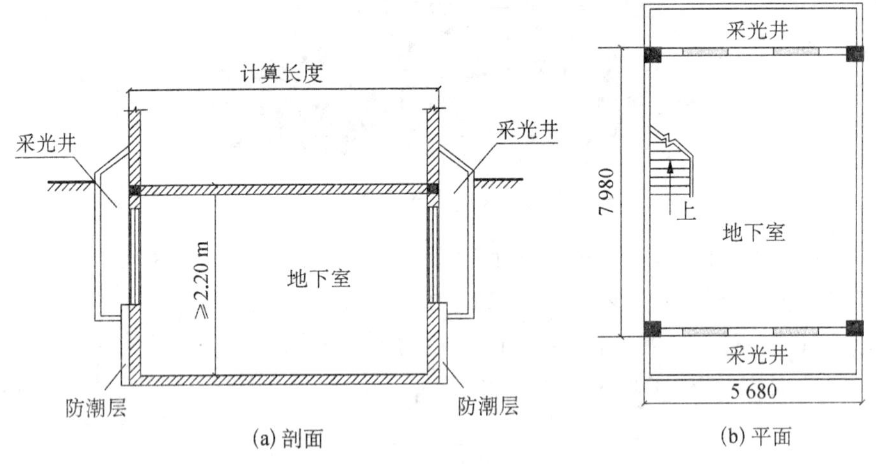


**图 8－13　地下室建筑示意图**

**解**　$S=7.98\times5.68=45.33\ m^2$

(6) 出入口外墙外侧坡道有顶盖的部位，应按其外墙结构外围水平面积的 1/2 计算面积。

说明：出入口坡道分有顶盖出入口坡道和无顶盖出入口坡道，出入口坡道顶盖的挑出长度，为顶盖结构外边线至外墙结构外边线的长度；顶盖以设计图纸为准，对后增加及建设单位自行增加的顶盖等，不计算建筑面积。顶盖不分材料种类(如钢筋混凝土顶盖、彩钢板顶盖、阳光板顶盖等)。地下室出入口如图 8－14 所示。

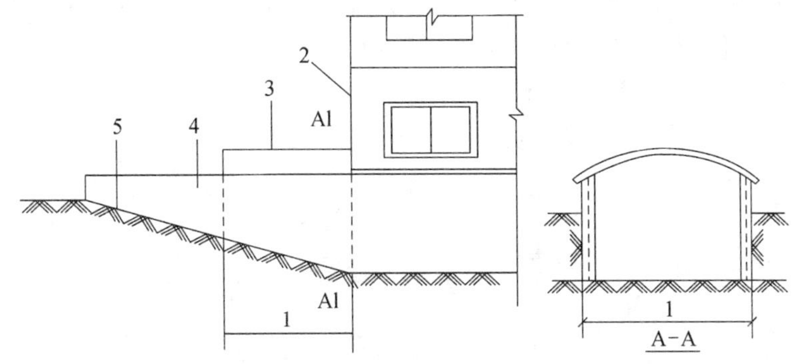


1—计算 1/2 投影面积部位　2—主体建筑　3—出入口顶盖　4—封闭出入口侧墙　5—出入口坡道

**图 8-14　地下室出入口示意图**

（7）建筑物架空层及坡地建筑物吊脚架空层，应按其顶板水平投影计算建筑面积。结构层高在 2.20 m 及以上的，应计算全面积；结构层高在 2.20 m 以下的，应计算 1/2 面积。

说明：本条既适用于建筑物吊脚架空层、深基础架空层建筑面积的计算，也适用于目前部分住宅、学校教学楼等工程在底层架空或在二楼或以上某个甚至多个楼层架空，作为公共活动、停车、绿化等空间的建筑面积的计算。架空层中有围护结构的建筑空间按相关规定计算。建筑物吊脚架空层如图 8-15 所示。

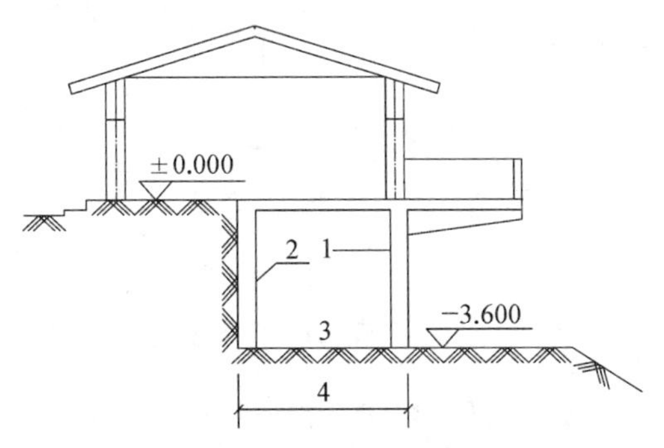


1—柱　2—墙　3—吊脚架空层
4—计算建筑面积部位

**图 8-15　建筑物吊脚架空层示意图**

**例 8-6**　求图 8-16 所示利用建筑物的吊脚架空层的建筑面积。

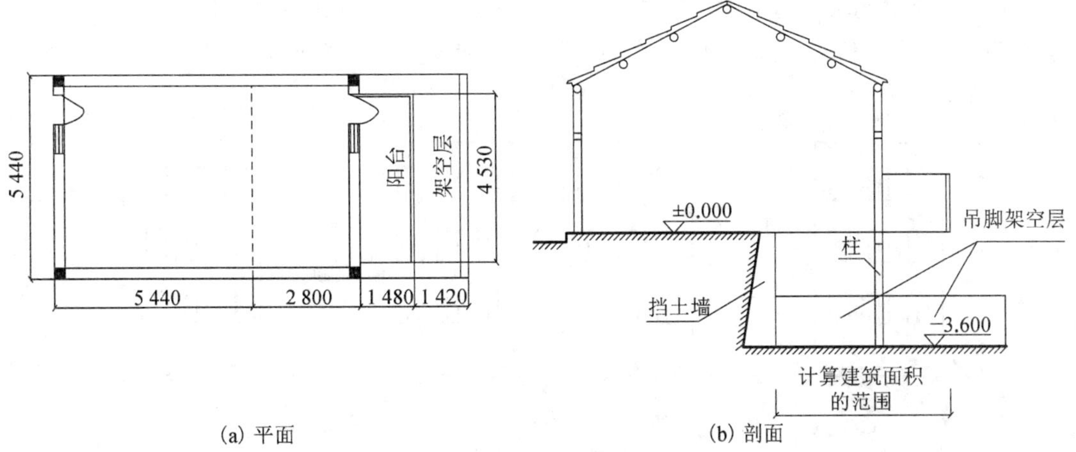


(a) 平面　　(b) 剖面

**图 8-16　坡地建筑吊脚架空层建筑示意图**

**解**　$S=(5.44\times2.8+4.53\times1.48)\times0.5$

$=10.97\ m^2$

(8) 建筑物的门厅、大厅应按一层计算建筑面积，门厅、大厅内设置的走廊应按走廊结构底板水平投影面积计算建筑面积。结构层高在 2.20 m 及以上的，应计算全面积；结构层高在 2.20 m 以下的，应计算 1/2 面积。

**例 8－7** 求图 8－17 所示建筑物中回廊的建筑面积。

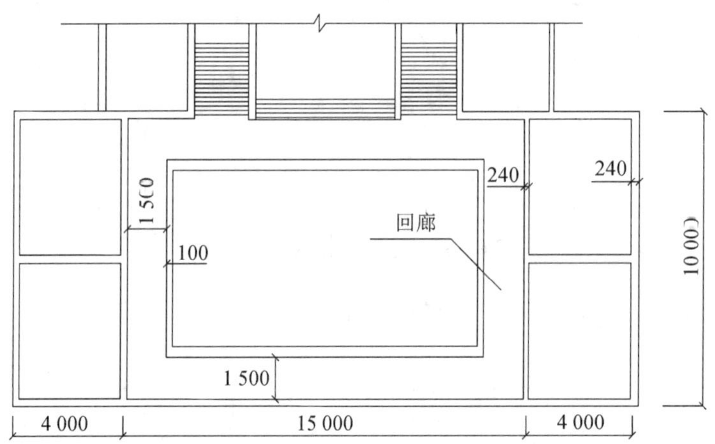


**图 8－17 带回廊的二层建筑平面示意图**

**解** ① 若层高不小于 2.2 m，则回廊面积为：

$$S = (15-0.24)\times1.6\times2+(10-0.24-1.6\times2)\times1.6\times2 = 68.22\ m^2$$

② 若层高小于 2.2 m，则回廊面积为：

$$S = [(15-0.24)\times1.6\times2+(10-0.24-1.6\times2)\times1.6\times2]\times0.5 = 34.11\ m^2$$

(9) 对于建筑物间的架空走廊，有顶盖和围护设施的，应按其围护结构外围水平面积计算全面积；无围护结构、有围护设施的，应按其结构底板水平投影面积计算 1/2 面积。如图 8－18 所示。

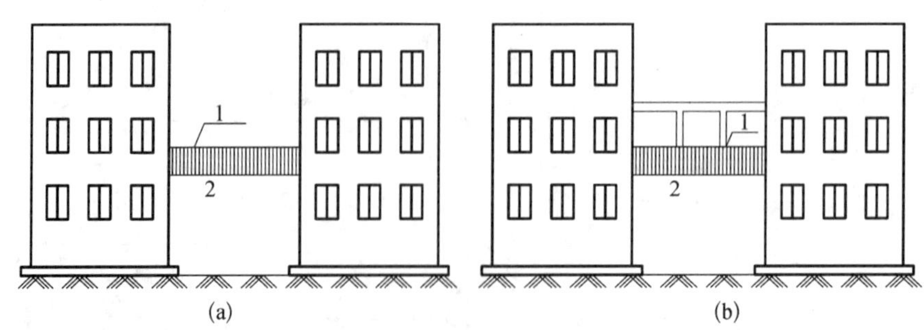


1—栏杆　2—架空走廊

**图 8－18 无围护结构架空走廊示意图**

**例 8－8** 已知图 8－19 所示架空走廊的层高为 3.3 m，求架空走廊的建筑面积。

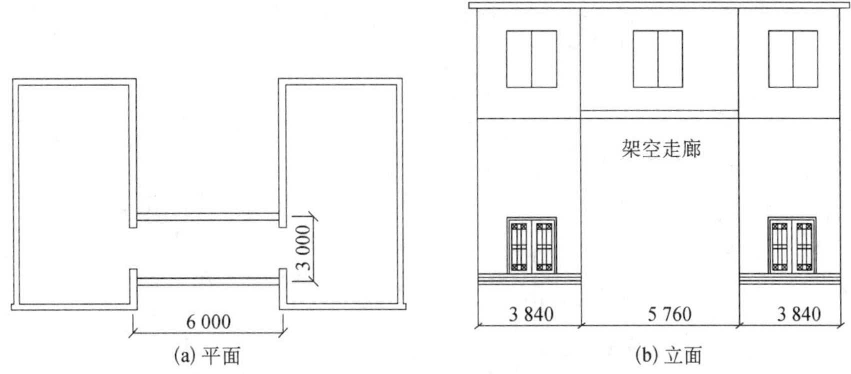


图 8-19　有架空走廊的建筑示意图

**解**　$S=(6-0.24)\times(3+0.24)=18.66\ m^2$

(10) 对于立体书库、立体仓库、立体车库，有围护结构的，应按其围护结构外围水平面积计算建筑面积；无围护结构、有围护设施的，应按其结构底板水平投影面积计算建筑面积。无结构层的应按一层计算，有结构层的应按其结构层面积分别计算。结构层高在 2.20 m 及以上的，应计算全面积；结构层高在 2.20 m 以下的，应计算 1/2 面积。

说明：本条主要规定了图书馆中的立体书库、仓储中心的立体仓库、大型停车场的立体车库等建筑的建筑面积计算规定。起局部分隔、存储等作用的书架层、货架层或可升降的立体钢结构停车层均不属于结构层，故该部分分层不计算建筑面积。如图 8-20 所示。

图 8-20　立体车库示意图

(11) 有围护结构的舞台灯光控制室，应按其围护结构外围水平面积计算。结构层高在 2.20 m 及以上的，应计算全面积；结构层高在 2.20 m 以下的，应计算 1/2 面积。

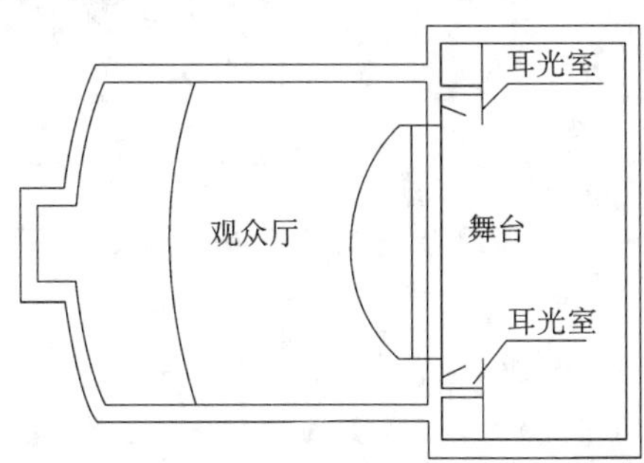


图 8-21　有围护结构的舞台灯光控制室

**例 8-9** 计算图 8-22 所示某剧院灯光控制室建筑面积

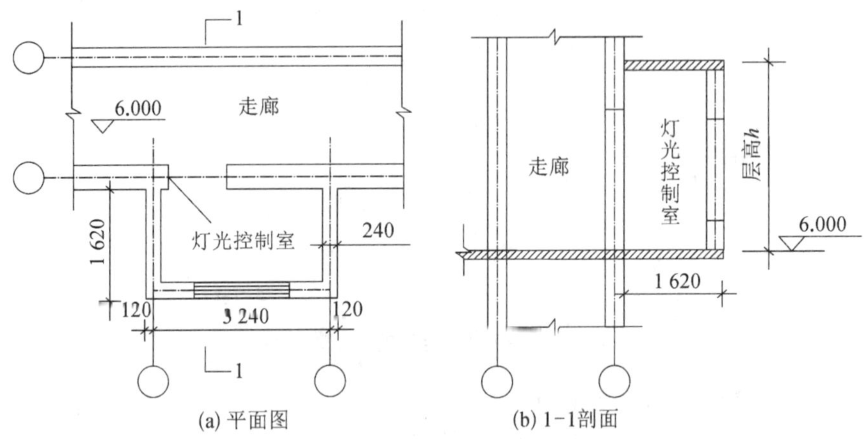


**图 8-22　某剧院灯光控制室示意图**

**解**　图纸分析：当有围护结构的灯光控制室层高 h≥2.20 m 时，应计算全面积。

则：$S=(3.24+0.24)\times1.62=5.64\ m^2$

当有围护结构的灯光控制室层高 $h<2.20$ m 时，应计算 1/2 面积。

则：$S=(3.24+0.24)\times1.62\times1/2=2.82\ m^2$

(12) 附属在建筑物外墙的落地橱窗，应按其围护结构外围水平面积计算。结构层高在 2.20 m 及以上的，应计算全面积；结构层高在 2.20 m 以下的，应计算 1/2 面积。如图 8-23 所示.

**图 8-23　附属在建筑物外墙的落地橱窗示意图**

**例 8-10**　计算图 8-24 所示某建筑物门斗和橱窗的建筑面积.

**解**　图纸分析：

当门斗、橱窗层高 $h\geq2.20$ m 时，应计算全面积。

则：门斗面积 $S=3.24\times1.5=4.86\ m^2$；橱窗面积 $S=2.22\times0.6=1.33\ m^2$

当门斗、橱窗层高 $h<2.20$ m 时，应计算 1/2 面积。

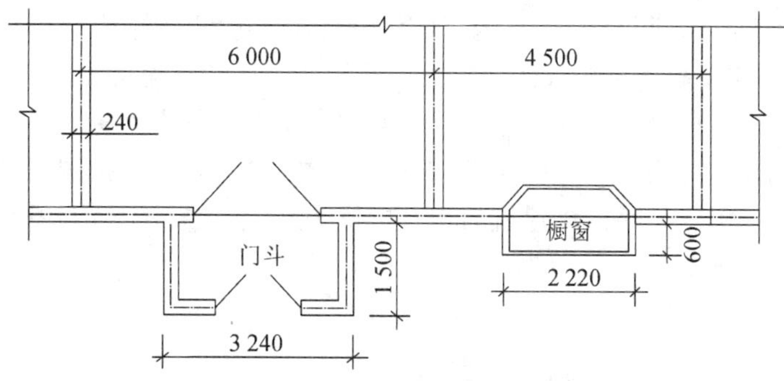


图 8－24　某建筑物平面示意图

则门斗面积 $S=3.24\times1.5\times1/2=2.43\ m^2$；橱窗面积 $S=2.22\times0.6\times1/2=0.67\ m^2$

（13）窗台与室内楼地面高差在 0.45 m 以下且结构净高在 2.10 m 及以上的凸（飘）窗，应按其围护结构外围水平面积计算 1/2 面积。

图 8－25　凸（飘）窗示意图

（14）有围护设施的室外走廊（挑廊），应按其结构底板水平投影面积计算 1/2 面积；有围护设施（或柱）的檐廊，应按其围护设施（或柱）外围水平面积计算 1/2 面积。

（15）门斗应按其围护结构外围水平面积计算建筑面积，且结构层高在 2.20 m 及以上的，应计算全面积；结构层高在 2.20 m 以下的，应计算 1/2 面积。

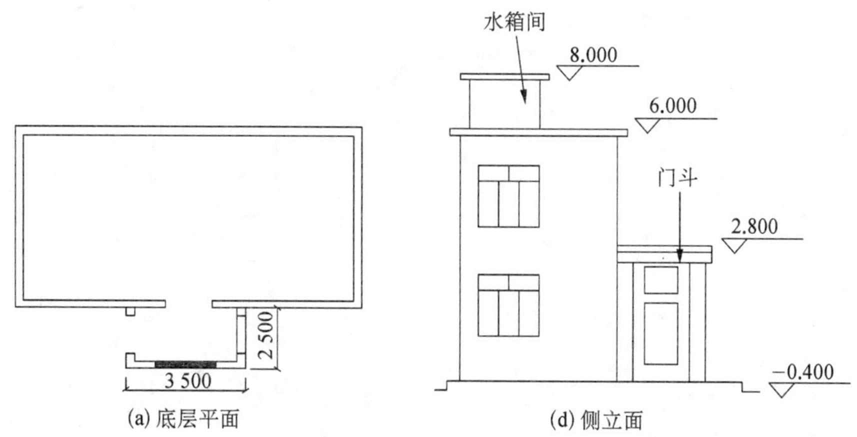


图 8－26　门斗示意图

（16）门廊应按其顶板的水平投影面积的 1/2 计算建筑面积；有柱雨篷应按其结构板水

平投影面积的 1/2 计算建筑面积；无柱雨篷的结构外边线至外墙结构外边线的宽度在 2. 10 m 及以上的，应按雨篷结构板的水平投影面积的 1/2 计算建筑面积。

说明：雨篷分为有柱雨篷和无柱雨篷。有柱雨篷，没有出挑宽度的限制，也不受跨越层数的限制，均计算建筑面积。无柱雨篷，其结构板不能跨层，并受出挑宽度的限制，设计出挑宽度大于或等于 2.10 m 时才计算建筑面积。出挑宽度，系指雨篷结构外边线至外墙结构外边线的宽度，弧形或异形时，取最大宽度。

**例 8－11** 求图 8－27 所示雨篷的建筑面积。

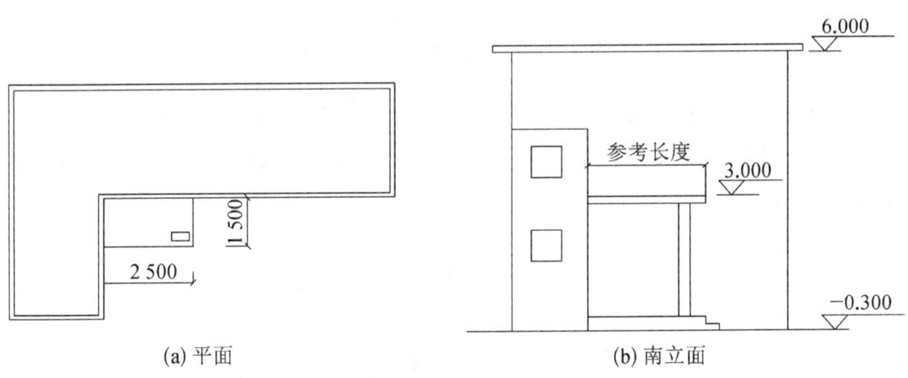


(a) 平面　　(b) 南立面

**图 8－27 雨篷建筑示意图**

**解** $S=2.5\times1.5\times0.5=1.88\ \text{m}^2$

(17) 设在建筑物顶部的、有围护结构的楼梯间、水箱间、电梯机房等，结构层高在2.20 m 及以上的应计算全面积；结构层高在 2.20 m 以下的，应计算 1/2 面积。如图 8－28 所示。

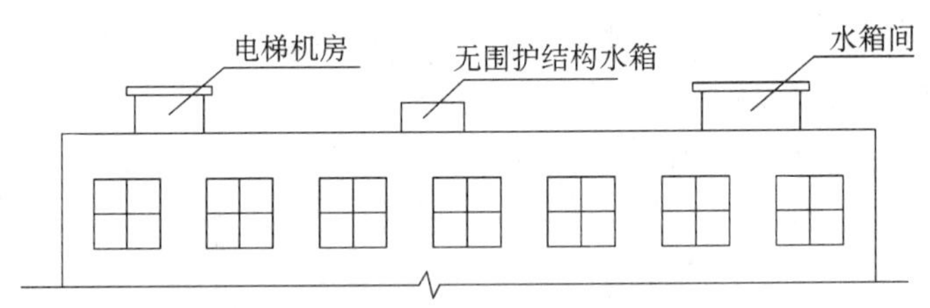


**图 8－28 电梯机房水箱间示意图**

**例 8－12** 求图 8－29 所示门斗、屋顶水箱间的建筑面积。

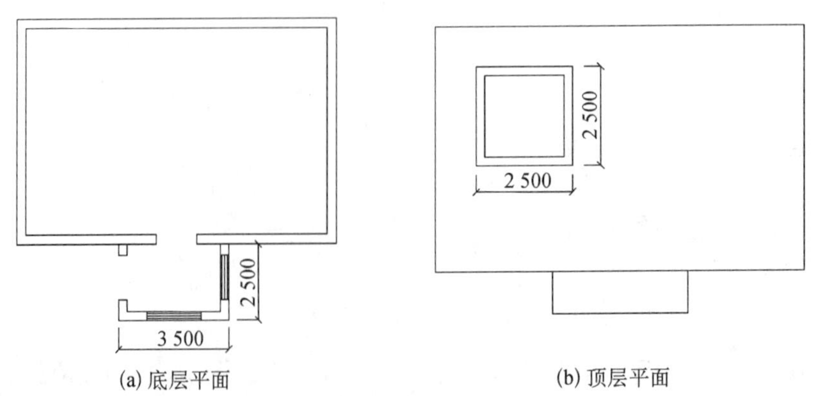


(a) 底层平面　　(b) 顶层平面

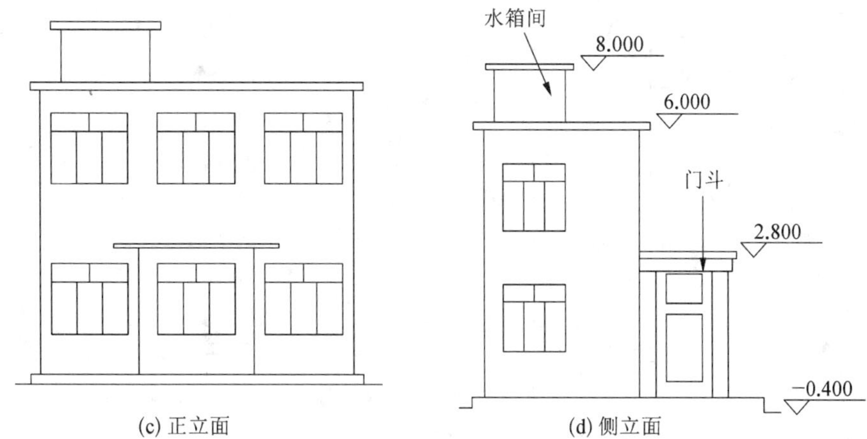


(c) 正立面　　(d) 侧立面

**图 8-29 门斗、水箱间建筑示意图**

**解** 门斗面积：$S=3.5\times2.5=8.75\ m^2$

水箱间面积：$S=2.5\times2.5\times0.5=3.13\ m^2$

**例 8-13** 求图 8-30 所示货台的建筑面积。

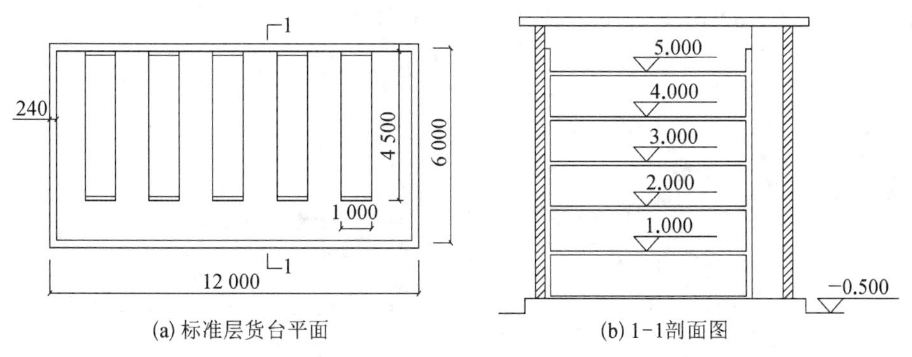


(a) 标准层货台平面　　(b) 1-1剖面图

**图 8-30 货台建筑示意图**

**解** $S=4.5\times1\times5\times0.5\times5=56.25\ m^2$

(18) 围护结构不垂直于水平面的楼层，应按其底板面的外墙外围水平面积计算。结构净高在 2.10 m 及以上的部位，应计算全面积；结构净高在 1.20 m 及以上至 2.10 m 以下的部位，应计算 1/2 面积；结构净高在 1.20 m 以下的部位，不应计算建筑面积。

说明：向内、向外倾斜均适用。在划分高度上，本条使用的是“结构净高”，与其他正常平楼层按层高划分不同，但与斜屋面的划分原则相一致。由于目前很多建筑设计追求新、奇、特，造型越来越复杂，很多时候根本无法明确区分什么是围护结构、什么是屋顶，因此对于斜围护结构与斜屋顶采用相同的计算规则，即只要外壳倾斜，就按结构净高划段，分别计算建筑面积。

(19) 建筑物的室内楼梯、电梯井、提物井、管道井、通风排气竖井、烟道，应并入建筑物的自然层计算建筑面积。有顶盖的采光井应按一层计算面积，且结构净高在 2.10 m 及以上的，应计算全面积；结构净高在 2.10 m 以下的，应计算 1/2 面积。如图 8-31 所示。

说明：建筑物的楼梯间层数按建筑物的层数计算。有顶盖的采光井包括建筑物中的采光井和地下室采光井。

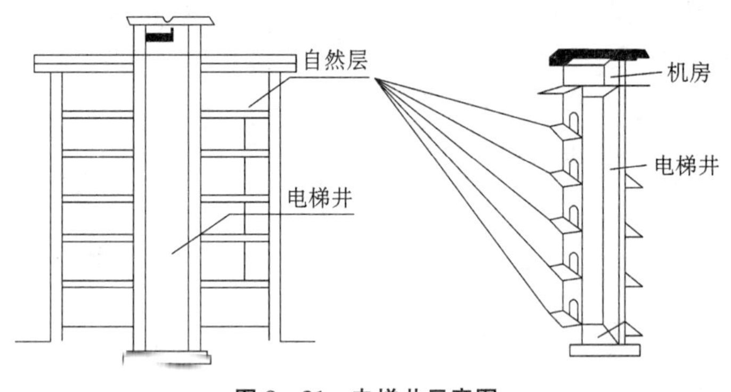


图 8-31　电梯井示意图

(20) 室外楼梯应并入所依附建筑物自然层，并应按其水平投影面积的 1/2 计算建筑面积。

说明：室外楼梯作为连接该建筑物层与层之间交通不可缺少的基本部件，无论从其功能、还是工程计价的要求来说，均需计算建筑面积。层数为室外楼梯所依附的楼层数，即梯段部分投影到建筑物范围的层数。利用室外楼梯下部的建筑空间不得重复计算建筑面积；利用地势砌筑的为室外踏步，不计算建筑面积。

**例 8-14**　求图 8-32 所示室外楼梯的建筑面积。

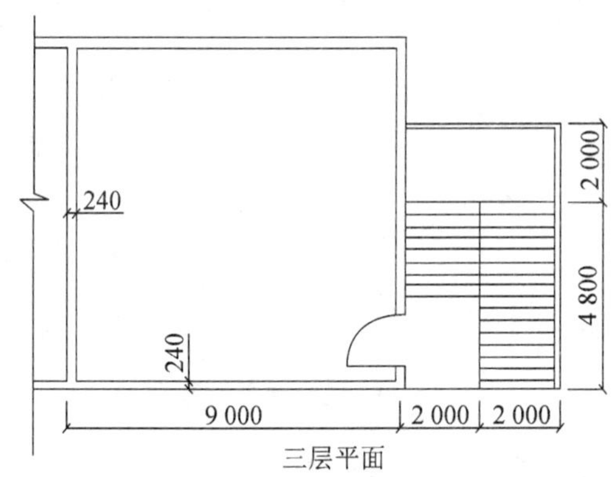


图 8-32　室外楼梯建筑示意图

**解**　$S=(4-0.12)\times6.8\times0.5\times2=26.38\ m^2$

(21) 在主体结构内的阳台，应按其结构外围水平面积计算全面积；在主体结构外的阳台，应按其结构底板水平投影面积计算 1/2 面积。如图 8-33 所示。

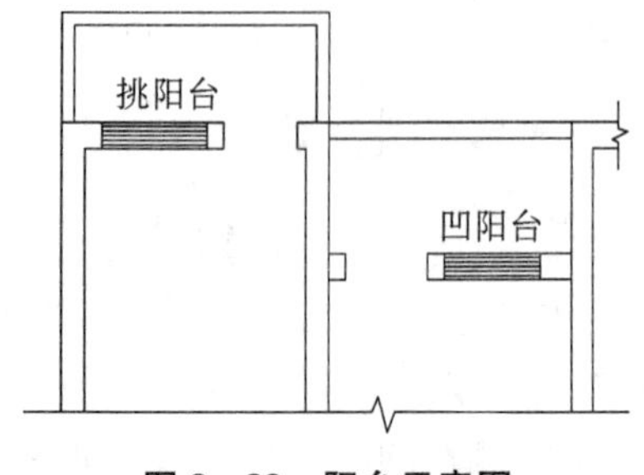


图 8-33　阳台示意图

说明:建筑物的阳台,不论其形式如何,均以建筑物主体结构为界分别计算建筑面积。

**例 8-15** 求图 8-34 某层建筑物阳台的建筑面积。

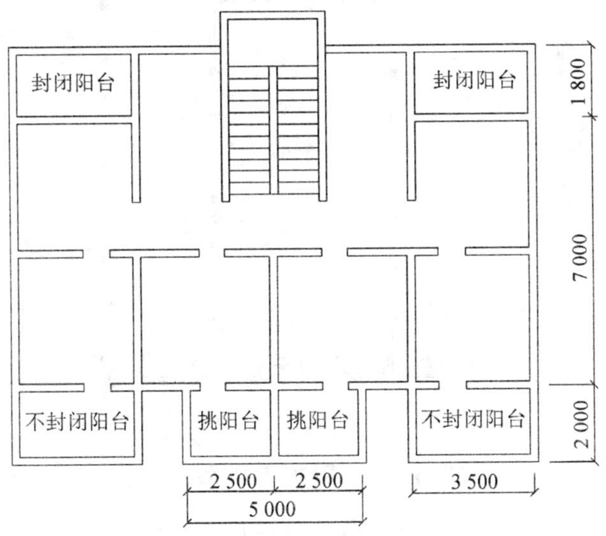


**图 8-34 建筑物阳台平面示意图**

**解** $S=(3.5+0.24)\times(2-0.12)\times0.5\times2+3.5\times(1.8-0.12)\times0.5\times2+(5+0.24)\times(2-0.12)\times0.5=17.84\ m^2$

(22) 有顶盖无围护结构的车棚、货棚、站台、加油站、收费站等,应按其顶盖水平投影面积的 1/2 计算建筑面积。如图 8-35 所示。

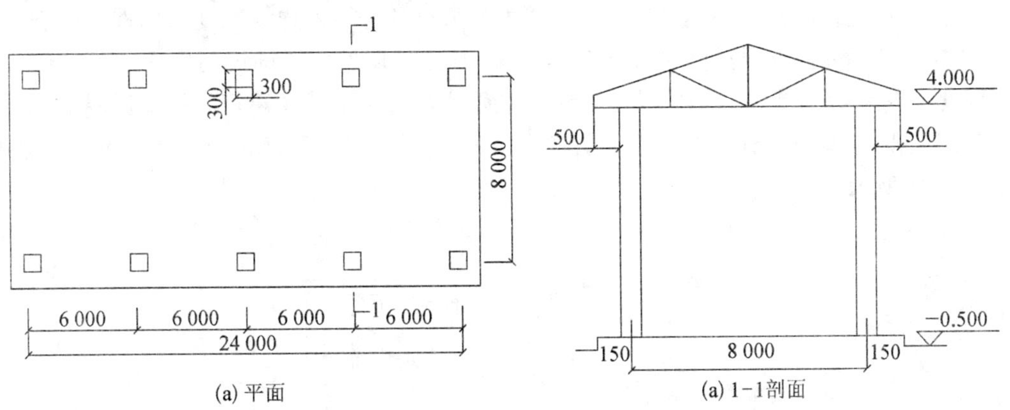


**图 8-35 货棚示意图**

**例 8-16** 求图 8-35 所示货棚的建筑面积。

**解** $S=(8+0.3+0.5\times2)\times(24+0.3+0.5\times2)\times0.5$

$=117.65\ m^2$

(23) 以幕墙作为围护结构的建筑物,应按幕墙外边线计算建筑面积。

说明:幕墙以其在建筑物中所起的作用和功能来区分,直接作为外墙起围护作用的幕墙,按其外边线计算建筑面积;设置在建筑物墙体外起装饰作用的幕墙,不计算建筑面积。

如图 8－36 所示。

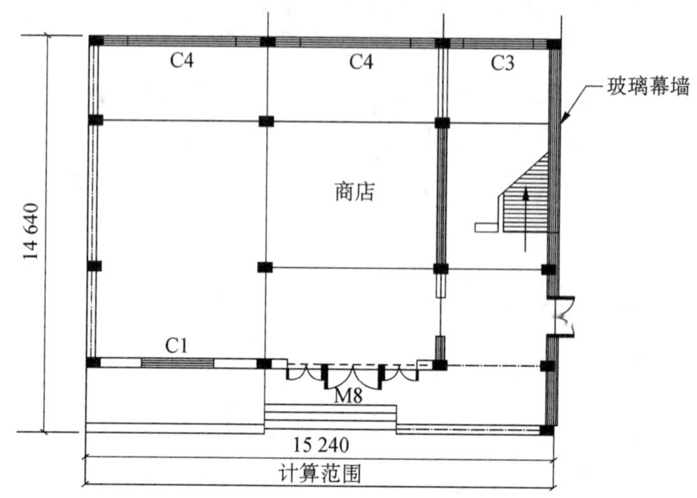


**图 8－36　围护性幕墙示意图**

（24）建筑物的外墙外保温层，应按其保温材料的水平截面积计算，并计入自然层建筑面积。

说明：建筑物外墙外侧有保温隔热层的，保温隔热层以保温材料的净厚度乘以外墙结构外边线长度按建筑物的自然层计算建筑面积，其外墙外边线长度不扣除门窗和建筑物外已计算建筑面积构件（如阳台、室外走廊、门斗、落地橱窗等部件）所占长度。当建筑物外已计算建筑面积的构件（如阳台、室外走廊、门斗、落地橱窗等部件）有保温隔热层时，其保温隔热层也不再计算建筑面积。外墙是斜面者按楼面楼板处的外墙外边线长度乘以保温材料的净厚度计算。外墙外保温以沿高度方向满铺为准，某层外墙外保温铺设高度未达到全部高度时（不包括阳台、室外走廊、门斗、落地橱窗、雨篷、飘窗等），不计算建筑面积。保温隔热层的建筑面积是以保温隔热材料的厚度来计算的，不包含抹灰层、防潮层、保护层（墙）的厚度。如图 8－37 所示。

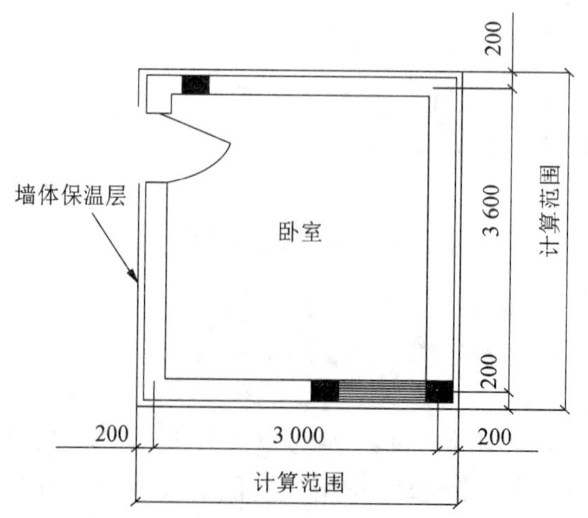


**图 8－37　外墙保温隔热层**

**例 8-17**　求图 8-37 所示外墙设有保温隔热层的建筑物的建筑面积。

**解**　$S=3.4\times4=13.6\ m^2$

(25) 与室内相通的变形缝，应按其自然层合并在建筑物建筑面积内计算。对于高低联跨的建筑物，当高低跨内部连通时，其变形缝应计算在低跨面积内。

说明：本规范所指的与室内相通的变形缝，是指暴露在建筑物内，在建筑物内可以看得见的变形缝。

**例 8-18**　求图 8-38 所示高低跨建筑物的建筑面积。

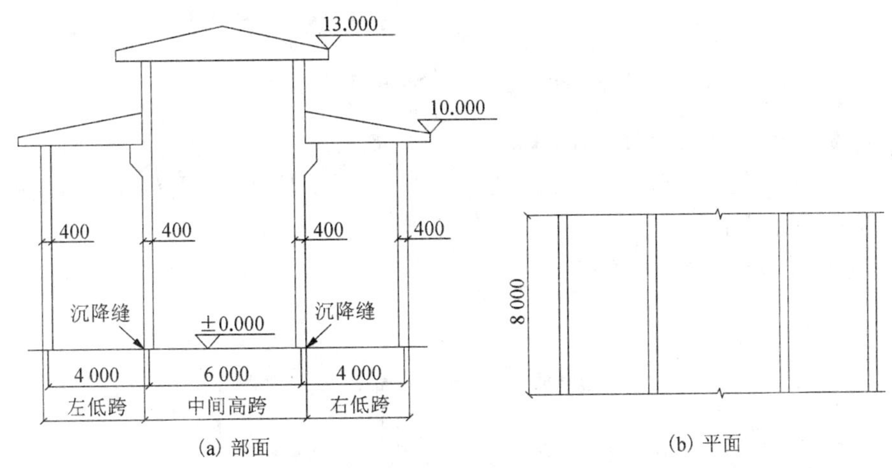


**图 8-38　高低跨建筑物的建筑示意**

**解**　$S=(6-0.4)\times8+(4+0.4)\times8\times2=115.2\ m^2$

(26) 对于建筑物内的设备层、管道层、避难层等有结构层的楼层，结构层高在 2.20 m 及以上的，应计算全面积；结构层高在 2.20 m 以下的，应计算 1/2 面积。

说明：设备层、管道层虽然其具体功能与普通楼层不同，但在结构上及施工消耗上并无本质区别，且本规范定义自然层为“按楼地面结构分层的楼层”，因此设备、管道楼层归为自然层，其计算规则与普通楼层相同。在吊顶空间内设置管道的，则吊顶空间部分不能被视为设备层、管道层。

(三) 不计算建筑面积项目

(1) 与建筑物内部不相连通的建筑部件；

(2) 骑楼、过街楼底层的开放公共空间和建筑物通道；

建筑物通道见图 8-39。

(3) 舞台及后台悬挂幕布和布景的天桥、挑台等；

(4) 露台、露天游泳池、花架、屋顶的水箱及装饰性结构构件；

(5) 建筑物内的操作平台、上料平台、安装箱和罐体的平台；

建筑物内的操作平台示意见图 8-40。

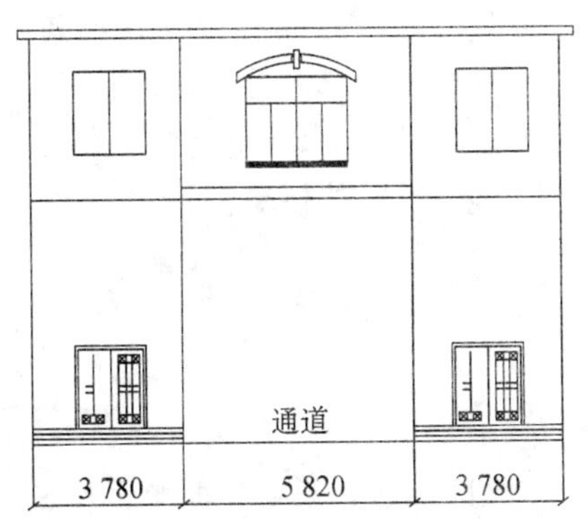


**图 8-39　建筑物通道示意图**

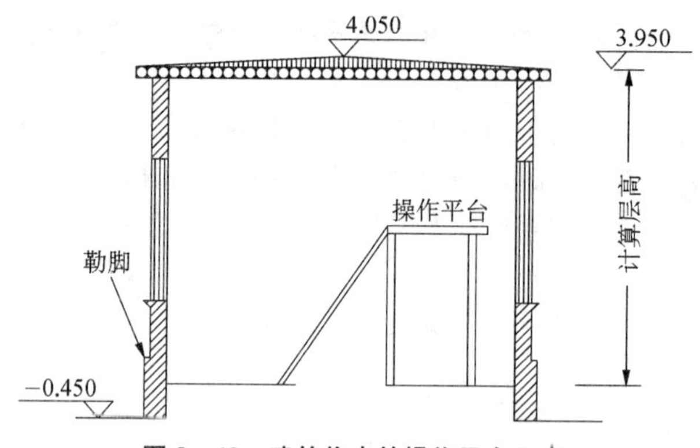


**图 8－40　建筑物内的操作平台示意**

（6）勒脚、附墙柱、垛、台阶、墙面抹灰、装饰面、镶贴块料面层、装饰性幕墙，主体结构外的空调室外机搁板（箱）、构件、配件，挑出宽度在 2.10 m 以下的无柱雨篷和顶盖高度达到或超过两个楼层的无柱雨篷；

墙垛、附墙柱、飘窗示意见图 8－41。

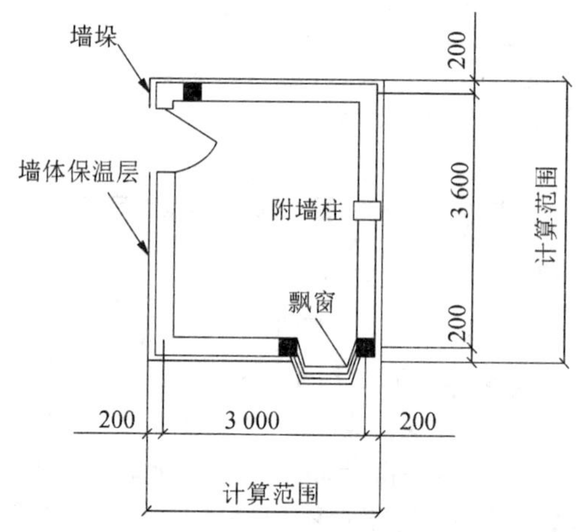


**图 8－41　墙垛、附墙柱示意**

（7）窗台与室内地面高差在 0.45 m 以下且结构净高在 2.10 m 以下的凸（飘）窗，窗台与室内地面高差在 0.45 m 及以上的凸（飘）窗；

（8）室外爬梯、室外专用消防钢楼梯；

（9）无围护结构的观光电梯；

（10）建筑物以外的地下人防通道，独立的烟囱、烟道、地沟、油（水）罐、气柜、水塔、贮油（水）池、贮仓、栈桥等构筑物。

## 第二节　建筑面积计算实例

**例 8－19**　某电梯井平面外包尺寸为 4.5 m×4.5 m，该建筑共 12 层，其中 11 层层高均为 3 m，1 层为技术层，层高 2.0 m。屋顶电梯机房外包尺寸为 6.00 m×8.00 m，层高 4.5 m，求该电梯井与电梯机房总建筑面积。

**解**　电梯井建筑面积 $S_1=4.5\times4.5\times11+4.5\times4.5\times\frac{1}{2}=232.88\ m^2$

电梯机房建筑面积 $S_2=6.00\times8.00=48.0\ m^2$

总建筑面积 $S=S_1+S2=280.88\ m^2$

答:该建筑物的建筑面积为 280.88 $m^2$

**例 8－20**　如图 8－42 所示,某单层建筑物内设有局部楼层,试计算建筑面积。

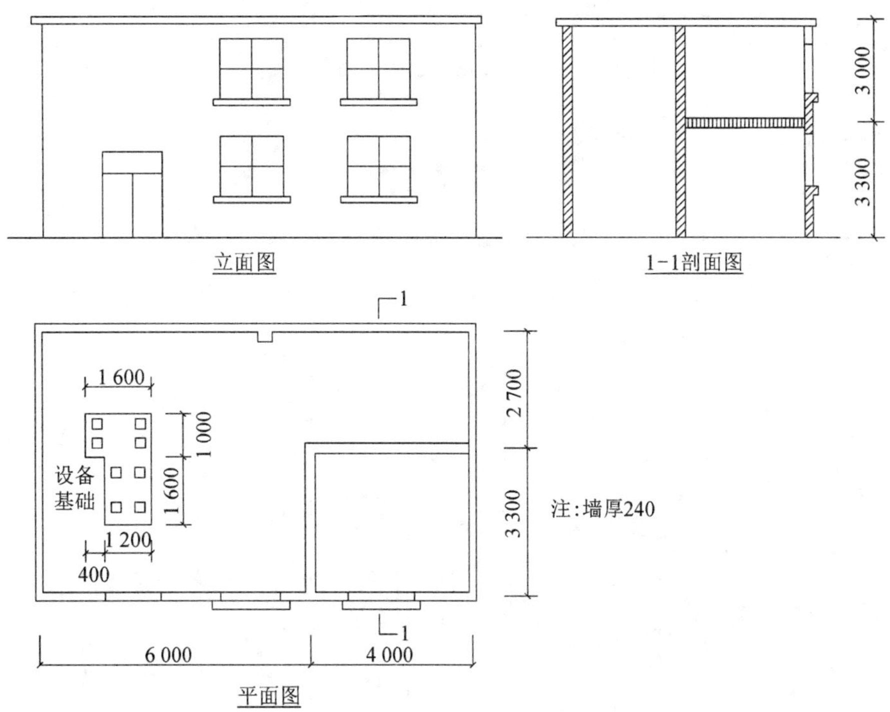


**图 8－42　单层建筑物内设有局部楼层的建筑面积示意图**

**解**　底层建筑面积 $S_1=(6.0+4.0+0.24)\times(3.3+2.7+0.24)=10.24\times6.24=63.90\ m^2$

楼隔层建筑面积 $S_2=(4.0+0.24)\times(3.3+0.24)=4.24\times3.54=15.01\ m^2$

总建筑面积 $S=S_1+S2=63.90+15.01=78.91\ m^2$

答:该建筑物的建筑面积为 78.91 $m^2$。

**例 8－21**　图 8－43 为一带伸缩缝建筑的平面图,求其建筑面积。

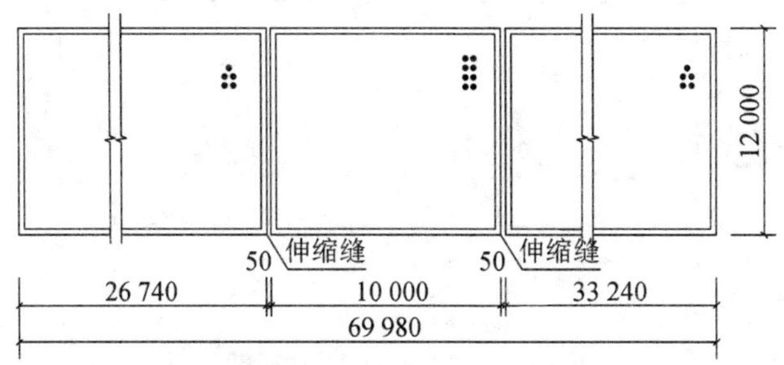


**图 8－43　带伸缩缝建筑平面示意图**

**解** $S=69.98\times12\times5+10\times12\times3=4\ 558.8\ m^2$

**例 8-22** 图 8-44 为某单层建筑物平面示意图，层高 3 m，求其建筑面积。

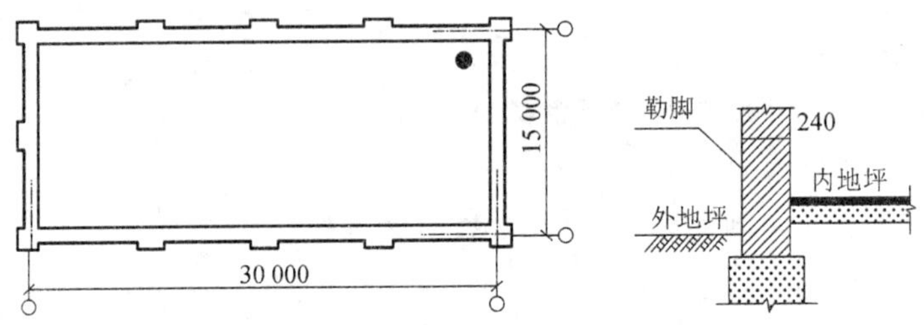


图 8-44 某单层建筑物平面示意图

**解** $S=30.24\times15.24=460.86\ m^2$

> 注意点：
> 突出外墙的构件、配件、附墙柱、垛、勒脚、墙面抹灰、镶贴块料、装饰面不计算建筑面积。

**例 8-23** 如图 8-45，某多层住宅变形缝宽度为 0.20 m，阳台水平投影尺寸为 1.80×

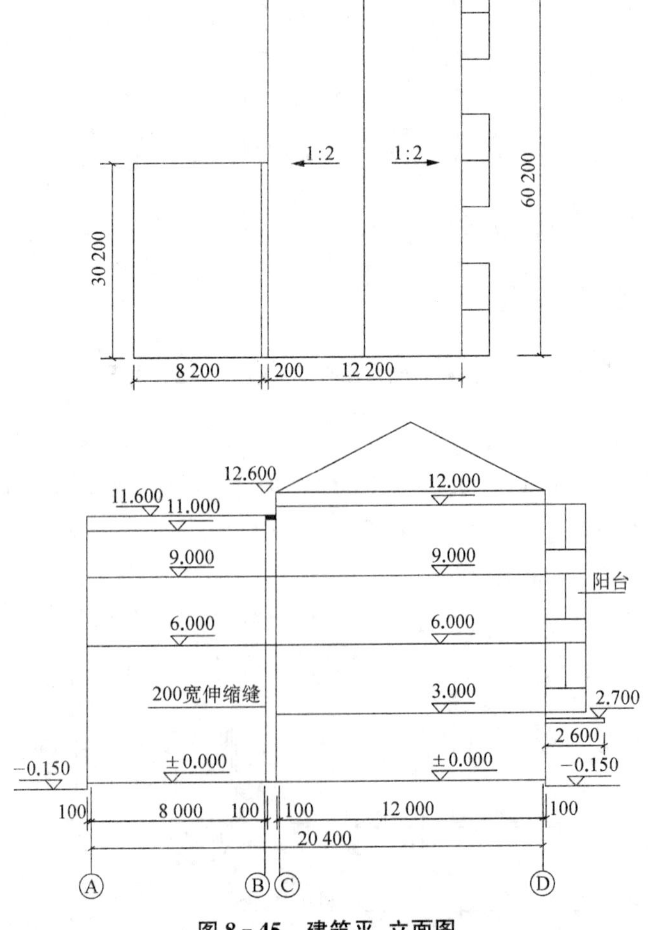


图 8-45 建筑平、立面图

3.60 m（共 18 个），雨篷水平投影尺寸为 2.60×4.00 m，坡屋面阁楼室内净高最高点为 3.65 m，坡屋面坡度为 1∶2；平屋面女儿墙顶面标高为 11.60 m。请按建筑工程建筑面积计算规范（GB/T 50353—2005）计算建筑面积。

**解**　A－B 轴建筑面积 $S_1=30.20\times(8.40\times2+8.40\times1/2)=634.20\ m^2$

C－D 轴建筑面积 $S_2=60.20\times12.20\times4=2\ 937.76\ m^2$

坡屋面建筑面积 $S_3=60.20\times(6.20+1.80\times2\times1/2)=481.60\ m^2$

雨篷建筑面积 $S_4=2.60\times4.00\times1/2=5.20\ m^2$

阳台建筑面积 $S_5=18\times1.80\times3.60\times1/2=58.32\ m^2$

总建筑面积 $S=S_1+S_2+S_3+S_4+S_5=4\ 117.08\ m^2$

答：该建筑物的建筑面积为 4 117.08 $m^2$

## 单元测试

# 参考文献


[1] 中华人民共和国住房和城乡建设部.建设工程工程量清单计价规范：GB 50500—2013 [S].北京，中国计划出版社，2013.

[2] 中华人民共和国住房和城乡建设部.房屋建筑与装饰工程工程量计算规范.GB 50854—2013 [S]. 北京：中国计划出版社，2013.

[3] 中华人民共和国住房和城乡建设部.建筑工程建筑面积计算规范：GB/T 50353—2013 [S].北京：中国计划出版社，2013.

[4] 规范编制组.2013 建设工程计价计量规范辅导[M].北京：中国计划出版社，2013.

[5] 江苏省住房和城乡建设厅.江苏省建筑与装饰工程计价定额[M].南京：江苏凤凰科学技术出版社，2014.

[6] 江苏省住房和城乡建设厅.江苏省建筑工程费用定额[M].南京：江苏凤凰科学技术出版社，2014.

[7] 江苏省建设工程造价管理总站.建筑与装饰工程技术与计价[M]. 南京：江苏凤凰科学技术出版社，2014.

[8] 中华人民共和国住房和城乡建设部.建筑安装工程工期定额：TY01－89—2016 [S]. 北京：中国计划出版社，2016.

[9] 张玲玲.BIM 全过程造价管理实训[M]. 重庆：重庆大学出版社，2018.

[10] 全国造价工程师职业资格考试培训教材编审委员会.建设工程造价管理基础知识[M].北京：中国计划出版社，2019.

[11] 全国造价工程师职业资格考试培训教材编审委员会.建设工程计价[M].北京：中国计划出版社，2019.

[12] 全国造价工程师职业资格考试培训教材编审委员会.建设工程造价管理[M].北京：中国计划出版社，2019.